A. J. Raudkivi

Grundlagen des Sedimenttransports

Mit 125 Abbildungen

Springer-Verlag
Berlin Heidelberg New York 1982

Arved J. Raudkivi

Professor of Civil Engineering
University of Auckland, New Zealand

CIP-Kurztitelaufnahme der Deutschen Bibliothek

Raudkivi, Arved J.: Grundlagen des Sedimenttransports / A. J. Raudkivi. –
Berlin, Heidelberg, New York : Springer 1982.

ISBN-13:978-3-540-11734-6   e-ISBN-13:978-3-642-81882-0
DOI: 10.1007/978-3-642-81882-0

Vorwort

Ich möchte an dieser Stelle der Minna-James-Heineman-Stiftung und der
Deutschen Forschungsgemeinschaft, Sonderforschungsbereich 79, die diese
Arbeit durch finanzielle Unterstützung ermöglicht haben, herzlich danken.
Auch dem Leichtweiß-Institut für Wasserbau, Herrn Professor Dr. Führböter
und seinen Mitarbeitern gebührt mein Dank für stetige Hilfsbereitschaft
und die Gastfreundschaft. Ein besonders herzliches Dankeschön möchte ich
Herrn Dr. Dette für alle die Mühe und Zeit, die er mir und dieser Arbeit
gewidmet hat, aussprechen. Frau Bullmann hat mit viel Verständnis diesen
Text geschrieben, auch dafür möchte ich danken.

Für die Vorbereitung dieses Seminars sowie für die Betreuung der Übungs-
aufgaben gilt mein besonderer Dank Herrn Professor Dr. Holz vom Lehrstuhl
für Strömungsmechanik der Universität Hannover. Herrn Seifert von der Ge-
schäftsstelle des SFB 79 schließlich gebührt mein Dank für die Organisation
des Seminars.

A. J. Raudkivi

Inhaltsverzeichnis

1 Einleitung

Hinter dem Titel "Sedimentbewegung oder Sedimenttransport" verbirgt sich
eine große Kollektion von Spezialfächern. In der Natur umfaßt er alle die
Probleme, die mit der Bewegung von Luft oder Wasser über oder gegen
eine deformierbare Grenzfläche, die aus körnigem Material besteht, zu
tun haben, z. B. Bodenerosion, Sedimenttransport im Wasser und durch
Wind sowie Ablagerung und Küstenprobleme. Dieselben Grundlagen gelten
in der Industrie für den Transport von Feststoffen in Rohrleitungen,
bei der Aufbereitung von Erzen, bei der Verbrennung von pulverisierter
Kohle in Kraftwerken, usw. In den industriellen Anwendungen spricht man
auch von Zweiphasenströmung.
Abb. 1.1 ist eine schematische Darstellung, die die Fachgebiete und ihre
Zusammenhänge aufzeigt ; es gibt aber keine scharfen Abgrenzungen untereinander.

Die Sedimentbewegung ist eng mit den Strömungsvorgängen verbunden,
man kann sie nicht getrennt von Hydro- oder Aerodynamik behandeln. Dies
sind aber Fachgebiete, die selbst noch viele ungelöste Probleme aufweisen, besonders in den Bereichen der Turbulenz, Grenzschicht, Wellenbewegung und Diffusion, die für die Sedimentbewegung wichtig sind. Wenn man
dann das Strömungsproblem mit einer deformierbaren, aus Körnern bestehen-
den Grenzfläche oder eingemischten Feststoffen oder beides verbindet,
wachsen die Schwierigkeiten einer Analyse stark an. Das Sediment allein,
das durch Verwitterung und Bodenerosion erzeugt ist, ist der Gegenstand
eines sehr komplizierten Fachgebietes, das mehrere Zweige der Naturwissenschaft umfaßt.

Die Erosion des Bodens kann durch Wind oder Wasser verursacht sein. Eine
besondere Stellung nimmt der Regen ein. Die Regentropfen können beim
Aufschlag auf den Boden kleine Krater erzeugen, wobei Bodenteilchen aus
dem Verbund herausgerissen werden (Abb. 1.2). Die Einschläge führen aber
auch zur Konsolidierung der Oberfläche, wodurch die Einsickerungskapazität
verringert wird. Wenn die Intensität des Regens das Einsickerungsvermögen
überschreitet, wird der Überschuß an Regenwasser über den Boden als eine
Schichtströmung abfließen. Mit wachsender Tiefe der Schichtströmung wird
der Zustand erreicht, bei dem die Tropfen beim Einschlag die Wasserschicht
nicht mehr durchstoßen und die Energie der Tropfen sich in der Schichtströmung verbreitet (Abb. 1.2).

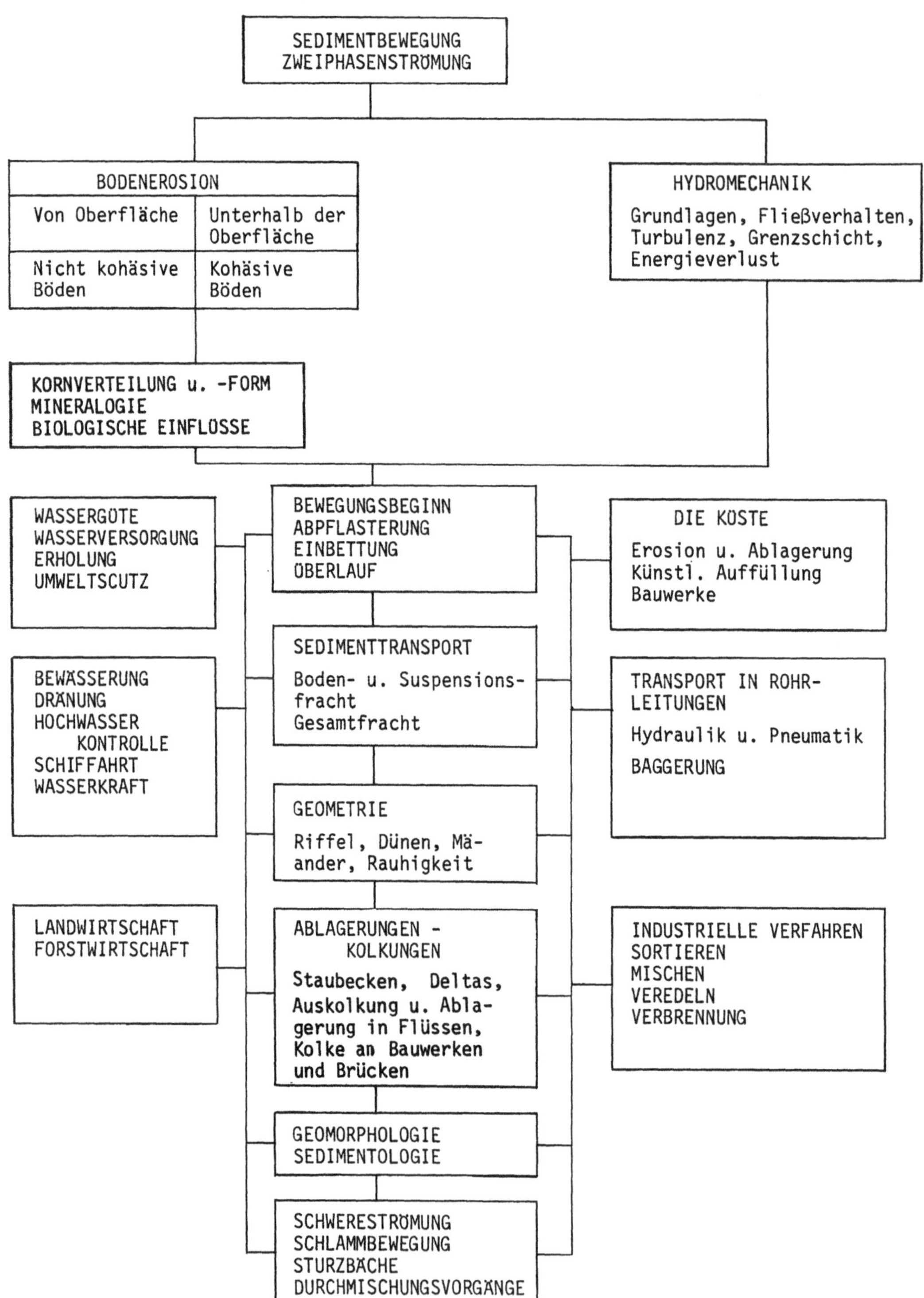

Abb. 1.1 Eine schematische Darstellung der Einflussgebiete von
Sedimentbewegung

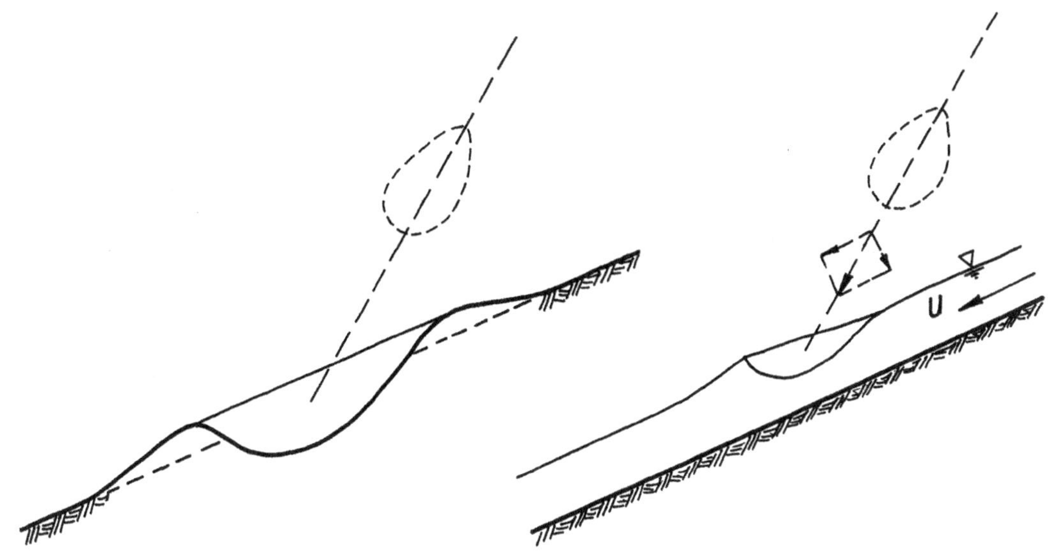

Abb. 1.2   Schematischer Einschlag auf dem Boden und auf einer Schichtströmung.

Die Erosion wird nun durch die Schubspannungen an der Sohle in einer
sehr turbulenten Strömung verursacht, d.h. in einer Schichtströmung, die
mehr Energie enthält als eine gewöhnliche Strömung von gleicher Tiefe.

Es sind daher zwei Erosionsphasen zu unterscheiden, die hervorgerufen
werden einmal durch die Einschläge und zum anderen durch die energie-
angereicherte Strömung. Beide Phasen sind durch einen Übergangsbereich
miteinander verbunden (Abb. 1.3).

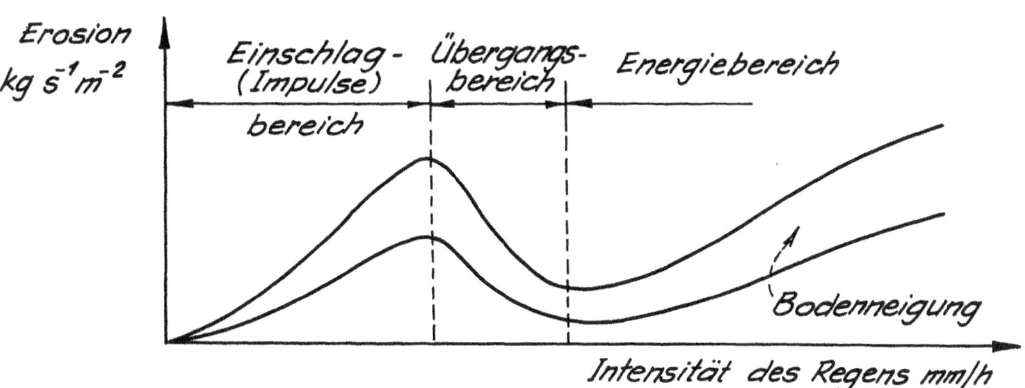

Abb. 1.3 : Bodenerosion durch Regen

Die Erosion durch den Regen ist besonders intensiv bei Böden ohne Pflanzenbewuchs.

Das Oberflächenwasser sammelt sich in Rinnen, Bächen usw., die das Sediment stromab transportieren.

Das Sickerwasser reichert das Grundwasser an, aber es kann auch Rutschungen von Berghängen verursachen und zur Erosion des Untergrundes führen. Das Wasser im Untergrund bewegt sich langsam, und ein Transport von Körnern durch den Boden tritt normalerweise nicht auf, mit Ausnahme von frischgepflügten Böden. Das sehr langsame Fließen ermöglicht chemische Reaktionen, wodurch das Material in Lösung abgetragen werden kann. Das kann zur Tunnelerosion führen, wofür die Karstlandschaft als ein Beispiel angesehen werden kann.

Der Erdboden ist eine der wertvollsten Naturgüter für die Menschheit. Die Folgen eines Verlustes von fruchtbarem Boden werden sehr eindrucksvoll von CARTER und DALE (1974) beschrieben. Sie zeigten wie eng der Verlust des Bodens mit dem Zerfall der Zivilisationen zusammenhängt.

Die Erosionsprodukte ihrerseits beeinflussen die Qualität des Wassers, das sie transportiert oder sogar lagert, und sie können durch Ablagerung weiter stromabwärts Probleme hervorrufen.

Gewöhnlich wird das Erosionsproblem in Teilgebiete aufgeteilt, z. B. wie in Abb. 1.4 gezeigt.

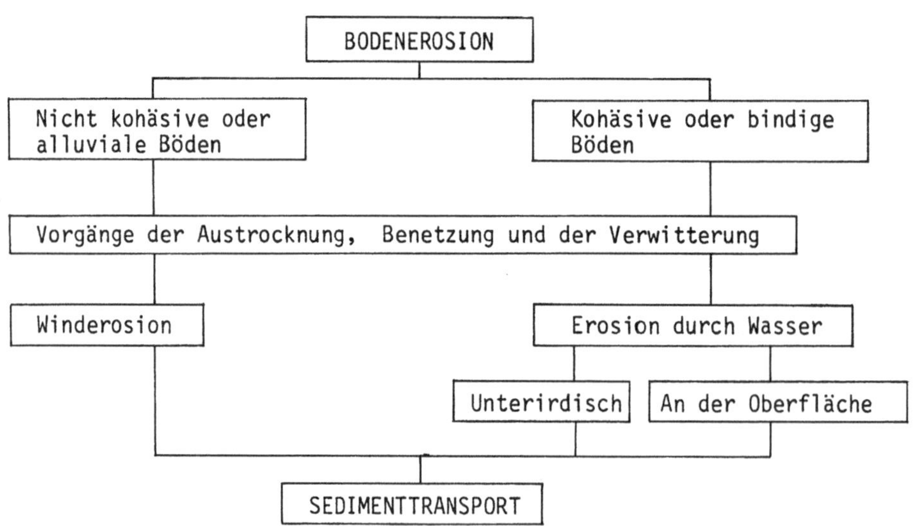

Abb. 1.4: Schematische Aufgliederung der Bodenerosion

Das Schrifttum, das sich mit dem Sedimenttransport befaßt, ist sehr umfangreich und meistens weniger als hundert Jahre alt. Das Volumen jedoch spiegelt leider nicht den Stand des Wissens über die Mechanik der Sedimentbewegung wider. Die äußerst komplexe Problematik wurde wissenschaftlich vorwiegend über experimentelle Forschungen angegangen, woraus dann analytische Modelle für Teilbereiche des Problemkreises entwickelt wurden. Die meisten derartigen Beschreibungen beinhalten nur wenige aus der Vielfalt von veränderlichen Einflußparametern. Die Einführung der Dimensionsanalyse - vor etwa fünfzig Jahren - führte zur raschen Entwicklung und neuen Kenntnissen, aber sie wurde bald ein Joch. Mit den drei Dimensionen der Mechanik kann man $n ! \left[4 ! (n - 4) ! \right]$ Kombinationen von n-Veränderlichen bilden, von denen aber nur (n-3) voneinander unabhängig sind. Die Auftragung ein und derselben Daten durch Zusammenfassung zweier Variablen - gleich welcher Art - hat verhältnismäßig wenig zur Erweiterung des Kenntnisstandes beigetragen. Schwierigkeiten entstanden auch durch die Mehrwertigkeit einiger Funktionen, die aber nicht bedeutet, daß die Funktion nicht existiert.

Ein ähnliches Problem existiert heute.An Stelle von Grundlagenforschung wird verhältnismäßig zuviel Effort dem mathematischen Modellbau gewidmet. Das bedeutet nicht, daß diese Modelle nicht wichtig sind und auch zum Fortschritt beitragen, aber man sollte nicht vergessen, daß man nur Vorgänge mathematisch simulieren kann, die man analytisch beschreiben kann und deren Physik man versteht - und dort liegt die Achillesferse.

Nachfolgend werden ausgewählte Themen der Sedimentbewegung besprochen. Die Auswahl ist weder allumfassend noch ausgeglichen, sie ist vielmehr ein Versuch, ein Bild zu geben über die mehr grundlegenden Aspekte, und es ist gewissermaßen ein persönliches Bild, ein Netz, und es wird noch sehr vieler Arbeit bedürfen, es "wasserdicht" zu machen. In vielen Gebieten gibt es noch mehrere Auffassungen und Erklärungen für die Vorgänge, die ein Zeichen dafür sind, daß man die Physik der Sedimentbewegung noch nicht ausreichend versteht.

2 Eigenschaften des Sediments

Das Sediment, das durch Verwitterung der verschiedenen Gesteine und durch
Erosion des Bodens entsteht, ist an sich Forschungsobjekt mehrerer Zweige
der Naturwissenschaft. An dieser Stelle sind nur einige für den Sedimenttransport wichtige Eigenschaften zu nennen. Die wichtigsten sind die
Dichte, Form und Größe der Körner oder Teilchen.

Die Größe der Körner ist zuerst ein ungefähres Maß für die Einteilung der
Sedimente als alluviale oder nicht bindige Sedimente und kohäsive oder
bindige Sedimente. Für die alluvialen Sedimente sind die mechanischen
Eigenschaften maßgebend, wie das Gewicht, die Form und der Reibungsbeiwert. Das Verhalten der kohäsiven Sedimente dagegen ist durch die elektro-
chemischen Kräfte zwischen den Teilchen bedingt, wobei das Gewicht der
Einzelteile belanglos ist.

Die Definition der Korngröße und das eigentliche Messen der Korngröße
ist nicht einfach oder eindeutig. Die geläufigen Methoden sind :

(1) Siebdurchmesser, durch die Maschenweite des Siebs gegeben.
    Die Siebanalyse sortiert das Sediment entsprechend dem Siebabstand
    (Normen empfohlen) in Größenklassen. Die Methode eignet sich über
    den Größenbereich von ungefähr 50 µm bis 50 mm. Es ist jedoch zu
    beachten, daß die Siebanalyse von der Form der Körner abhängig ist,
    d. h. die Maschenweite bestimmt den Querschnitt des Kornes, nicht
    seine Länge.

(2) Sedimentationsdurchmesser, der gleich dem Durchmesser einer Kugel
    von gleicher Dichte ist, die dieselbe Sink- oder Fallgeschwindig-
    keit unter gleichen Bedingungen hat wie das eigentliche Korn.
    Der Sedimentationsdurchmesser wird durch Sedimentationsanalyse
    oder durch Schlämmanalyse bestimmt.

(3) Nenndurchmesser ist der Durchmesser einer Kugel von gleicher Dichte
    und gleichem Volumen.

Die Größe von sehr kleinen Körnern wird mit optischen Geräten oder mit
Elektronenmikroskop gemessen.

Die Form der Körner, besonders der alluvialen Sedimente, hat einen
großen Einfluß auf die Bewegung des Sediments, auf die Wechselwirkung

mit der Strömung und auf die Ablagerung. Ein Korn, ob ein Teilchen, oder ein Felsblock, kann in vielen Formen auftreten, wobei die Form nicht einfach zu definieren oder analytisch zu erfassen ist. Eine oft benutzte Definition - besonders bei größeren Körnern - ist der Formbeiwert

$$SF = c \ / \sqrt{ab} \qquad\qquad 2.1$$

wo a, b und c die dreiaxialen Längen des Kornes sind, wobei c jeweils die kleinste Länge angibt.

Die Methoden der Korngrößen- und Formanalyse sind in Normen festgesetzt, einschließlich der Menge, die z. B. bei der Siebanalyse verwendet werden muß. Nach ASTM (Am. Standards for Testing of Materials) ist

$$M = 0{,}082 \ b^{1,5} \qquad\qquad 2.2$$

wo M in kg und b die mittlere Achsenlänge von a, b, c ist.

Beachtliche Probleme bestehen in der Beurteilung der Oberflächenproben und deren Beziehungen zum Volumen der Probe.

Die bodenmechanische Klassifikation der Sedimente vom Ton bis zu Steinen ist ausführlich in Handbüchern beschrieben.

Ein wichtiger Parameter ist die Korngrößenverteilung eines Korngemisches. Sie kann man als <u>Korngröße</u> in Abhängigkeit von <u>Kornzahl</u>, <u>Oberfläche</u>, <u>Volumen</u> oder <u>Gewicht</u> auftragen, entweder als eine Häufigkeitsverteilung oder eine Summenkurve. Meistens wird die Gewichtsverteilung benutzt.

Abbildung 2.1 ist eine Darstellung einer Gewichtsverteilung in Abhängigkeit von der Korngröße und der ϕ-Skala in Form einer Häufigkeitsverteilung und einer Summenkurve mit Prozentskala sowie in Form einer Summenkurve mit der Wahrscheinlichkeits-Skala.

Der Phi-Index mit Wahrscheinlichkeitsskala wird vorwiegend in der Küstenforschung und in der Geologie benutzt. Diese Art der Auftragung zeigt durch die Neigung der Kurve die Komponente auf, ob das Gemisch aus einer Überlagerung von zwei oder mehreren lognormalen Anteilen besteht. Sedimentablagerungen und Strandsände weisen häufig drei lognormale Anteile auf, die man den folgenden Transportarten zugeordnet hat, d. h. Rollen, Springen und Schweben. Der Phi-Index ist als

$$\phi = - \log_2 d_{(mm)} = - \log d / \log 2 \qquad\qquad 2.3$$

definiert und verteilt die Mischung in Intervalle auf, so daß jeweils

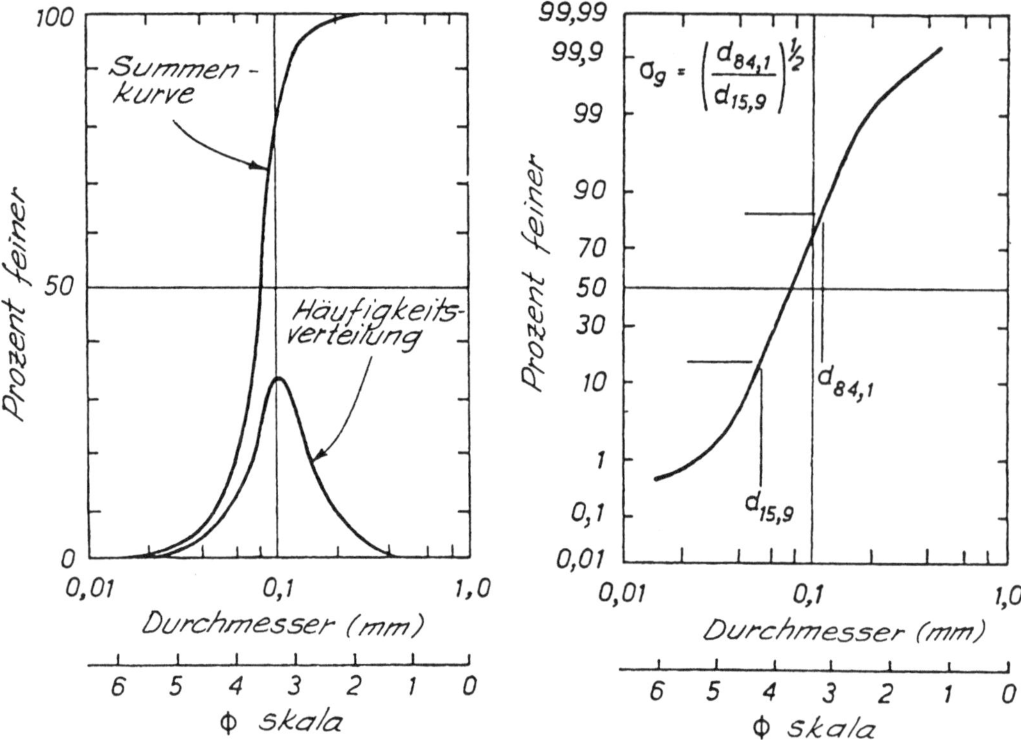

Abb. 2.1 : Schematische Darstellungen der Korngrößenverteilung

der nächste Wert die doppelte Größe im Vergleich zur vorhergehenden aufweist, z. B.

$d_{(mm)}$	8	4	2	1	0,5	0,25	0,125	0,0625
φ	- 3	- 2	- 1	0	1	2	3	4

Die Kornverteilungen werden durch statistische Parameter beschrieben,
die statistischen Momente jedoch können nur über eine sehr detaillierte
Analyse berechnet werden. Aus diesem Grunde werden Werte wie
d_{10}, d_{35}, d_{50} usw., die die Korngröße bei 10 ; 35 ; 50 % der Summenkurve
bezeichnen, herangezogen. Nur wenn die Verteilung symmetrisch ist, ist
die d_{50}-Größe gleich der Median-Größe.

Der d_{50}-Durchmesser in lognormaler Auftragung ist als der geometrische
Durchmesser d_g bekannt und die dazugehörige Standardabweichung wird die
geometrische Standardabweichung σ_g genannt, die von der Summenkurve
als

$$\sigma_g = \sqrt{\frac{d_{84,1}}{d_{15,9}}} \qquad\qquad 2.4$$

schnell ermittelt werden kann.

Viel ist geschrieben worden über den maßgebenden Durchmesser, einen
Durchmesser, der das Korngemisch durch einen einzigen Kennwert cha-
rakterisiert ; es besteht jedoch nach wie vor keine Einigkeit. Eine
Verteilung läßt sich schlecht für alle Strömungsvorgänge durch einen
Kennwert charakterisieren.

Natürliche Sedimente der Flachlandflüsse zeigen steile Summenkurven
mit Abweichungen in den $d < d_{10}$ und $d > d_{90}$ Bereichen, wogegen Gebirgsflüsse viel flachere Summenkurven haben.

Die <u>Fall- oder Sinkgeschwindigkeit</u>, w, ist ein wichtiger Kennwert.
Im Prinzip ist die Sinkgeschwindigkeit die Geschwindigkeit mit der
das Korn infolge der Gravitation in stationärem Zustand durch die
Flüssigkeit in den Ruhestand fällt. Eine genaue Berechnung oder Bemes-
sung dieses Wertes ist jedoch gar nicht einfach. Über die Sinkgeschwindigkeit ist viel geschrieben worden. Eine umfassende Zusammenfassung
wurde von TOROBIN und GAUVIN (1959) veröffentlicht. Das Verhalten bei
kleiner Reynoldszahl wurde von HAPPEL und BRENNER (1965) behandelt.
Kürzere Zusammenfassungen sind bei GRAF (1971), RAUDKIVI (1976) und
YALIN (1972) zu finden.

Der Gleichgewichtszustand

$$C_D \cdot \pi \cdot \frac{d^2}{4} \cdot \frac{\rho w^2}{2} = \pi \cdot \frac{d^3}{6} \cdot g \cdot (\rho_s - \rho)$$

gibt

$$w^2 = \frac{4}{3} \cdot \frac{1}{C_D} \cdot gd \cdot \left(\frac{\rho_s - \rho}{\rho}\right)$$

wo C_D - der Widerstandsbeiwert, ρ_s - die Dichte des Kornes und ρ die
der Flüssigkeit ist. Der Widerstandsbeiwert in laminarer Strömung
kann für eine Kugel genau erfaßt werden und näherungsweise für teilweise
abgerissene Strömungen. In turbulenten Strömungen gibt es keinen analytischen Wert, und man ist auf experimentell bestimmte Werte angewiesen.

<u>Durchschnittswerte</u> für Quarzkörner im Wasser bei 20^oC kann man aus
folgenden empirischen Gleichungen ermitteln :

(1) $d \leq 0,15$ mm, laminare Verhältnisse

$\qquad w = 660\ d^{2,022}$ oder $w \simeq 663\ d^2$ $\hfill$ 2.5 a

(2) $d \geq 1,50$ mm, turbulente Verhältnisse

$\qquad w \simeq 134,5\ \sqrt{d}$ $\hfill$ 2.5 b

wobei d der Korndurchmesser in mm ist und w in mm s^{-1} gemessen wird.

Die Übergangswerte für $0,15 < d \leq 1,5$ mm sind durch die Werte

d_{mm}	0,15	0,2	0,3	0,4	0,5	0,6	0,7	0,8	0,9	1,0	1,2	1,5
$w_{mms^{-1}}$	14,8	20,4	31,6	42,9	54,0	65,2	76,4	87,6	99,0	110,0	132,0	166,0

$$2.5 \text{ c}$$

bestimmt .

Die angegebenen Sinkgeschwindigkeiten beziehen sich auf den Zustand, wo
die Körner sich während des Fallens gegenseitig nicht beeinflussen. Wenn
eine Wolke von Körnern durch die Flüssigkeit sinkt, hat man den Zustand
des behinderten Sinkens, die man näherungsweise durch

$$w = w_0 (1 - c)^\beta \qquad 2.6$$

ausdrücken kann, wo w_0 die unbehinderte Sinkgeschwindigkeit und β empirisch ermittelt ist. Der β-Wert hängt von der Korngröße und Form ab,
aber als Durchschnittswerte kann man für Re < 1, $\beta \simeq 4,65$ und für
Re > 10^3, $\beta \simeq 2,32$ heranziehen. Der Übergang auf eine log β gegen
log Re Auftragung ist durch eine S-Funktion gegeben.

Die Sinkgeschwindigkeit einer Kornmischung kann als eine effektive Sinkgeschwindigkeit durch

$$w = \frac{\Sigma p_i w_{pi}}{\Sigma p_i} \qquad 2.7$$

ausgedrückt werden, wobei p_i und w_{pi} den Gewichtanteil und die Sinkgeschwindigkeit der Körner in dem Größenintervall i bezeichnen.

Die Sinkgeschwindigkeit einer Korngruppe in einem großen Behälter ist
höher als die von einem Einzelkorn. Die Wechselwirkung zwischen den
Körnern erzeugt erhöhte turbulente Zustände, wodurch der Widerstandsbeiwert verringert wird. Auch treten Sekundärströmungen auf, die zur
weiteren Ballung der Körner führen (Abb. 2.2).

Eine Suspension beeinflußt auch die Eigenschaften des Wassers. Das
klare Wasser ist eine Newtonsche Flüssigkeit. Mit wachsender Konzentration von suspendierten Körnern ändern sich die Eigenschaften und
bei hohen Konzentrationen, wie z. B. die Strömungsvorgänge der verschiedenen Schlämme sind die Eigenschaften des Wassers weitgehend
nicht newtonsch. Für mäßige Konzentrationen hat man das Problem näherungs-

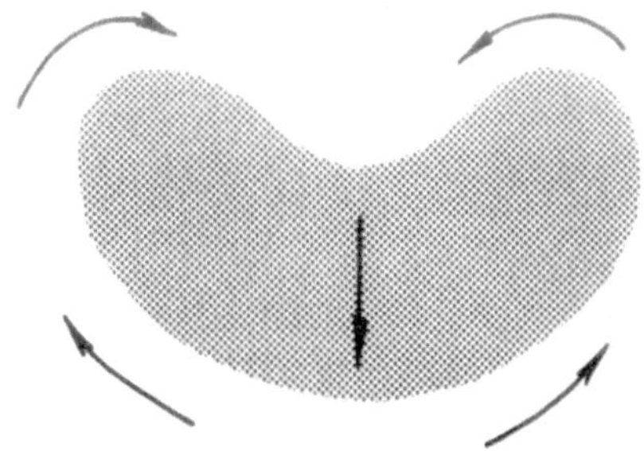

Abb. 2.2: Schematisches Verhalten einer fallender Korngruppe im Wasser

weise durch Einführung einer gleichwertigen Zähigkeit der Suspension
μ_s gelöst, z.B.

$$\frac{\mu_s}{\mu} = 1 + k_1 c + k_1^2 c^2 + k_1^3 c^3 + \ldots \qquad\qquad 2.8$$

wobei c die Konzentration des Volumens und k ein Beiwert ist, z.B.
k_1 = 2,5 von Einstein für niedrige Konzentrationen.   Die k-Werte sind
von der Form der Körner abhängig.

Die Eigenschaften der kohäsiven Sedimente werden in Zusammenhang mit Erosion
von bindigen Böden erörtert.

3 Beginn der Sedimentbewegung

3.1 Bewegungsbeginn in gleichmäßiger Strömung

Wenn die Geschwindigkeit eines Stromes, sei es Gas oder Flüssigkeit, über
einem ebenen Bett von Körnern langsam gesteigert wird, wird ein Zustand
erreicht, in dem sich einzelne Körner in Bewegung setzen. Über mehr als
zweihundert Jahre haben Forscher versucht, diesen Beginn der Sedimentbewegung analytisch zu erfassen, aber immer noch gibt es keine vollstän-
dige Übereinstimmung.

In einer gleichmäßigen Strömung ist das Korn den Kräften, die durch die
Flüssigkeit und die Gravitation ausgeübt werden, ausgesetzt. Für eine
Analyse kann man die Kräfte in Normal- und Tangentialkräfte auflösen.
Die Tangentialkomponente führt zur Vorwärtsbewegung, die gänzlich durch
die Flüssigkeit oder durch die Schwerkraft (das Rutschen von Sandhängen)
ausgeübt werden kann, aber gewöhnlich überwiegen die hydraulischen
Kraftwirkungen.

Wenn die Körner im Verhältnis zur Dicke der laminaren Unterschicht der
Grenzschicht

$$\delta' = \frac{11,6\ \nu}{u_x} \qquad\qquad 3.1$$

klein sind, d.h., wenn $\delta' \geq 5d$ ist, löst sich die Strömung am Korn nicht
ab. Hier ist ν die kinematische Zähigkeit des Fluides, $u_x = \sqrt{\tau_0/\rho}$
die Schubspannungsgeschwindigkeit, τ_0 die Schubspannung an der Sohle,
ρ die Dichte des Fluides und d der Korndurchmesser. Das Korn verursacht
keine Wirbel, so daß die Schleppkraft durch die Zähigkeit des Fluides
auf die gesamte Oberfläche der Sohle verteilt wird, wobei die Rauhigkeit
der Sohle selbst keine Rolle spielt. Die Form der Körner jedoch beeinflußt
die Größe der Schub- und Auftriebkräfte, die an dem Korn wirken.

Mit wachsender Geschwindigkeit verringert sich die Unterschichtdicke
und die laminare Strömung hinter dem Korn wird instabil. Es bildet
sich zuerst ein stationärer Ringwirbel hinter dem Korn, der mit wachsender
Reynoldszahl ($Re_* = u_x\, d/\nu$) unstetig wird, bis die Strömung an der Leeseite abreißt. In der Abrißzone entstehen Rücklaufwirbel und turbulente
Strömungszustände.

Die Schleppkräfte sind dann auf den Reibungswiderstand und den Druck-
widerstand (Formwiderstand) zurückzuführen. Nach COLEBROOK und WHITE
(1937) verhalten sich die Körner als Einzelelemente, wenn $u_* d/\nu > 3{,}5$
oder $d > 0{,}3\ \delta'$ ist.

Das traditionelle Bild eines Kornes an der Sohle bei gleichmäßiger
Strömung ist in Abbildung 3.1 dargestellt, wobei G, F_S und F_A das
Gewicht, Schubkraft und Auftriebkraft bezeichnen.

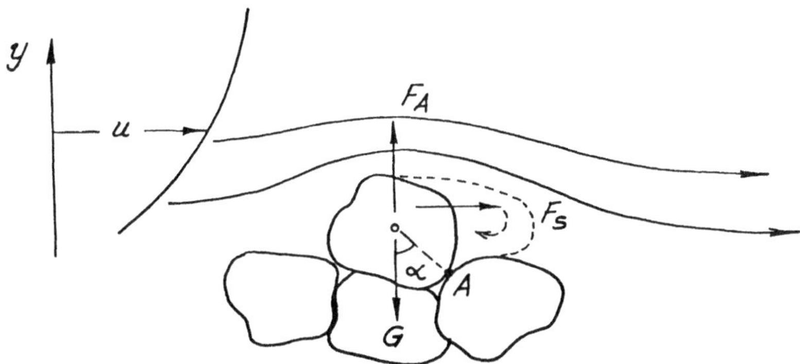

Abb. 3.1 : Schematische Darstellung der Kräfte an einem Korn

Von dem Gleichgewicht der Momente um den Auflagerpunkt A erhält man

$$\pi \frac{d^3}{6} g(\rho_S - \rho) \frac{d}{2} \sin \alpha = \beta \rho u_*^2 \pi \frac{d}{4} \frac{d}{2} \cos \alpha$$

woraus

$$u_{\times c} = \sqrt{\frac{2}{3} \frac{\tan \alpha}{\beta}} \ \sqrt{(\frac{\rho_S - \rho}{\rho})gd} = B \sqrt{(\frac{\rho_S - \rho}{\rho}) gd} \qquad 3.2$$

wobei $F_S = \tau A \propto \rho u_*^2 \pi \frac{d}{4}$ und ß ein Beiwert ist, in dem die Höhe, in
der die Schubkraft wirkt, die Antriebskraft und das Verhältnis zwischen
Momentanwerten und zeitlichen Mittelwerten erfaßt sind.
Aus der logarithmischen Geschwindigkeitsverteilung folgt dann, daß die
kritische Geschwindigkeit auf der Höhe y

$$u_c = 5.75\ B \sqrt{(\frac{\rho_S - \rho}{\rho}) gd}\ \ \log \frac{y}{y'}, \qquad 3.3$$

ist, wobei y' den Schnittpunktwert für u = 0 einer Auftragung von
log y gegen u darstellt.

BAGNOLD (1941) hat die Gleichung 3.2 untersucht und Versuchswerte,wie
in Abb. 3.2 gezeigt, aufgetragen.

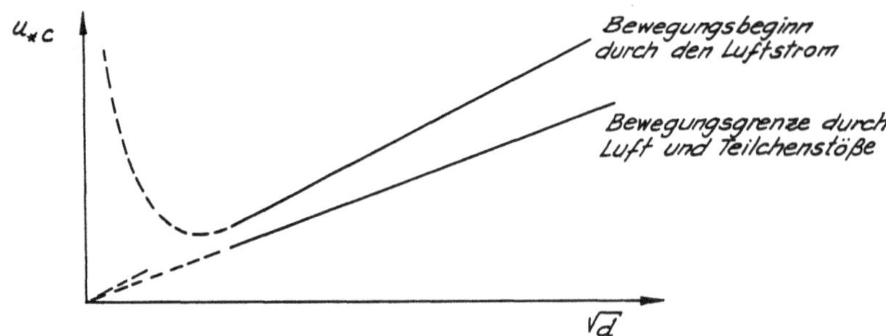

Abb. 3.2 : Bewegungsbeginn nach Gl. 3.2
(nach BAGNOLD, 1941)

BAGNOLD zeigte, daß für $Re_* = \dfrac{u_* d}{\nu} > 3,5$ die Gl. 3.2 gültig ist und daß
in der Luft zwei Grenzwerte für den Bewegungsbeginn bestehen. Der eine
ist, wo die Bewegung über einer ebenen trockenen Sandfläche durch den Wind
verursacht wird und der andere zeigt, daß der Wind die Bewegung bei einem
niedrigen u_*-Wert aufrecht erhält, wobei die Impulse der Körner im Bewe-
gungszustand den kleineren Wert verursachen. BAGNOLD verglich die zwei
Grenzen mit dem statischen und dynamischen Reibungsbeiwert. Im Wasser
kann man diese zwei Zustände (Bewegung durch Strömung oder infolge von
Kornimpulsen) nicht unterscheiden, da dort das Verhältnis zwischen dem
Impuls des Kornes und des Wassers, das vom Korn verdrängt wird, nur
ungefähr 1,65 gegenüber 2000 in Luft ist. Bei kleineren Re_* als 3,5
kommen die Körner in die laminare Unterschicht und die kritischen Schubspannungen steigen stark an.

In der Luft hängt die kritische Schubspannung auch stark von der Feuch-
tigkeit des Sandes ab. Der Wassergehalt ist ungefähr linear abhängig
von der relativen Luftfeuchtigkeit für feuchte Luft (> ~ 50 %). Die
kritische Schubspannung steigt schon bei relativ geringem Wassergehalt
erheblich an, umso mehr je feiner der Sand ist.

SHIELDS (1936) wandte die Dimensionsanalyse an, womit er das Problem
des Bewegungsbeginns auf zwei Parameter reduzieren konnte.

$$\frac{\tau_c}{\rho g(S_s - 1)d} = \frac{u_{*c}^2}{g(S_s - 1)d} = f\left(\frac{u_* d}{\nu}\right)$$

$$\Theta_c = f(Re_*) \qquad\qquad 3.4$$

wobei S_s die relative Dichte der Körner zum Wasser (ρ_s/ρ) bezeichnet. Die linke Seite von Gl. 3.4 ist eine Art Froude'sche Zahl, die das Verhältnis zwischen der Schubspannung und dem durch Auftrieb verringerten Gewicht einer Kornschicht darstellt, eine normalisierte Schubspannung.

Die SHIELDS-Kurve (Abb. 3.3) wird heute überwiegend benutzt, sie beruht auf umfangreichen Messungen.

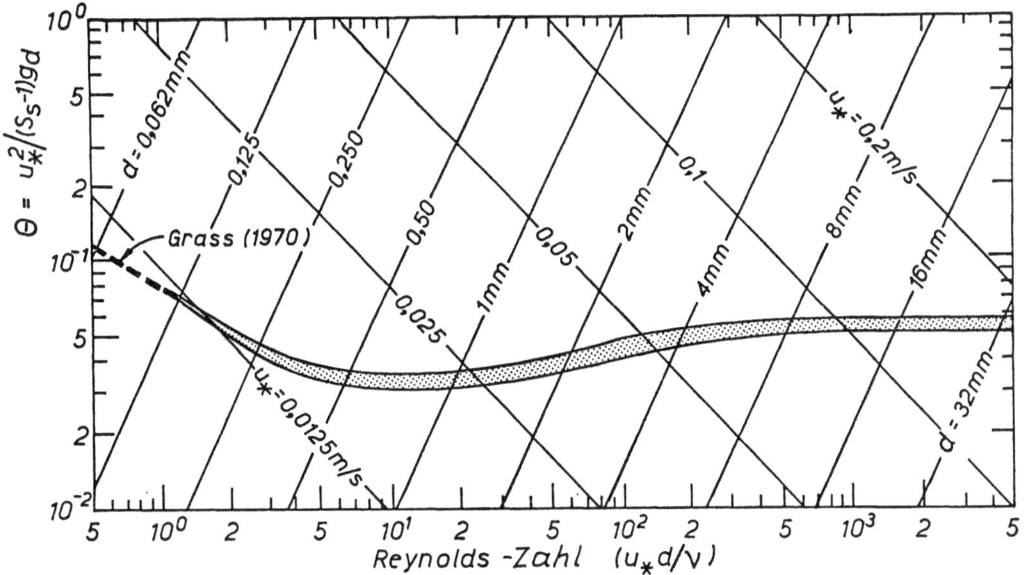

Abb. 3.3 : Bewegungsbeginn des Sediments nach SHIELDS

Für $Re_* < 2$ hängt der Verlauf der Kurve stark von den Mineralien und der Kornform ab, wie z. B. MANTZ (1973) gezeigt hat.

SHIELDS hat die gemessenen Geschiebefrachten auf einen Nullzustand extrapoliert und so den Beginn der Bewegung erhalten. Viele Forscher haben den Beginn der Bewegung aber nur durch Beobachtung geschätzt, z. B., wenn sich eine beliebig kleine Zahl von Körnern pro Flächen- und Zeiteinheit in Bewegung setzte.

Es ist wichtig zu bemerken, daß der Bewegungsbeginn der Körner nicht einen Einzelwert darstellt, sondern alle Werte zwischen zwei Grenzen

annehmen kann. Die Grenzen (RAUDKIVI, 1963) sind einmal die turbulente
Bewegung des Wassers, wobei der zeitliche Mittelwert der Schubspannungsgeschwindigkeit Null ist und zum anderen eine laminare Strömung ohne
Turbulenz, bei der die Bewegung der Körner nur durch die Schubspannung
erzeugt ist, wie z. B. in einer laminaren Strömung einer Flüssigkeit
mit hoher Zähigkeit.

Abbildung 3.4 zeigt schematisch die Verteilung der mittleren Schubspannung $\overline{\tau}_0$ und Intensität der Turbulenz. Wo sich die Doppelgrenzschicht, die
durch Ablösung der Strömung an dem Riffelkamm entsteht, wieder an die
Sohle legt, ist $\overline{\tau}_0$ gleich Null, dennoch bewegen die Körner sich sehr
lebhaft, d.h. sie werden durch die Turbulenz bewegt. Die kritische Schubspannung τ_0 nach SHIELDS wird erst auf etwa zwei Drittelhöhe des Luvhanges
erreicht. Mit der Abnahme der Intensität der Turbulenz wächst die Sohlen-
schubspannung. Die Kontinuität des Transportes wird durch die Wechselwirkung der zwei Effekte aufrechterhalten.

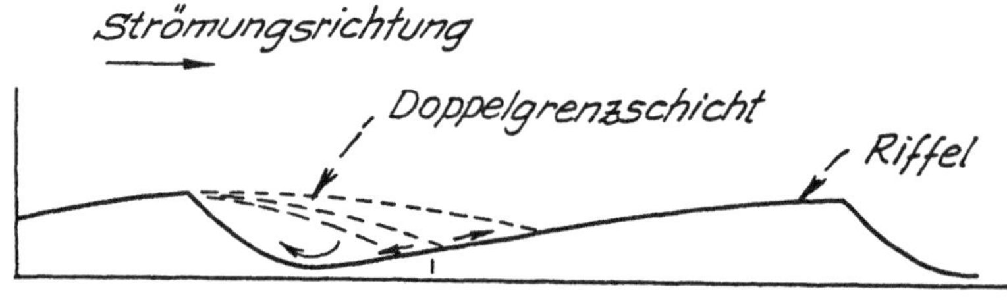

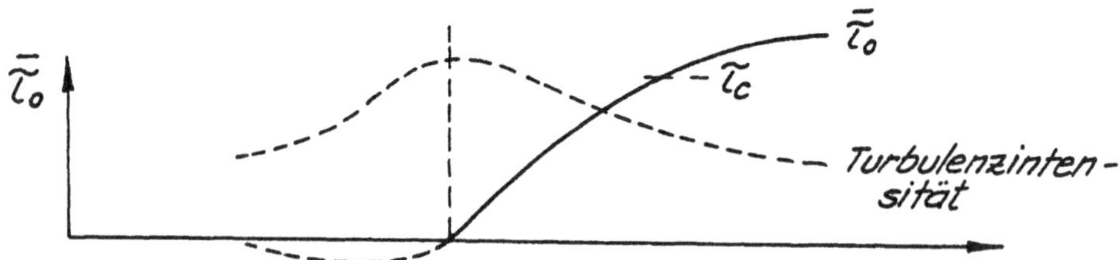

Abb. 3.4 : Schematische Verteilung der Sohlschubspannung und Intensität
der Turbulenz über einem Riffel nach RAUDKIVI (1963, 1976,
Abb. 3.7 und 3.8).

Es ist ebenso wichtig, sich zu merken, daß das Bild von der laminaren
Unterschicht nur eine konzeptionelle Idee ist. In Wirklichkeit ist das
Verhalten der Strömung in der Grenzschicht sehr kompliziert. Die Grenzfläche wird mit Wirbeln bombardiert, die hohe Impulswerte haben, die
langsamer fließendes Wasser von der Unterschicht in die Strömung auf-
wirbeln, was wiederum interne Unterschiede verursacht. Die Struktur
der Strömung an der Grenzfläche zeigt ausgeprägte dreidimensionale
Streifen mit unterschiedlichen Geschwindigkeiten.

Ein Wirbel mit hoher Geschwindigkeit verdrängt von der Grenzfläche Wasser,
das einen kleineren Impulswert aufweist. Das Wasser hebt sich wie eine
Zunge von der Fläche, die abermals zur Wirbelbildung und zu einem Abreißen von der Fläche führt.
Abbildung 3.5 zeigt die Verteilung von momentanen Druckschwankungen.

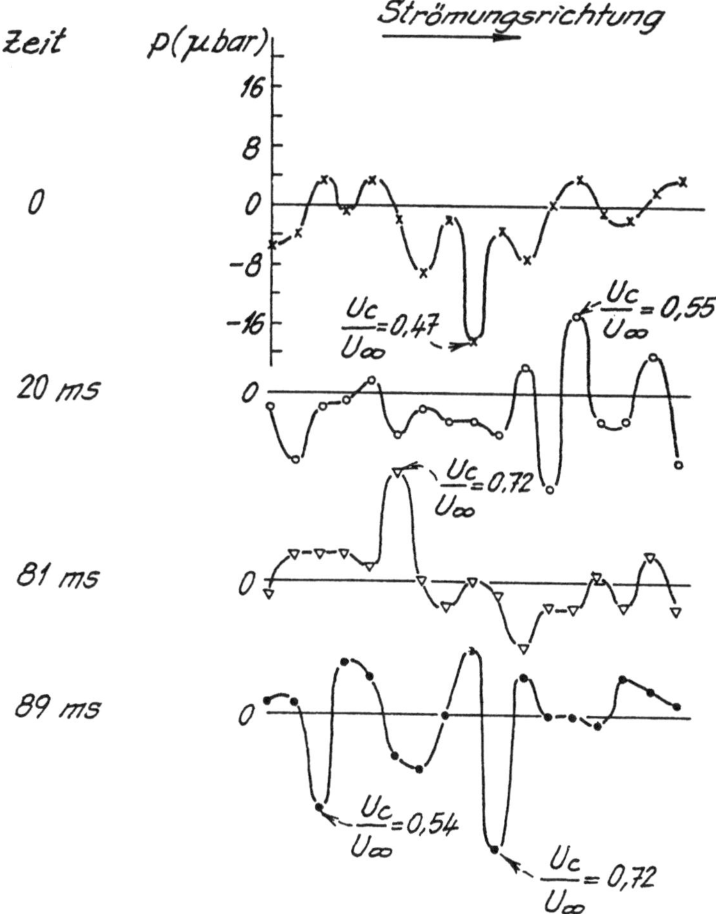

Abb. 3.5 Druckschwankungen an der Grenzfläche, nach EMMERLING (1973)

Die Struktur der Strömung an der Grenzfläche ist bei KLINE et al. (1967),
CORINO und BRODKEY (1969), GRASS (1971), OFFEN und KLINE (1975), LEVI
(1978) u.a. beschrieben. Die Druckschwankungen an der Oberfläche, $(\overline{p'^2})^{1/2}$,
sind im Durchschnitt von der Größenordnung $p' \approx 3\tau_0$ und die Spitzenwerte
sind meistens ungefähr $p' \approx 18\tau_0$. Der Auftrieb durch so eine Unterdruckspitze ist dann $(\pi\, d^2/4)18\tau_0$ und wird bei Bewegungsbeginn gleich dem
Gewicht des Kornes, $\rho g(S_S - 1)\pi\, d^3/6$, sein, d.h.

$$\frac{\tau_0}{\rho g(S_S - 1)d} = \theta = 0,037 \qquad\qquad 3.5$$

ein Wert, der mit dem Wert in der SHIELDS-Kurve über Sandgrößen übereinstimmt.

Diese Vorgänge an der Grenzfläche führen dazu, daß an Stelle einer kritischen Schubspannung eine Häufigkeitsverteilung $f\,(\tau_0)$ von Schubspannungen
τ_0, je eine Flächeneinheit entsteht.

Auch die Körner, aus der die Fläche besteht, besitzen eine Häufigkeitsverteilung, $f\,(\tau_c)$, die für die Bewegung kritischer Schubspannungen, τ_c,
die wiederum durch Größe, Form und Lage der Körner bestimmt sind (Abb. 3.6).

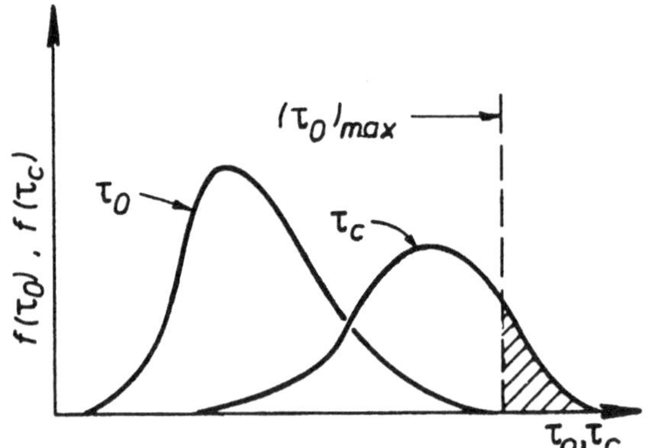

Abb. 3.6 :   Schematische Häufigkeitsverteilungen der Sohlschubspannung τ_0 und der Widerstandsspannung τ_c der Körner
je Flächeneinheit.

Wenn die Häufigkeitsverteilung $f\,(\tau_0)$ sich deckt mit der von $f\,(\tau_c)$,
können alle Körner an der Oberfläche in Bewegung gesetzt werden. Wie
aber in Abbildung 3.6 gezeigt, können nicht alle Körner bewegt werden,

da die Häufigkeitsverteilung von τ_0 keine Schubkräfte aufweist, die
größer sind als die Schubspannungen rechts von $(\tau_0)_{max}$. Das bedeutet,
daß am Anfang die Körner mit $\tau_c < (\tau_0)_{max}$ bewegt werden können, aber
mit der Zeit wird die Oberfläche mit Körnern, die ein τ_c größer als
$(\tau_0)_{max}$ aufweisen, angefüllt. Eine derartige Wahrscheinlichkeitsbe-
trachtung liegt auch den Modellen zu Grunde, die sich mit Abpflasterung
(armouring) von Flußbetten befassen, z. B. GESSLER (1965, 1970).
GRASS (1970) hat $\sigma_{\tau0}$ und $\sigma_{\tau c}$ als n ($\sigma_{\tau0}$ + $\sigma_{\tau c}$) verwendet, um den Bewegungsbeginn zu beschreiben.

BAGNOLD (1941) hat gezeigt, daß die dimensionslose Schubspannung, θ,
einen Maximalwert von ungefähr 0,4 hat. Die Schubspannung an der obersten
Schicht von Körnern ist

$$\tau_0 = c (\rho_s - \rho) \ gd \ \tan\alpha \qquad\qquad 3.6$$

wobei c die Konzentration und $\tan\alpha$ der Reibungsbeiwert zwischen den
Schichten ist. Für beide kann man den Wert von 0,63 ansetzen, so daß

$$\frac{\tau_0}{(\rho_s - \rho)gd} = c \ \tan\alpha \approx 0,4 \qquad\qquad 3.7$$

ist.

Der Bewegungsbeginn der Körner ist auch durch ihre Lage in der Sohle beeinflußt. Es ist eindeutig, daß ein Korn, das auf anderen liegt, wie
z. B. in Abb. 3.7, leichter **beweglich** ist, als Körner von derselben
Größe, die in einer Ebene liegen. COLEMAN (1967) befaßte sich mit dem

Abb. 3.7 : Schematische Lagerung von Körnern

Problem und FENTON und ABBOTT (1977) führten Versuche aus, bei denen
der Bewegungsbeginn als eine Funktion des Herausstehens, P, ermittelt
wurde. Die Ergebnisse sind in Abb. 3.8 zusammengestellt.

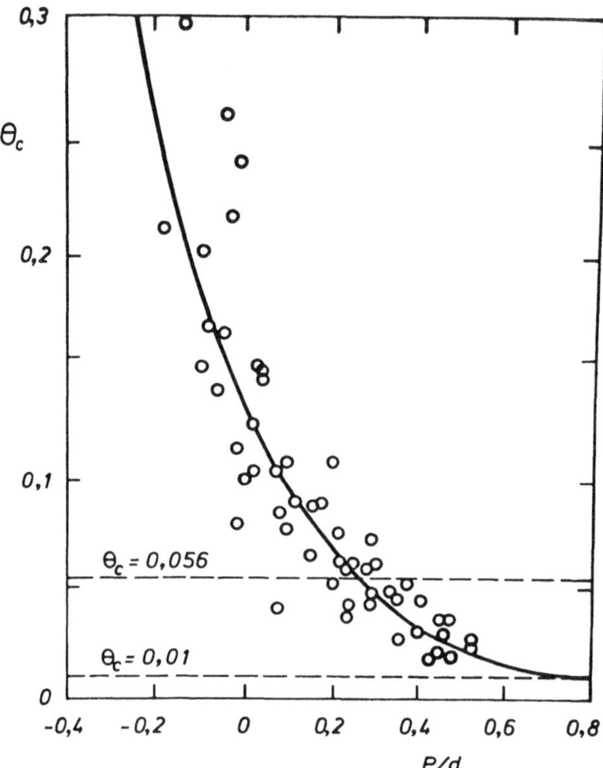

Abb. 3.8 : Dimensionslose Schubspannung θ_c als eine Funktion von P/d

Aus Abbildung 3.8 geht hervor, daß Körner, die zur Strömung hin freiliegen, bevorzugt bewegt werden können, und daß sie z. B. über ein Bett von kleineren Körnern transportiert werden können, ohne die Körner des Bettes selbst zu stören. Dieser Zustand bezieht sich sowohl auf größere als auch auf kleinere Körner jeweils im Vergleich zu denen des Bettes. Größere Körner werden bevorzugter bewegt infolge ihrer Lage, d. h. sie liegen frei auf den kleineren Körnern des Bettes. Die kleineren Körner auf einem Bett aus größeren Körnern werden bevorzugt bewegt infolge ihrer kleineren kritischen Schubspannung als der des Bettmaterials.

Wenn man den zeitlichen Mittelwert der Sohlschubspannung, die durch die Strömung ausgeübt wird, mit τ_0 bezeichnet, und die kritische Schubspannung des Bettmaterials mit τ_c und des Einzelkornes mit τ_i bezeichnet, dann können vier Spezialfälle unterschieden werden :

(1) $\tau_i > \tau_c > \tau_0$ und $\tau_c > \tau_i > \tau_0$ - es findet überhaupt keine Kornbewegung statt

(2) $\tau_0 > \tau_c > \tau_i$ und $\tau_0 > \tau_i > \tau_c$ - alle Körner sind in Bewegung

(3) $\tau_i > \tau_0 > \tau_c$ - die Körner des Bettes sind in Bewegung, aber nicht die größeren freiliegenden Körner, die sich in das Bett eingraben.

(4) $\tau_c > \tau_0 > \tau_i$ - die freiliegenden Körner werden über dem Bett bewegt, das selbst nicht gestört wird, ein Überlaufzustand (overpassing). Die größeren Körner rutschen und rollen über das Bett und die kleineren springen.

Mit der Annahme, daß das Bett wie auch die Einzelkörner der Schubspannung $\tau_0 = u_*^2$ ausgesetzt sind, besteht zwischen dem Einzelkorn, d_i, und den Körnern des Bettes, d, die Beziehung

$$d_i = \left(\frac{\theta_c}{\theta_i}\right)d \qquad\qquad 3.8$$

wo θ_i den kritischen Wert bezeichnet.
Wenn man weiter den asymptotischen Wert $\theta_i = 0{,}01$ einsetzt, dann folgt daraus, daß, wenn

(1) $d_i > 100\,\theta_c d$ - das Korn nicht bewegt wird. Beim Überschreiten von θ_c d.h. $\tau_0 > \tau_c$ wird das Bett erodiert. Bei größeren Körnern bildet sich ein Hufeisenwirbel auf der Stromseite, wodurch dort ein Graben entsteht, und allmählich rutscht das Korn dort hinein, d.h. das Korn bewegt sich stromaufwärts. Dadurch wird aber auch das Freiliegen des Kornes verringert und der kritische θ-Wert erhöht sich. Bei grobem Sohlenmaterial bedeutet es, daß Körner, die größer als etwa sechs Durchmesser des Bettmaterials sind, sich eingraben oder einbetten, d.h. ein Massenunterschied von über zweihundert mal, $(6d)^3$.

(2) $d < d_i < 100\,\theta_c d$ - die freistehenden Körner bewegen sich leichter als das Bettmaterial.

22

Der Zustand $d_i > 100\ \theta_c d$ muß gegeben sein, damit sich eine natürliche
Pflasterung (armouring) des Flußbettes entwickeln kann ; dies ist etwa
gegeben bei $\sigma_g > 2{,}5$ oder $d_{90}/d_{10} > 5$. Umgekehrt bedeutet es, daß sich
keine Verfestigung des Bettes entwickeln kann, wenn $\sigma_g < 2{,}5$ ist. Die
Überlaufbezeichnung erklärt auch warum Flußsedimente fast keine Körner
in dem Größenbereich von 1 mm bis 2 mm aufweisen, die bevorzugt zum Meer
befördert werden.

Für Probleme in der Praxis, wo man im allgemeinen mit einem Gemisch von
Korngrößen zu tun hat, wird entweder ein Nennwert für die effektive
Korngröße oder eine Mehrparameter-Definition des Bewegungsbeginns benötigt.
Viele Forscher haben sich mit dem effektiven Durchmesser befaßt, aber es
besteht noch immer keine Übereinstimmung (CHRISTENSEN, 1969 ; EGIAZAROFF,
1965 ; IRVINE und SUTHERLAND, 1973 ; FÜHRBÖTER, 1961 u.a.). Die Schwierigkeiten sind darauf zurückzuführen, daß man eine Häufigkeitsverteilung
nicht mit einem Parameter beschreiben kann. Bei verhältnismäßig gleich-
körnigem Material kann der d_{50}-Wert herangezogen werden, aber bei brei-
teren Kornbändern werden Werte von d_{60} bis d_{90} verwendet, die aber ebenfalls als Notmaßnahme anzusehen sind. Das Verhalten der Sohle wird dann
weitgehend durch Pflasterungsvorgänge gekennzeichnet, wobei die größeren
Körner die Rauhigkeit bestimmen und die kleineren abschirmen. GESSLER
(1971) hat die kritische Schubspannung als die definiert, die zu der
gröbsten Abpflasterungsschicht gehört.

Es gibt auch eine Anzahl von Formulierungen, die den Bewegungsbeginn mit
Bezug auf eine kritische Geschwindigkeit definieren. Ausdrücke dieser Art
haben den Nachteil, daß die Geschwindigkeit nicht allein die Schubspan-
nungszustände an der Sohle bestimmt. Die Schubspannung ist proportional
dem Geschwindigkeitsgradienten an der Sohle, wobei mehrere Gradientenwerte
bei derselben, z.B. mittleren Geschwindigkeit auftreten können.

In einer zweidimensionalen Strömung kann man die kritische Schubspannung
durch das logarithmische Geschwindigkeitsgesetz leicht mit den Strömungs-
parametern verbinden. Aus

$$du = \frac{u_*}{\kappa y}\,dy$$

ist

$$u = 5{,}75\ u_* \log \frac{y}{y'}, \qquad\qquad\qquad 3.9$$

wobei y' der y-Wert für $u = 0$ ist, der z. B. für hydraulisch rauhe Zustände empirisch mit der Nikuradse-Sandrauhigkeit verknüpft ist,

y' ≈ k/30,2. Die Gl. 3.9 definiert eine Gerade in einer lognormalen
Auftragung (Abb. 3.9).

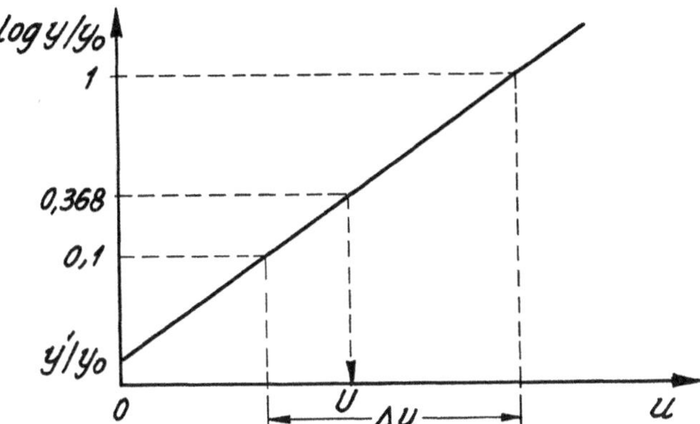

<u>Abb. 3.9</u> :   Logarithmische Geschwindigkeitsverteilung,
U ist die mittlere Geschwindigkeit und y_0 die Wassertiefe.

Daraus kann

$$u_* = \frac{\Delta u}{5,75} \qquad\qquad 3.10$$

entnommen werden, wobei Δu die Geschwindigkeitszunahme für eine Log-
Periode ist. Umgekehrt liefern die bekannte Korngröße und u_* die Ge-
schwindigkeitsverteilung. Die Methode kann auch mit hydraulisch glatter
Sohle angewandt werden.

Für eine zweidimensionale Strömung ist im allgemeinen

$$\frac{u - U}{u_*} = 5,75 \, \log \frac{y}{y_0} + 2,5 \qquad\qquad 3.11$$

Das Prandtl-Karman Geschwindigkeitsdefizitgesetz ist

$$\frac{u_{max} - u}{u_*} = -\,5,75 \, \log y/y_0 \qquad\qquad 3.12$$

Genau genommen (wie es noch besprochen wird) gilt diese Geschwindigkeitsverteilung nur für Bereiche nahe an der Sohle, etwa unterhalb von 15 -
20 % der Tiefe. In höherer Lage weicht die eigentliche Geschwindigkeitsverteilung von dem einfachen Prandtl-Karman Gesetz ab. Das bedeutet aber
auch, daß Meßwerte nahe der Sohle wünschenswert sind. Die Neigung

der Verteilung auf einer lognormalen Auftragung für die obere Hälfte
der Tiefe ist etwas größer und daraus erhält man auch einen scheinbar
höheren Wert von y'.

In drei-dimensionalen Strömungen müssen Meßwerte vorliegen oder es ist
erforderlich, das Geschwindigkeitsfeld rechnerisch zu ermitteln mit Hilfe
der Geschwindigkeitsverteilungsgesetze.

Man muß sich darüber im klaren sein, daß derartige kritische Werte für
den Bewegungsbeginn bei nicht bindigen Böden nur für eine ebene Sohle
und damit verbundene Schubspannungs- und Turbulenzverhältnisse gelten.

Ein weiterer Punkt ist der, daß in der Natur die Korngröße nicht immer
maßgebend ist. Verschmutzung des Wassers, organische Zugaben oder z. B.
Nährstoffe können die Shields-Werte verwischen. Algen können, z. B.
durch Schleimausscheidung der Zellen, so fest verbunden sein, daß sich
eine dicke "Haut" bildet, die auch an der Sohle klebt. Wenn das Wasser
für Lebewesen nicht giftig ist, spielen auch **Bioorganismen eine Rolle** .
Aber auch Schlammzugabe kann zu einer Verkittung führen, besonders wenn
die Schlammteilchen kohäsive Eigenschaften haben.

Der Erosionsbeginn der bindigen Böden wird in einem nachfolgenden Ab-
schnitt behandelt.

3.2   Bewegungsbeginn unter Wellenbewegung

Unter Wellenbewegung unterscheidet sich das Problem des Bewegungsbeginns
hauptsächlich durch die nicht-stationäre Strömung an der Sohle, wodurch
Trägheitskräfte und Kräfte, die durch die Druckgradienten auftreten, als
zusätzliche Parameter zu beachten sind. Die Kräfte, die zu berücksichtigen sind, lauten wie folgt :

1. Das Gewicht : $F_G = \dfrac{\pi d^3}{6} g (\rho_s - \rho)$

2. Der Formwiderstand : $F_F = C_1 \dfrac{\rho}{2} \dfrac{\pi d^2}{4} (u_e - v_s) |u_e - v_s|$

3. Der Reibungswiderstand : $F_R = C_2 \rho d^2 (u_e - v_s)|u_e - v_s|$

4. Der Auftrieb : $F_A = C_3 \dfrac{\rho}{2} \dfrac{\pi d^2}{4} (u_e - v_s)^2$

5. Die virtuelle Massenkraft : $F_{VM} = C_4 \dfrac{\pi d^3}{6} \rho \left[\dfrac{du_e}{dt} - \dfrac{dv_s}{dt} \right]$

6. Die Druckkräfte : $F = C_5 \dfrac{\pi d^3}{6} \rho \dfrac{du_e}{dt} = M \dfrac{du_o}{dt}$

8. Die Widerlagerkräfte

9. Die Widerstandskräfte im Hinblick auf das Rollen der Körner

Hier ist ρ_s - die Dichte des Kornes

u_e - die effektive Geschwindigkeit des Wassers

v_s - die Geschwindigkeit des Kornes

C_1 = f (Re, Form), ein Widerstandsbeiwert

C_2 = f (Re, Form), ein Widerstandsbeiwert für die Reibung durch die Zähigkeit

C_3 = f (Re, Form) - ein Auftriebbeiwert beeinflußt durch den Magnus-Effekt in Verbindung mit dem rollenden Korn

C_4 = f (Form, Entfernung von der Grenzfläche), ein Virtual-massenbeiwert

C_5 und M-Beiwerte

u_0 - Wassergeschwindigkeit nach der Potentialtheorie, d.h. F_p ist proportional zur Trägheitskraft des verdrängten Wassers

$S_s = \rho_s/\rho$

EAGELSON et al. (1958, 1963) haben diese Zusammenhänge für den Beginn der Bewegung, d.h. $\sum$Momente = 0, und für im zeitlichen Mittelwert stationäre Zustände, d.h. $\sum F_x$ = 0, untersucht. Schon experimentelle Untersuchungen mit regulären monochromatischen Wellen und Anwendung der linearen Wellentheorie führen bei der Analyse zu erheblichen Schwierigkeiten, verbunden mit einem hohen Arbeitsaufwand. Eine Lösung für Wellen über einer geneigten Sohle, basierend auf der Anwendung nichtlinearer Wellentheorie, gibt es noch nicht.

Für eine Stokes-Welle als Eingangswert wäre eine numerische Lösung, die für einen Punkt an der Sohle gültig wäre, denkbar. Bei einem Wellenspektrum als Eingangswert würde die Lösung durch Energieumwandlung auch für einen Punkt zeitlich veränderlich sein.

Zusätzlich zur wellenerzeugten Wasserbewegung bildet sich an der Sohle eine instationäre Grenzschicht aus, in der die eigentliche Kornbewegung stattfindet. Die Dicke der Grenzschicht ist gewöhnlich als die Entfernung von einer in ihrer Ebene oszillierenden Fläche, wo die Geschwindigkeit auf 1 % abgenommen hat, definiert

$$\delta_1 = 6{,}5 \ (\ \nu T/2\pi)^{1/2} \qquad\qquad 3.13$$

wobei T die Wellenperiode ist. Entsprechend den Korngrößen sind dann

26

hydraulisch glatte Flächen als Übergangsflächen und rauhe Flächen definiert, die noch im Zusammenhang mit dem Transport betrachtet werden.

In weniger umständlichen Ableitungen hat man die Sohlschubspannung durch
die maximale Orbitalgeschwindigkeit (aus der linearen Theorie) an der
Sohle, u_{sm}, ausgedrückt :

$$\tau_0 = C_D \; \frac{\rho u_{sm}^2}{2} \qquad\qquad 3.14$$

Damit wird

$$\theta = \frac{\tau_0}{(\rho_s - \rho)gd} = \frac{C_D \, u_{sm}^2}{2(S_s - 1)gd} = f(\frac{u_{sm}d}{\nu}) \qquad\qquad 3.15$$

Für den Widerstandsbeiwert C_D hat JONSSON (1966) eine graphische Dar-
stellung von C_D gegen u_{sm} A/ν mit A/k als Parameter veröffentlicht, wobei
A die Achsenlänge der Orbitalbewegung an der Sohle und k die Nikuradse-
Rauhigkeitshöhe darstellt. Beide, u_{sm} und A werden auf der Grundlage der
linearen Wellentheorie berechnet. MADSEN und GRANT (1976) haben Meß-
werte untersucht und diese als θ gegen d $\sqrt{(S_s - 1)}$ gd /4ν, die eine
Art Reynoldszahl darstellt, zusammen mit der Shields-Kurve aufgetragen.
(Abb. 3.10)

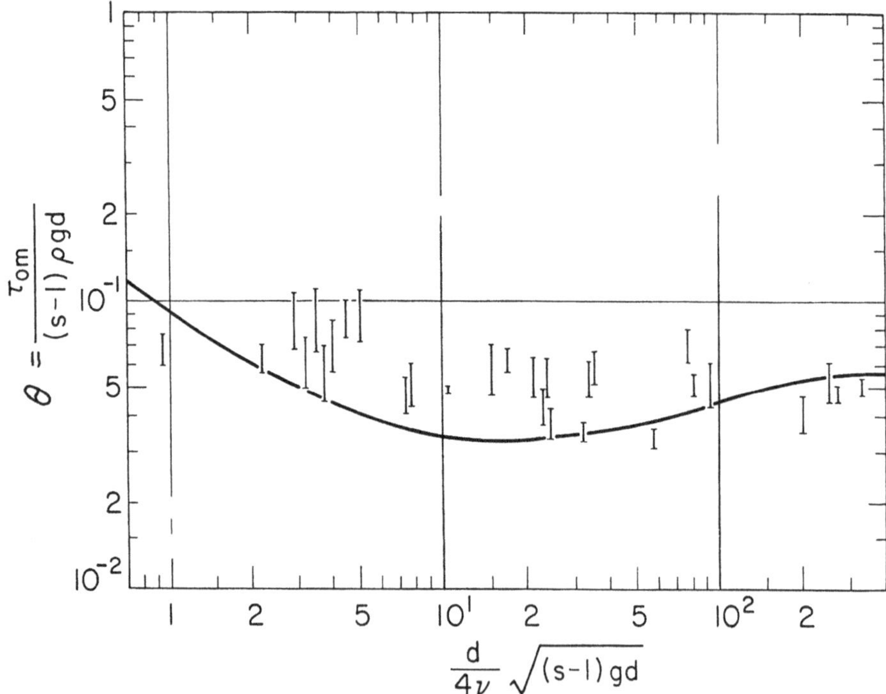

Abb. 3.10   Beginn der Sedimentbewegung unter Welleneinfluß

KOMAR und MILLER (1974) untersuchten veröffentlichte Daten und leiteten
daraus zwei empirische Gleichungen für den Bewegungsbeginn unter Welleneinwirkung ab :

$$\frac{\rho u_{sm}^2}{(\rho_s - \rho)gd} = 0,21 \left(\frac{A}{d}\right)^{1/2} , \quad d < 0,5 \text{ mm} \qquad 3.16$$

$$\frac{\rho u_{sm}^2}{(\rho_s - \rho)gd} = 0,46 \pi \left(\frac{A}{d}\right)^{1/4} , \quad d > 0,5 \text{ mm} \qquad 3.17$$

DINGLER (1974) drückte den Bewegungsbeginn der Körner, die kleiner sind
als die Dicke der Grenzschicht, unter progressiven Wellen als

$$\frac{(\rho_s - \rho) g T^2}{\rho d} = 240 \left(\frac{A}{d}\right)^{4/3} \left[\frac{\rho(\rho_s - \rho)gd^3}{\mu^2}\right]^{-1/9} \qquad 3.18$$

aus. Diese Gleichung kann man auch als

$$\theta_c = 0,0027 \left\{\frac{\left[(\rho_s - \rho)g\right]^2}{\rho \mu}\right\}^{1/3} T \qquad 3.19$$

ausdrücken, die sich bei Quarzsand auf

$$\theta_c \simeq (1,7 \ s^{-1})T \qquad 3.20$$

reduziert, wobei μ die Zähigkeit des Wassers ist.

Im allgemeinen stimmen die Beobachtungen für den Bewegungsbeginn unter
Welleneinwirkung mit denen unter gleichmäßiger Strömung gut überein, jedoch muß dabei berücksichtigt werden, daß u_{sm} oder τ_o unter Welleneinwirkung viel schwieriger zu bestimmen sind. Im Küstenbereich wird das
Problem noch erheblich durch die Einflüsse, die durch verschiedene Lebewesen ausgeübt werden, erschwert. Die Schalen der verschiedenen Muscheln
können die Sohle so verfestigen, daß die kritische Geschwindigkeit mehr-
fach erhöht wird. Auch lebende Würmer, Muscheln, Algen usw. können den
kritischen Wert erheblich erhöhen und auch herabmindern. Manchmal übt
auch Schlamm, der reich an Ton ist, eine Zementierung der Sandkörner aus
und bildet eine Kruste, die sehr widerstandsfähig gegen Erosion sein kann.
Besonders widerstandsfähig sind die "Häute", die durch Schleimausscheidung der Algen entstehen, so daß die Zellen untereinander wie auch an der
Sohle verbunden werden.

Die biologischen Einflüsse des Küstenbereichs sind stark von dem Sediment
abhängig wie auch von klimatischen Bedingungen und dem Seegang. Feinsand

ist gewöhnlich der bevorzugte Ansiedlungsraum für die verschiedenen Lebewesen. Im allgemeinen wächst der Erosionswiderstand mit der Besiedlungsdichte, die ein Maximum in Feinsand aufweist. Die maximale Besiedlungsdichte und damit verbundene biologische Einflüsse nehmen mit wachsender wie auch abnehmender Korngröße ab.

4 Zusammenhänge zwischen Bewegung des Sediments und der Fluide

Es wurde schon darauf hingewiesen, daß der Impulswert eines Kornes in der
Luft etwa 2000 mal den Wert der Luft, die es ersetzt, übersteigt, dagegen aber nur 1,65 mal den Wert des Wassers. Daher gibt es wichtige Unterschiede zwischen dem Verhalten des Sediments in der Luft und dem im
Wasser.

In der Luft erfolgt der Transport, wenn man den Staub, der eine Suspension
darstellt (Schwebstoff), nicht berücksichtigt, in einer dünnen Schicht am
Boden. Die Körner erreichen selten eine Höhe über 2 m und unterliegen
hauptsächlich einer Bewegungsart, die als Springen oder "Saltation" bekannt ist. Beim Aufprall auf dem Boden wird das Korn wieder in die Höhe
geschnellt, oder es setzt andere Körner in Bewegung, entweder in Form
eines Springens oder eines Kriechens der Oberfläche. Durch den Impuls
kann ein Korn beim Aufprall ein bis zu 200 mal größeres Korn bewegen.
Die langsamere Vorwärtsbewegung der Körner an der Oberfläche im Vergleich
zur Transportgeschwindigkeit des Sandes in springender Bewegung führt zur
Sortierung der Sandablagerungen.

Das Hauptmerkmal des Transportes durch Wind ist aber die Änderung der
Geschwindigkeitsverteilung in Bodennähe (Abb. 4.1). Bekanntlich wird die
Geschwindigkeit über einer festen Fläche bei Erreichen eines gewissen
Abstandes, der mit der Rauhigkeit in Verbindung steht, zu Null. Über einem losen Sandboden mit Sandtransport rotieren die Geschwindigkeits-
verteilungen einer lognormalen Auftragung nicht um einen Punkt auf der
y-Achse, sondern ungefähr um einen Punkt (y, u). Die Höhenlage entspricht
ungefähr dem statischen Mittelwert der Sprunghöhen der Körner, die Windgeschwindigkeit auf dieser Höhe ist ungefähr gleich der Sinkgeschwindigkeit der Körner. Das bedeutet, daß der Widerstand des Luftstromes vollständig durch die Sandbewegung kontrolliert wird und daß die Flächen-
reibung (glatt, Riffel, Dünen) überhaupt keinen Einfluß hat. Im Gegen-
satz dazu hängt der Energieverlust eines Wasserstromes vollständig von
der Bodenrauhigkeit ab.

Der Transport des Sandes durch Wind und die verschiedenen, damit verbundenen,Bodenformen werden eingehend von BAGNOLD (1941, 1954) und CHEPIL

und WOODRUFF (1963) beschrieben und werden an dieser Stelle nicht
weiter behandelt.

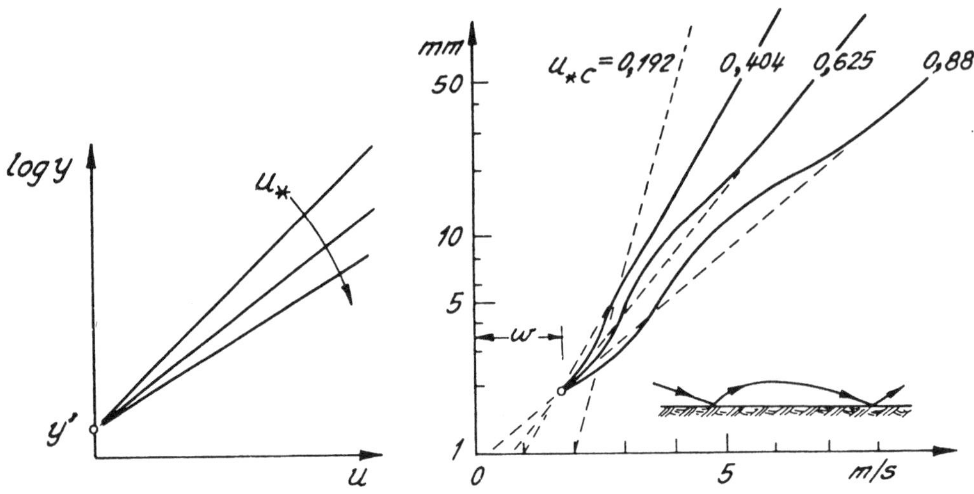

Abb. 4.1 : Schematische Darstellung der Geschwindigkeitsverteilung
in der Luft über einer festen Fläche sowie einer
Geschwindigkeitsverteilung in der Luft mit Sandtransport

Wenn man sich eine Fläche, die aus Körnern besteht, vorstellt, über die
Wasser gleichmäßig fließt, dann werden die Strömungsverhältnisse, solange
die Sohlschubspannung den kritischen Wert nicht überschreitet, genau so
sein, wie über einer festen Fläche von gleicher Rauhigkeit und Form. So-
bald aber die Körner anfangen, sich zu bewegen, treten große Änderungen
auf, eine flache Ebene verformt sich, so daß sich die Widerstandsbeiwerte
der Strömung stark ändern können. Der zusätzliche Strömungswiderstand
wird durch den Formwiderstand des Gerinnes verursacht. Der Einfachheit
halber spricht man von Transportkörpern und Mäandern, obwohl sie nicht
voneinander zu trennen sind und zusammenhängen. Die Formen der natürlichen
alluvialen Gerinne, die Transportkörper und Mäander haben schon von frühesten
Berichten an die Forscher fasziniert. Heute ist die Unterteilung Riffel,
Dünen und Antidünen oder Sinusbett für die Transportkörper und Mäander
und Verflechtung (Braiding) weit verbreitet.

Es gibt viele Darstellungen von Bereichen, in denen sich die verschiedenen Formen entwickeln, die Vielzahl zeugt davon, daß das Problem noch
nicht ganz gelöst ist. Drei derartige Darstellungen sind in Abbildung 4.2
zusammengestellt.

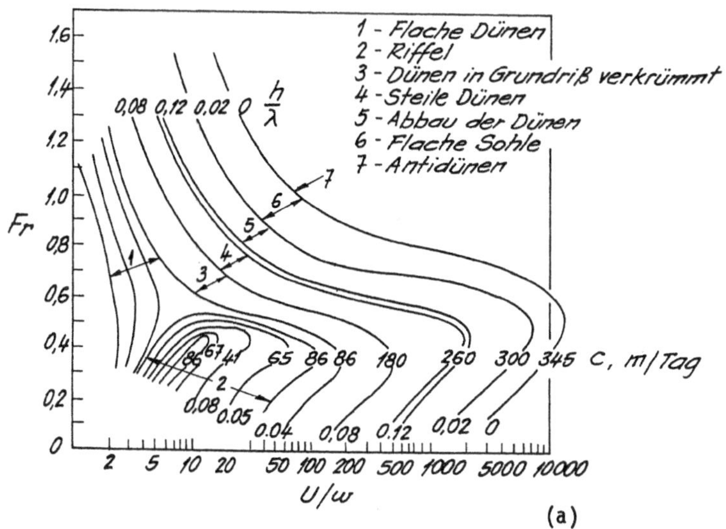

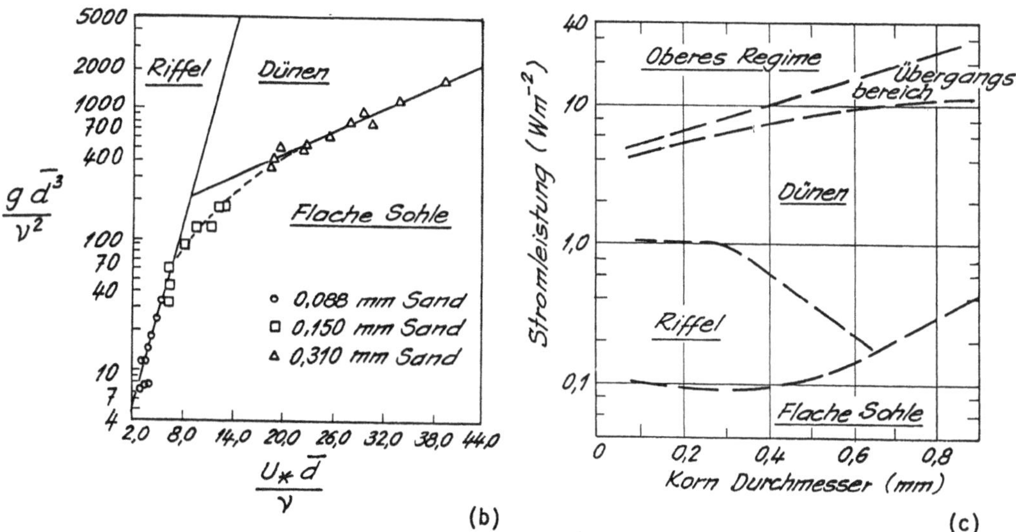

Abb. 4.2: Transportkörper (a) nach ZNAMENSKAYA (1969), (b) nach HILL et al. (1967) und (c) nach SIMONS et al. (1964).

SIMONS et al. (1964) zeigten, daß sich die Meßwerte für verschiedene Transportkörper (Riffel, Dünen usw.) bei einer Auftragung der Stromkraft (τ_0 U) in Abhängigkeit von der Korngröße (d) in bestimmte Bereiche einordnen. ZNAMENSKAYA (1962, 1969) benutzte eine Auftragung mit der Froudezahl und dem Verhältnis U/w als Achsen, auf der die Bereiche der verschiedenen Transportkörper gekennzeichnet sind. Zusätzlich ist noch das Verhältnis Höhe zur Länge (h/λ)sowie die Fortschrittsgeschwindigkeit der Formen (c) aufgetragen. HILL et al. **(1967) bevorzugten die Verhältinsse** gd^3/ν und $u_* d/\nu$ als Achsen für die Darstellung der Bereiche der Riffel und Dünen. BOGARDI (1966) hat zwei Darstellungen vorgeschlagen, einmal die Verhältnisse gd/u_*^2 und d als Achsen und zum anderen die Abhängigkeit zwischen $u_* [1,65\ \gamma(\gamma_s - \gamma)]^{\frac{1}{2}}$ und d, wobei $\gamma = \rho g$ ist.

<u>Riffel</u> bilden sich bei einem geringen Überschuß an Sohlschubspannung ($\tau_0 - \tau_{oc}$), oder wenn θ/θ_c nur ein wenig größer als eins wird, sie sind mit feinkörnigem Material verbunden (d $\lessgtr$ 0,7 - 0,9 mm). Als Reynoldszahl ausgedrückt, besteht die Auffassung, daß Riffel sich nur dann bilden, wenn $Re_* = u_* d/\nu$ kleiner als 22 - 27 ist.

Da die Riffel sich bei geringem Schubspannungsüberschuß bilden, sind sie auch mit einem niedrigeren Turbulenzgrad verbunden. Die Entwicklung der Riffel wird eigentlich durch zu hohe Turbulenz behindert. Die Entstehung der Riffel hängt nach allgemein geläufiger Auffassung nur von der Strömung an der Sohle ab, und die Riffel sind unabhängig von der Tiefe der Strömung. Eine weitere Bedingung ist, daß der Strom in der Lage sein muß, alle Körner zu bewegen, d.h. die Korngrößenverteilung muß ziemlich eng sein.

Über eine Dimensionsanalyse kann man die Steilheit der Riffeln als

$$\frac{h}{\lambda} = f\left(\frac{\theta}{\theta_c}, Re_*\right) \qquad\qquad 4.1$$

ausdrücken, wobei die Reynoldszahl klein ist.
Als eine Annäherung ist

$$\frac{h}{\lambda} = f\left(\frac{\theta}{\theta_c}\right). \qquad\qquad 4.2$$

Werte aus Beobachtungen sind schematisch in Abb. 4.3 aufgetragen. Die Streuung der Meßwerte ist ziemlich groß und zum Teil durch die Schwierigkeit im Hinblick auf die Definition der Länge und Höhe bedingt, aber eine Tendenz ist dennoch eindeutig zu erkennen.

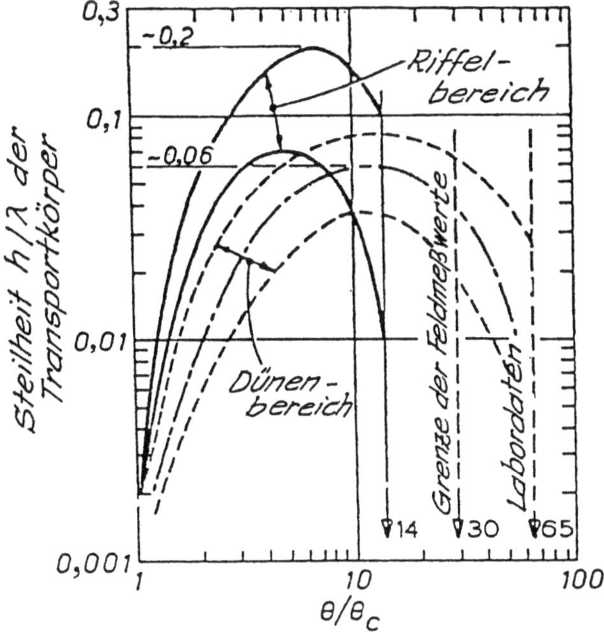

Abb. 4.3 : Die Steilheit der Riffel und Dünen als eine Funktion
der Sohlschubspannung θ/θ_c, nach Meßwerten.
Für Dünen ist Re_* > 32 und y_0/d > 100.

Die Meßwerte deuten auch auf eine Beziehung zwischen der Riffellänge λ
und dem Korndurchmesser d in der Größenordnung

$$\lambda \approx 1000 \, d \qquad\qquad 4.3$$

Die Riffellänge hängt aber auch von den Fließzuständen in der Grenzschicht
ab. Für $Re_* = u_* d/\nu$ < 4 ist $\lambda/d \approx$ Konst./Re_*. YALIN (1977) setzte die
Konstante gleich 2250, aber es scheint, daß die Konstante nicht ein Fest-
wert ist, sondern Werte in dem Bereich 1000-2500 annehmen kann. Für
Re_* > ∿ 4 steigt der λ/d-Wert wieder an.

Die Riffel - mit Ausnahme derer, die sich unter Wellen und in engen
Versuchsrinnen bilden - sind nicht zweidimensional. Sie haben vielmehr
eine Form, die einem Tetraeder ähnlich sind. Eine Erklärung dafür kann
man aus dem Verhalten der Wirbel ableiten (RAUDKIVI, 1965). Aus der Hydro-
dynamik ist bekannt, daß sich die Längsachse eines Wirbels entweder von
Unendlich bis zu Unendlich oder von Grenzfläche zu Grenzfläche erstreckt,
oder sich zu einem Ring zusammenschließen muß (z.B. Rauchringe). Der
Bodenwirbel an der Leeseite der Riffel ist ein relativ schwacher Wirbel,
der leicht auf örtliche Störungen reagiert und in der Länge nicht gerade
bleibt. Der Wirbel haftet am Boden wie ein Hufeisen, oder er formt sich
zu einem Ring in der Art, daß man sich den Boden mit einem Wirbelnetz bedeckt vorstellen kann. In beiden Fällen, wenn die induzierten Geschwindig-

keiten betrachtet werden, kann man sich ein dreidimensionales Riffelfeld
vorstellen, (Abb. 4.4).

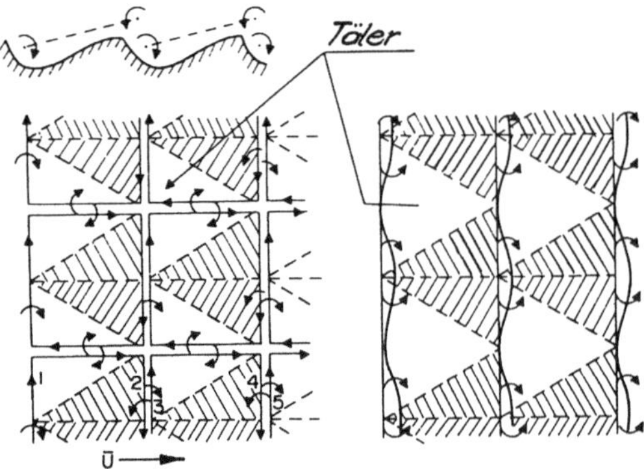

<u>Abb. 4.4:</u> Schematische Darstellung des Wirbelfeldes über Riffeln.

Die Form der Riffel hängt auch von der Korngröße ab. Bei sehr feinem Sand
ist der Kamm der Riffel sehr flach. In der Luft hängt die Riffellänge von
der mittleren Sprunglänge der Körner ab, darüber hinaus sind die Störungen in der Luft verhältnismäßig schwach, da die kinematische Zähigkeit der Luft ν, etwa 15 mal so groß ist wie die des Wassers bei 20° C
und 40 mal so groß bei 40° C, das heißt, daß dieselben Zähigkeitsverhält-
nisse bei 15 bis 40 mal größeren Geschwindigkeiten erreicht werden.

Die Riffel in der Luft sind symmetrisch, wenn der Sand gleichkörnig ist.
Mit wachsender Breite der Korngrößen-Häufigkeitsverteilung wächst die
Asymmetrie der Riffel bis der Wind die größeren Körner nicht mehr in Springen bewegen kann, d.h. sie werden durch Impulse an der Oberfläche entlang
geschoben. Damit hört die Riffelbildung auf und viel größere Bodenformen,
die Riffe (ridge), entstehen, wo die Kämme durch diese großen Körner
verfestigt werden.

<u>Dünen,</u> im allgemeinen, sind Sohlenformen, die viel größer als die Riffel
sind ; sie entstehen bei einem größeren Sohlschubspannungsüberschuß als
die Riffel. Die Dünen stehen deutlich mit der Strömung und der Wasseroberfläche in Verbindung, ihre Länge λ, ist proportional zur Wassertiefe y_{o}
und ungefähr 4 bis 8 mal so groß wie die Wassertiefe. YALIN (1972) und
andere Autoren haben die Dünenlänge mit der Instabilität der Strömung
in einem offenen Gerinne verbunden, woraus die Annahme, daß

$$\lambda = 2 \pi y_0 \qquad\qquad 4.4$$

ist, abgeleitet wurde. Es muß jedoch betont werden, daß dieses Argument nicht auf die Dünenbildung bei Wind übertragen werden kann. Die Bildung von Winddünen beruht hauptsächlich auf Speicherung von Sand, der dann während einer bestimmten Windstärke auf der Düne abgelagert wird. Diese Vorgänge sind bei BAGNOLD (1941, 1954) eingehend behandelt.

Ähnlich der Gl. 4.1 könnte man jetzt schreiben

$$\frac{h}{\lambda} = f \left(\frac{\theta}{\theta_c}, Re_*, \frac{y_0}{d}\right) \qquad\qquad 4.5$$

YALIN (1972) hat die Funktion

$$\frac{\lambda}{d} = f \left(\frac{y_0}{d}, Re_*\right) \qquad\qquad 4.6$$

aufgetragen. Das Glied θ/θ_c, das eine Art von Froudezahl ist, wurde mit der Begründung weggelassen, daß in dem Kennedy-Modell (eines der analytischen Modelle)

$$\frac{\lambda}{y_0} = f (Fr, j) \qquad\qquad 4.7$$

(worin jy_0 eine Länge ist, mit der das Sediment der Strömung nachfolgt), λ/y_0 nur eine Funktion von j und unabhängig von Fr ist, d.h. für kleine Fr-Werte. Dies trifft für Dünen zu, die durch kleine Fr-Zahlen gekennzeichnet sind. Daraus kann gefolgert werden, daß die Entwicklungs- bzw. Aufbauphase einer Düne eine Funktion von Fr ist, nicht jedoch eine vollständig ausgebildete Düne (Endzustand). Abbildung 4.5 zeigt schematisch die Auftragungen nach Gl. 4.6.

Obwohl die Streuung groß ist, ist eine Tendenz ganz deutlich zu erkennen. Die Punkte für die Riffel liegen um $\lambda \approx 1000\ d$ und die der Dünen sind allgemein um $\lambda = 2\pi\ y_0$ angeordnet. Die Asymptote $\lambda = 20\ y_0$ entspricht sehr flachen Dünen, die z. T. auch als Sandbänke bezeichnet werden. Es ist bemerkenswert, daß nach dieser Auftragung eine Düne eigentlich kürzer sein kann als ein Riffel.

Die Darstellung von Dünen-Daten als Funktion von h/λ in Abhängigkeit von θ/θ_c ist auch von Interesse, sie ist auf Abbildung 4.3 zu sehen.

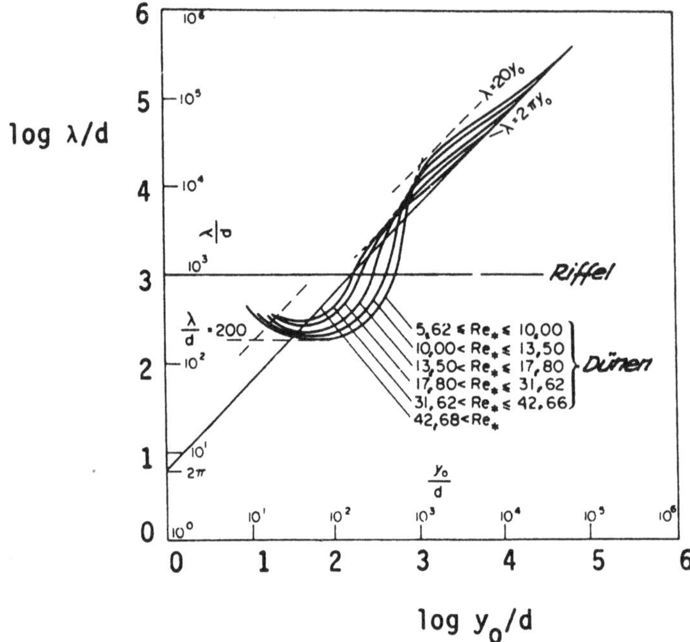

Abb. 4.5 : Darstellung der Meßwerte für die Länge der Transportkörper
als eine Funktion der Wassertiefe, nach YALIN (1972)

Die vorhandenen Daten für die Steilheit der Dünen, $h/\lambda = \delta$, wurden von
YALIN und KARAHAN (1979) auch als eine Funktion von $h/\lambda = f(\theta/\theta_c, y_0/d)$
für $u_* d/\nu > 25$ aufgetragen. Das Resultat war eine Familie von Kurven
auf der δ-θ/θ_c Ebene, mit y_0/d als einem Parameter, der durch die Gleichung

$$\frac{\delta}{\delta_{max}} = \xi \exp(1-\xi) \qquad 4.8$$

beschrieben wurde, wobei $\xi = x/\bar{x}$, $x = \theta/\theta_c - 1$ ist und $\bar{x}$ den Wert
für $\delta = \delta_{max}$ darstellt. Dieser Ausdruck ist ähnlich dem bei FREDSØE (1975)

$$\frac{h}{\lambda} = \frac{1}{8,4} \left(1 - \frac{0,06}{\theta} - 0,40\right)^2 \qquad 4.9$$

YALIN und KARAHAN bestimmten vier Werte von δ_{max} und $\bar{x}$ für y_0/d -
Bereiche, die in Abb. 4.6 aufgetragen sind. Der Wert δ_{max} nähert sich
asymptotisch Null, es ist erforderlich, eine untere Grenze, bei der
Dünen verschwinden, anzunehmen. YALIN hat $\delta_{min} \approx 0,005$ vorgeschlagen,
was ungefähr $\theta/\theta_c \approx 65$ entspricht, d.h. in einem Strom von 1 m Tiefe,
ist $\lambda = 3,6$ m und $\delta = 0,0056$ oder $h \approx 35$ mm. Eine so kleine Steilheit
läßt sich in Feldmessungen nur schwer bestimmen. Die Grenze $\theta/\theta_c = 30$

führt zu δ = 0,038 oder 3,8 %. Feldmessungen werden zudem noch dadurch
beeinflußt, daß die Wassertiefe längs des Flusses oder in den Querschnit-
ten nicht konstant ist.

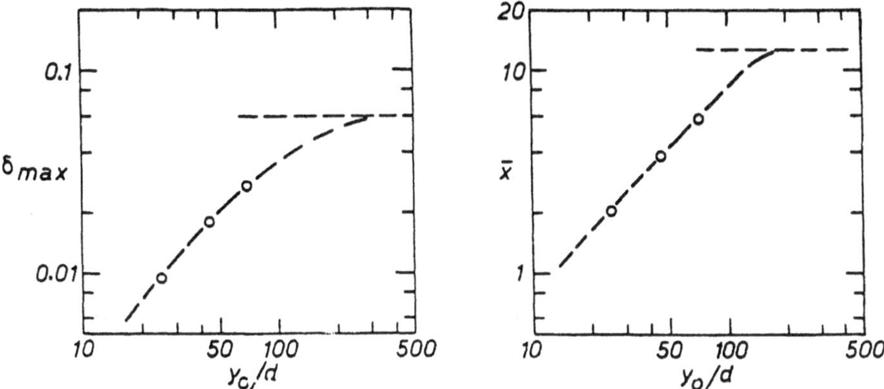

Abb. 4.6 :   Werte von δ_{max} und $\bar{x}$ als eine Funktion von y_0/d,
nach YALIN und KARAHAN (1979)

Um die eigentliche Dünenhöhe zu bestimmen, könnte man die Beziehung
λ= $2\pi y_0$ zusammen mit Abb. 4.3 und 4.7 (und möglicherweise auch 4.3)an-
wenden, jedoch die große Streuung der h/λ-Werte auf Abb. 4.3 und die
Annahme λ = $2\pi y_0$ führen zu Aussagen, die mehr die Größenordnung als die
Höhe der Dünen angeben. Eine Alternative bietet die Ableitung von
FÜHRBÖTER (1979), die später noch ausführlicher besprochen wird. Mit
der Annahme, daß die Transportrate der Feststoffe q_f (m^3 s^{-1} m^{-1})
als $q_f \propto U^n$ ausgedrückt werden kann (mit U = mittlere Geschwindigkeit
des Wassers), konnte FÜHRBÖTER eine Beziehung zwischen Dünenhöhe, h,
und mittlerer Wassertiefe, y_0,

$$\frac{h}{y_0} = \frac{2}{2n+1}$$ 4.10

herstellen. Leider ist die dimensionslose Potenz n der Geschwindigkeit U in der Transportgleichung nicht konstant. Für den Dünenbereich
ergibt sich ein n-Wert zwischen $3 \lesssim n \lesssim 6$, darüber hinaus hängt der
n-Wert von der Definition der Proportionalitätskonstante in der Transportgleichung ab. Die EINSTEIN-BROWN Formel liefert für die Bodenfracht
$q_B \propto U^6$, die YALIN Formel ergibt für kleine Werte von $(\theta-\theta_c)$, $q_B \propto U^5$
und für große Werte $q_B \propto U^3$, während die Stromleistungs-Formel von BAG-
NOLD zu $q_B \propto U^{4,5}$ führt. Mit den n-Werten 3 bis 6 liegt h/λ_0 zwischen

0,29 und 0,15. Im Vergleich dazu führt $(h/\lambda)_{max} \simeq 0,06$ mit $\lambda = 2\,y_0$ zu $h/y_0 \simeq 0,38$.

Wenn die θ/θ_c-Werte auf der SHIELDS-Ebene aufgetragen werden, erhält man die Abbildung 4.7.

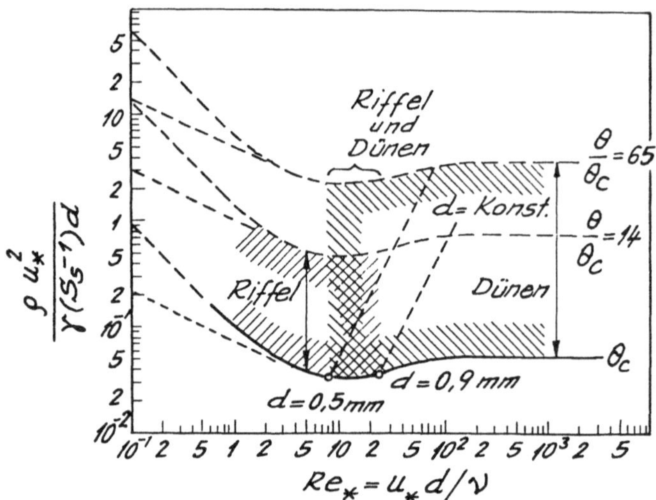

Abb. 4.7 :   Domäne der Riffel und Dünen auf der SHIELDS-Ebene

Es muß aber auch darauf hingewiesen werden, daß die bisherigen Beschreibungen der Riffel und Dünen nicht allgemein ohne Einwände anerkannt werden. Es gibt andere Auffassungen und Hypothesen, z.B., daß die Riffel nur infolge der Bodenfracht entstehen und die Dünen mit dem Transport in Suspension verbunden sind. Diese Hypothese kann man mit Hilfe der groben Einteilung veranschaulichen :

$$w/u_* < 0,85 \qquad - \text{ Suspension}$$

$$0,6 < w/u_* < 2 \qquad - \text{ Springen}$$

$$2 \ \ < w/u_* < 6 \qquad - \text{ Bodentransport}$$

Für die Sande kann man die nachfolgend angegebenen Werte berechnen :

d (mm)	w (ms^{-1})	u_{*c} (ms^{-1})	$u_{*1} = \sqrt{5}\, u_{*c}$	$u_{*2} = \sqrt{14}\, u_{*c}$	$\dfrac{w}{u_{*c}}$	$\dfrac{w}{u_{*1}}$	$\dfrac{w}{u_{*2}}$
0,1	0,0066	0,0121	0,0270	0,0452	0,55	0,24	0,15
0,2	0,0204	0,0127	0,0284	0,0476	1,60	0,72	0,43
0,4	0,0429	0,0151	0,0337	0,0563	2,85	1,27	0,76
0,6	0,0652	0,0179	0,0400	0,0670	3,64	1,63	0,97

Die Werte u_{*1} und u_{*2} sind die u_*-Werte bei denen nach Beobachtungen
die maximale Steilheit der Riffel ($\theta/\theta_c \approx 5$) bzw., das Verschwinden
der Riffel ($\theta/\theta_c \approx 14$) zu erwarten ist.

Man sieht, daß bei Grobsand die Bodenfracht und das Springen den Transport
beschreiben. Für Feinsand deuten die w/u_{*1}-Werte (maximale Steilheit) auf
einen Transport in Suspension hin, so daß auf Grund der Hypothese sich in
diesem Falle Dünen bilden müßten.

Für Feinkies erhält man für $w/u_* = 0{,}85$ die folgenden Werte :

d (mm)	w (ms^{-1})	$u_* = \dfrac{w}{0,85}$	θ	θ/θ_c	$u_* = \dfrac{w}{0,6}$	θ	θ/θ_c
2	0,190	0,224	1,54	27,5	0,317	3,1	55
4	0,269	0,316	1,54	27,5	0,317	3,1	55
10	0,425	0,500	1,54	27,5	0,317	3,1	55

Die θ/θ_c-Werte entsprechen schon den in der Höhe abnehmenden Dünen. Man
sieht, daß die Werte für $w/u_* = 0{,}85$ mit der Auffassung im Sinne einer
Boden- und Suspensionsfracht in Einklang stehen, jedoch wenn man den
Grenzwert unterschreitet, z. B. $w/u_* = 0{,}6$, dann hat man schon ein
$\theta/\theta_c \approx 55$, entsprechend einem Zustand, bei dem Dünen verschwinden.

Man könnte auch argumentieren, daß der Unterschied nicht besteht, d.h.,
daß bei einem 4 mm Kies die "Riffellänge" 1000 d = 4 m auch eine Düne
mit $\lambda = 2\pi y_0$, wenn $y_0 = 0{,}64$ m ist, darstellt. Dies würde bedeuten, daß
bei Dünen noch ein zusätzlicher Parameter, die Tiefe, zu berücksichtigen
ist. Aber wenn das der Fall wäre, dann müßte es auch umgekehrt möglich
sein, daß sich Dünen in sehr tiefem Wasser bilden, ohne Tiefeneinfluß,
d.h. unabhängig von der Froude-Zahl. Aber auch mit Riffeln, obwohl

$\lambda \cong 1000\ d$ und unabhängig von der Wassertiefe ist, ist es nicht immer
richtig, daß die Riffel nicht auf die Wasseroberfläche einwirken. Die
Meßwerte von RAUDKIVI (1963) zeigen eine eindeutige Beziehung zwischen
den Oberflächen- und"Bodenwellen". Auch wird die $\lambda = 1000\ d$ Bedingung
gut erfüllt, die nur halb so lang ist, als sie nach $\lambda = 2\pi y_0$ sein sollte.
Umgekehrt findet man die großen Dünen im Meer, die kaum mit der Oberfläche zusammenwirken und wo $\lambda = 1000\ d$ nicht zutrifft. Leider hat man
keine Angaben über die Sohlschubspannungen für diese Großformen, die
aus Echogrammen ersichtlich sind.

Eine Hypothese für die Entstehung der Transportkörper, unabhängig von
dem Korndurchmesser oder der Wassertiefe, ist,daß die Größe der Formen
davon abhängt, ob die Störungen, die sie verursachen, in der Schicht der
Strömung mit "konstanten" Geschwindigkeitsgradienten gedämpft werden oder
nicht. Schematisch kann man das Strömungsfeld entsprechend dem auf Abbildung 4.8 betrachten. Die Kleinformen an der Sohle sind in der Schicht
du/dy = Konstante eingebettet, ähnlich wie die Rauhigkeitselemente in der
laminaren Unterschicht einer hydraulisch glatten Sohle. Die Störungen
der Strömung, die sie verursachen, werden durch die erheblich anwachsende
Strömung über der Sohle stark gedämpft, d.h. die höheren Geschwindigkeiten weiter oberhalb der Sohle üben eine stabilisierende Wirkung auf ein
übermäßiges Anwachsen der Schwingungen in der Strömung unmittelbar über
der Sohle aus. Nur wenn diese Dämpfungskapazität erschöpft ist, greifen
die Störungen auf das Feld mit "konstanter" Geschwindigkeit über.

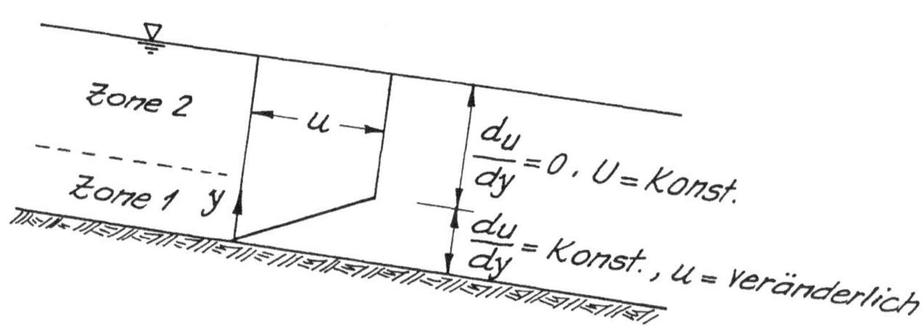

Abb. 4.8 :   Schematische Darstellung des Strömungsfeldes
             über Transportkörpern

Dieses Feld wird bestimmte Eigenfrequenzen aufweisen, die eine Funktion
der Tiefe wie auch der Geschwindigkeit sein werden. Von einer bestimmten
Größe an wird dann eine Synchronisation zwischen der Hauptströmung und
der Bodenform eintreten, d.h. die Frequenz - und damit auch die Wellenlänge - kommt in den Bereich der Eigenschwingungen der Hauptströmung, als
Folge entstehen dann die regelmäßigen Großformen. Man sieht auch, daß
mit wachsender Korngröße die du/dy = Konst. Schicht dünner wird, d.h.
die Kleinformen (Riffel) werden so niedrig, daß es sie nicht mehr gibt.

Schematisch könnte man eine Unterteilung, entsprechend der auf Abbildung
4.9, vornehmen. Darin ist f_1 die idealisierte Resonanzfrequenz der unteren Grenzschichtströmung und f_2 die des Stromes. Eine Synchronisation und
Energieübertragung ist - infolge der vorhandenen Störungen - nicht nur
auf die Resonanzfrequenz beschränkt, z. B. die Energieübertragung von
der Strömung auf einen Zylinder findet in dem Bereich von $0,6 \leq f_r < 1,8$
bei $3 \times 10^4 < Re < 8 \times 10^4$ und in dem Bereich von $0,8 < f_r < 1,35$ bei
$Re = 10^6$ statt, wobei f_r das Verhältnis der Eigenfrequenz des Zylinders zu
der Frequenz der Ablösungswirbel   ist (RAUDKIVI und SMALL, 1974). Der
Wert $f_r = 1$ stellt die theoretische Resonanzfrequenz dar. Die Wechselwirkungen innerhalb der Kleinformen scheinen auch eine Funktion der
Korngröße zu sein, wohingegen die Großformen mehr von der Wassertiefe
beeinflußt werden.

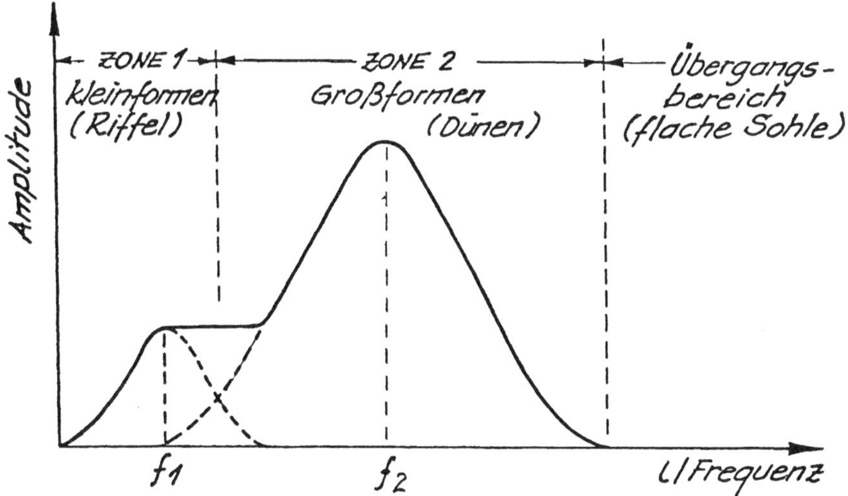

Abb. 4.9 : Schematische Darstellung des Resonanzverhaltens der
            Transportkörper und Strömung

42

Für die Fortschrittsgeschwindigkeit,c, der Transportkörper, die
u.a. graphisch, z.B. entsprechend Abb. 4.2, oder auch durch Formeln
ausgedrückt werden, z.B. die bei ORGIS (1974)

$$\frac{cd}{\nu} = Ad^{2/3} \frac{Fr^3}{1 - Fr^2} \qquad\qquad 4.11$$

wobei $A = 0{,}4 \times 10^6$, $A = 1{,}7 \times 10^6$ und $A = 5{,}1 \times 10^6$ jeweils für die
kleinste, mittlere und höchste Fortschrittsgeschwindigkeit c einzu-
setzen sind.

Die Fortschrittsgeschwindigkeit, c, der Transportkörper spielt eine
zentrale Rolle bei der kinematischen Analyse der Transportkörper,
FÜHRBÖTER (1967) entwickelte die früheren Ansätze von EXNER (1920,
1925) und ERTEL (1966) weiter und zeigte, daß für einen stationären
Zustand, bei dem die Erosion am Luvhang der Ablagerung am Leehang
entspricht, die Beziehung

$$c = \frac{Q_{fmax}}{h} = \frac{Q_{fmax}}{\alpha y_0} \qquad\qquad 4.12$$

besteht, wobei Q_{fmax} die Transportrate der Feststoffe über dem Kamm eines Transportkörpers von der Höhe h ist, und $\alpha = h/y_0$ ist. Diese Beziehung zeigt, daß c in einem umgekehrten Verhältnis zur Höhe des Transportkörpers steht. Er schrieb weiter:

"Daraus kann aber weiter gefolgert werden, daß sich stets das
Transportkörpersystem mit der kleinsten möglichen Fortschrittsgeschwindigkeit c - und damit der größten möglichen Höhe h -
bildet, weil die kleineren (und damit schnelleren) Transportkörper
auf die größeren auflaufen und diese damit weiter vergrößern, bis
eine größte Höhe erreicht ist, die durch die Strömungsbedingungen
nicht überschritten werden kann".

Diese sehr wichtige Aussage bedeutet aber, daß das System immer einem
Gleichgewicht zustrebt. Aus der monotonen Zunahme von Q_{fmax} mit der
Strömungsgeschwindigkeit U_{max} über dem Kamm und der monotonen Zunahme
von U_{max} mit h wurde weiter abgeleitet, daß ein Minimum c_{min} besteht
und durch die Beziehung

$$\frac{dc}{dh} = 0 = \frac{dc}{d\alpha} \qquad\qquad 4.13$$

bestimmt ist.

Zur weiteren Berechnung wird noch ein funktionaler Zusammenhang benötigt zwischen Q_f und der mittleren Geschwindigkeit, U, oder Q_{fmax} und U_{max}, z.B. in der Form

$$Q_{fmax} = f(U_{max})$$

wobei aus der Kontinuitätsbedingung abgeleitet

$$U_{max} = U \left(\frac{1}{1 - \alpha/2}\right) \qquad 4.14$$

und der Durchfluß $q = Uy_0$ ist. Die Veränderung des Geschwindigkeitsprofiles durch Rauhigkeit wurde durch

$$U_{max} = U \left(\frac{1}{1 - \alpha/2}\right)^{\phi} \qquad 4.15$$

in das Modell eingeführt.

Der Feststofftransport wurde durch

$$Q_{fmax} = bU_{max}^n \qquad 4.16$$

ausgedrückt, die zu einer Beziehung zwischen der Wassertiefe und Höhe

$$\frac{h}{y_0} = \frac{2}{n + 1} \qquad 4.17$$

führte. In einer späteren Arbeit (FÜHRBÖTER, 1979) wurde ein Verhältnis, ohne Vorgabe der mittleren Wassertiefe y_0, als

$$\frac{h}{y_0} = \frac{2}{2n + 1} \qquad 4.18$$

abgeleitet, das schon früher erwähnt worden ist.

Über einen kinematischen Ansatz bei Annahme einer stationären Form des Transportkörpers läßt sich auch die Transportmenge, die langsam mit der Geschwindigkeit c als Sohlfracht verlagert wird, ableiten. Die Differenz zwischen dieser Verlagerungsrate und der Gesamttransportrate ist der Transport in Suspension, der wesentlich schneller als die Sohlfracht mit ungefähr der Geschwindigkeit U stromab getragen wird.

Zwei weitere Merkmale sind von Interesse :

1. Das Modell bezieht, durch Einbeziehung von Geschwindigkeit und Tiefe, auch die Sohlschubspannung, z.B. über ein Geschwindigkeitsverteilungsgesetz, eindeutig mit ein.

2. Kleine Transportraten bedeuten kleine Dünenhöhen.

Es wird noch besprochen werden, daß bei geringem Schubspannungsüber-
schuß, $(\theta - \theta_c)$, die Transportraten mit $(\theta - \theta_c)$ zur 8. bis 18. Potenz
anwachsen, d.h. die n-Werte (U^n) liegen zwischen 16 und 36, entsprechend
einem h/y_0 zwischen 5,4 % und 2,7 %, dies sind Werte, die in sehr großer
Wassertiefe oder bei Kies anzutreffen sind.

Es darf aber nicht übersehen werden, daß die Dünen in Flüssen nicht alle
gleich hoch oder lang sind und die Dünenkämme sich auch nicht immer senkrecht zur Strömung einstellen.

Häufig ist zu beobachten, daß sich die Dünen mit dem Kamm schräg zur
Fließrichtung entwickeln. ENGELUND (1974) hat gezeigt, daß dies auf die
unterschiedliche Wassertiefe und Abflußmengen, je Breiteneinheit, bezogen
auf den Querschnitt, zurückgeführt werden kann.

Antidünen oder Sinusbett sind Sohlenformen, die eindeutig mit den Wasserwellen zusammenhängen (BINNIE und WILLIAMS, 1966). Sie können in der
Luft oder in einer gefüllten Rohrleitung nicht erzeugt werden. Überwiegend sind sie im Profil ziemlich symmetrisch aber unter Extremverhältnis-
sen, wenn die Wasserwellen brechen, wird das Profil der Antidünen dem
Profil der Dünen ähnlich, nur mit dem Unterschied der stromaufwärts
liegenden "Leeseite", womit der Begriff Antidüne zu erklären ist. In der
Natur kommen die Antidünen nur selten vor.

Viele Forscher haben sich mit dem Problem der analytischen Beschreibung
der Transportkörper befaßt. Eine der ersten bedeutendsten Arbeiten ist
das analytische Modell von EXNER (1920, 1925). Die Modelle von FÜHRBÖTER
und von ERTEL sind schon erwähnt worden. Das am weitesten entwickelte
Modell ist das kinematische Instabilitätsmodell von ANDERSON (1953),
besonders durch die Arbeit von KENNEDY (1961, 1963, 1969) und ENGELUND
und dessen Mitarbeiter, z.B. ENGELUND (1970) und ENGELUND und FRESØE
(1974). Weitere Einzelheiten sind dem Schrifttum zu entnehmen. Die Modelle beziehen sich im allgemeinen auf Riffel und Dünen, obwohl darin
die Wassertiefe als ein wichtiger Parameter enthalten ist. Daher zeigt
sich hier die Diskrepanz, daß ein Phänomen, das scheinbar nicht von der
Wassertiefe abhängt, durch die Froudezahl beschrieben wird.

Das Merkmal der Instabilitätsmodelle ist, daß sie die Frequenz,bei der
die Amplitude infolge einer Störung angefacht wird, angeben, nicht jedoch die Frequenz, die das System im Stabilitätszustand kennzeichnet,
so daß es sich hier um eine Extrapolationslösung handelt.

Obwohl man mit der analytischen Beschreibung des Dünenphänomens ziemlich
erfolgreich gewesen ist, kann man nicht darüber hinwegsehen, daß in der
Natur die Abmessungen der Transportkörper nur statistisch erfaßt werden
können. Es besteht kein Zweifel, daß eine gewisse Ordnung besteht, aber
dennoch ist auch eine gewisse Zufälligkeit nicht auszuschließen, d.h. der
totalen Freiheit in der Entwicklung der Formen (randomness) ist eine
den Verhältnissen angepaßte Ordnung oder Eingrenzung überlagert. Hier
zeigt sich eine Ähnlichkeit mit der Entropie der Thermodynamik, die BOLTZMANN
als den Zustand größter Wahrscheinlichkeit bezeichnete. Die Entwicklung
der Transportkörper für vorgegebene Zustände gleicht einem nicht umkehr-
baren (irreversible) Prozeß der Thermodynamik, eine Evolution der Raum-
Zeit-Struktur. Es wäre sicherlich hilfreich, die thermodynamische
Analyse als eine Analogie hier anzuwenden.

Die rein statischen Modelle, von denen eine Anzahl entwickelt worden sind,
sind allein auch nicht vielversprechend, da sie eine Beschreibung darstellen, aus der nur schwer funktionelle Abhängigkeiten abgeleitet werden
können. Aber auch die statistische Erfassung ist mit Problemen behaftet.
Wenn man z. B. die Gl. 4.5 betrachtet, hat man es in diesem Falle mit
einer Häufigkeitsverteilung bestehend aus 4 Veränderlichen zu tun. Sogar
eine Untersuchung bei Festwerten von Re_* oder y_0/d führt zu einer Familie
von Flächen, wie eine derartige z. B. in Abbildung 4.10 angedeutet ist.

Man sieht, daß einer der Hauptprobleme darin besteht, an Versuchsdaten
zu gelangen, die nach Güte und Umfang geeignet sind, Analysen zu ermöglichen. Das Problem mit Meßwerten ergibt sich auch immer bei numerischen
Simulationen wie z.B. aus der Arbeit von PULS (1981) klar zu ersehen ist.

Bislang wurden nur die Probleme im Hinblick auf die Beschreibung der Sohle
aufgezeigt. In der Natur ist aber die Geometrie der Sohle mit der im Plan
eng verbunden. Eine gerade Rinne in einem alluvialen Boden ist nicht sta-
bil, d.h. sie ist durch eine labile Stabilität gekennzeichnet. Sogar in
festen geraden Kanälen laufen die Stromlinien von einer Seite zur anderen in einer Kurvenlinie. Die Rinne entwickelt ein Planbild, das als
<u>Mäander</u> bekannt ist (nach einem gleichnamigen Fluß in Kleinasien).
In Gebirgsstrecken ist der Verlauf des Flusses meistens durch die Topo-
graphie bestimmt, wobei er gerade oder gewunden sein kann, aber in diesem
Falle spricht man noch nicht vom Mäander. Es gibt viele Flüsse, die am
Fuß der Berge durch ziemlich steil abfallendes alluviales Gelände verlaufen

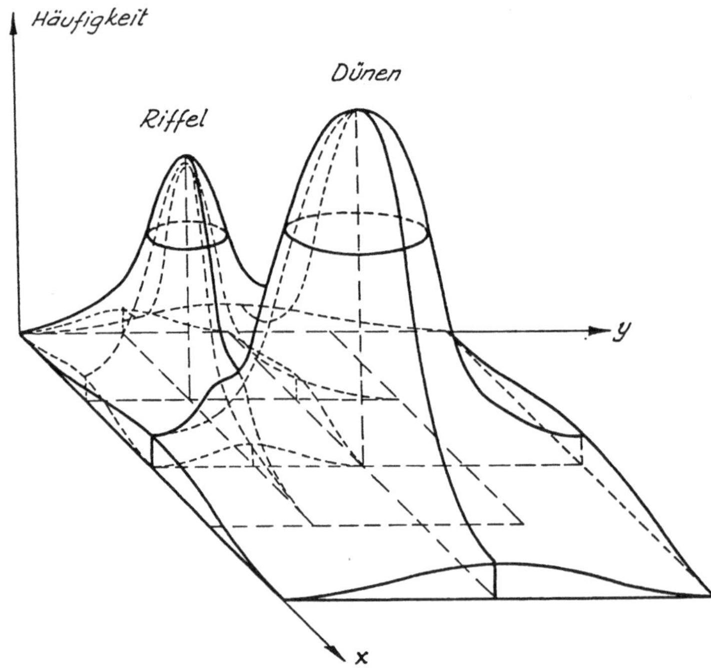

<u>Abb. 4.10 :</u> Schematische Darstellung einer Häufigkeitsverteilung
mit zwei Veränderlichen

wo sich der Mäander nicht richtig entwickeln kann. Durch starke und
schnelle Schwankungen der Abflußraten und Geschiebefracht bei Regen werden in solchen Lagen die Bögen bei Überflutung abgeschnitten (Abb. 4.11).

Im Laufe der Zeit führt dies zu einem Flußbild, das bei normalem Wasserstand viele sich kreuzende Rinnen und ein sehr breites Flußbett aufweist, eine Verflechtung der Gerinne in dem Flußbett (braiding), wo
wahlweise einmal die eine und dann wieder eine andere Rinne bei normalem
Wasserstand die Hauptrinne bildet.

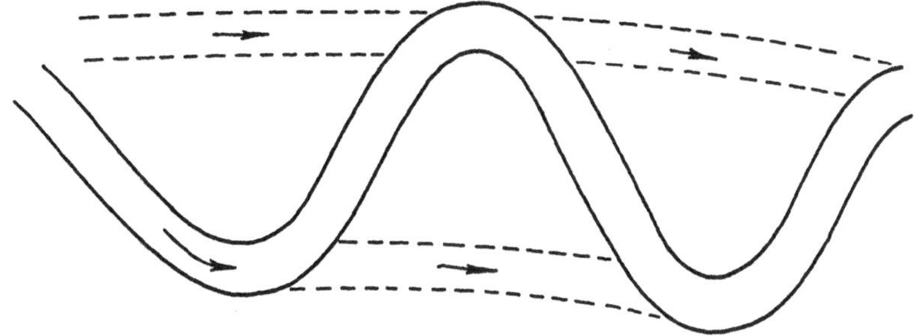

<u>Abb. 4.11 :</u> Abschneiden von Flußbögen während des Hochwassers,
Entstehung der Verflechtung (braiding)

Die analytischen Modelle zum Mäanderproblem sind meistens (wie die der
Dünen) auf der Instabilitätsanalyse aufgebaut, darüber hinaus gibt es
aber auch thermodynamische Analysen und Modelle, die von statistischer
Natur sind. Jedoch, im Hinblick auf die Anwendung, ist es erforderlich,
auf die vielen empirischen Formeln zurückzugreifen. CALLANDER (1978)
veröffentlichte eine Rezension des Mäander-Schrifttums.

Einige empirische Werte lauten wie folgt :
(1) INGLIS (1938) gab für die Länge des Mäanders

$$\lambda_m = C \sqrt{Q} = 6.6 \, B^{0.99} \qquad\qquad 4.19$$

an, wobei Q der Abfluß, B die Strombreite und C eine Konstante
ist, 15 < C < 30 in ft-Ib-sec Einheiten.
Die Breite des Mäanders

$$B_m = 18,6 \, B^{0,99} \qquad\qquad 4.20$$

und $B_m/\lambda_m \approx 2,5$

(2) LEOPOLD und WOLMAN (1960) gab (SI-Einheiten) an

$$\lambda_m = 11,03 \, B^{1,01} = 4,59 \, r_m^{0,98} \qquad\qquad 4.21$$

$$B_m = 3,04 \, B^{1,1} \qquad\qquad 4.22$$

wobei r_m der Radius des Mäanderbogens ist. Die Sohlneigung und der
Abfluß bei vollem Gerinne wurden durch

$$S = 0,0125 \, Q^{-0,44} \qquad\qquad 4.23$$

ausgedrückt.

Weder die Transportkörper noch die Mäander sind in sich selbständig,
sie wirken beide zusammen. In vielen Flüssen kann ein offensichtlicher
Zusammenhang zwischen Mäander und großen flachen Sand- bzw. Kiesbänken
beobachtet werden.

<u>Im Meer</u> wird die Beschreibung der Sohlentopographie hauptsächlich durch
das sehr komplizierte Geschwindigkeits- und Beschleunigungsverhalten des
Wassers an der Sohle erschwert, abgesehen von kohäsiven (Schlamm) und
biologischen Einflüssen. Das physikalische Entstehungsbild dagegen ist
einfacher zu verstehen. Im Idealfall, die Annahme von Sinuswellen, wirkt
schon eine Vielzahl von Kräften auf das Korn am Boden. Das eigentliche
Wellenbild ist an sich schon schwierig analytisch zu beschreiben, zusätzlich wird die Wellenbewegung noch durch eine Vielzahl von Strömungen
überlagert.

Obwohl schon Riffelversuche im Wellenbecken von Anfang der 1880 Jahre
bekannt sind, wurde die erste grundlegende Arbeit von BAGNOLD (1946) aus-
geführt, in der die Entstehung der Wirbelriffel und das Verhältnis von
deren Wellenlängen zur Amplitude der Orbitalbewegung beschrieben werden.

Wenn die Orbitalgeschwindigkeit anwächst, wird ein Zustand erreicht, in
dem die Sandkörner in eine Hin- und Herbewegung gebracht werden. Die Sohle
verformt sich, und die Wirbelriffel entstehen. Das Entstehungsbild ist
schematisch auf Abbildung 4.12 dargestellt.

Während fast der ganzen Halbperiode einer durchlaufenden Welle wird Sand
über die Vorderseite der Riffel transportiert. Über die Kammlinie hinweg
setzt sich der Transport in Form eines dünnen Sandstrahles fort. Ein
Großteil dieses Sandes fällt auf die Leeseite, wo ein Bodenroller oder
Wirbel entsteht. Die Trägheitskräfte verzögern die Entstehung der Wirbel,
die etwa ein bis zwei Zehntel der Periode nach Geschwindigkeitswechsel
erscheinen. Am Ende der Halbperiode erreicht der Wirbel seine maximale
Stärke, wobei er mit relativ viel Sand aufgefüllt ist. Nach dem Wechsel
der Strömungsrichtung wird der Wirbel über den Kamm hinweg geschleudert
und hebt sich gleichzeitig vom Boden, wobei der Sand in Höhen von einigen
Dezimetern über die Kämme getragen werden kann. Da die Riffel so wirksam
den Sand in Suspension versetzen, sind sie für die Gestaltung der Küsten-
bereiche und den Sandtransport sehr wichtig.

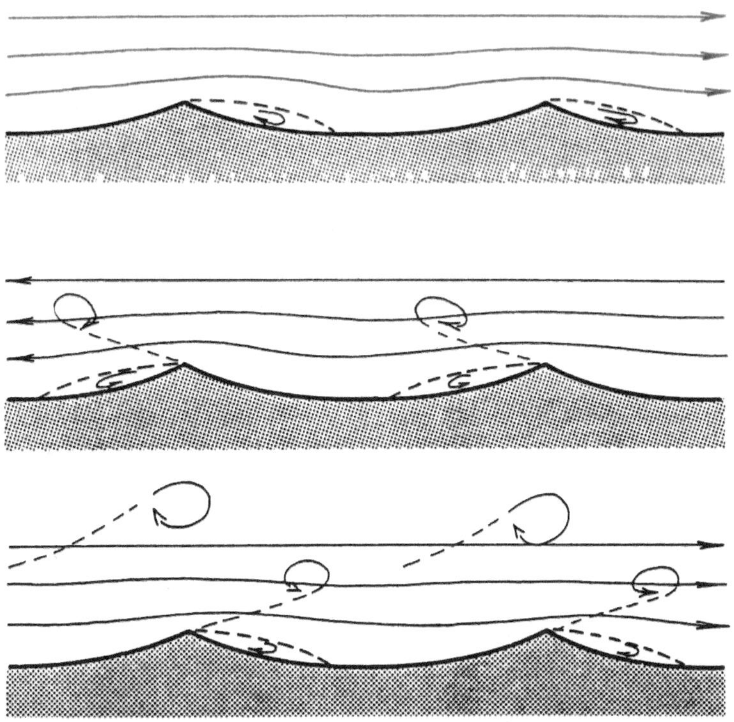

Abb. 4.12 : Schematische Darstellung von Wirbelriffeln bei Wellen

MOGRIDGE und KAMPHUIS (1972) führten Laborversuche aus, um die Riffellänge und Höhe genauer zu bestimmen und DINGLER und INMAM (1976) untersuchten Meßwerte aus Naturmessungen. Sie beide nahmen an, daß die Eigenschaften der Riffel eine Funktion von der Dichte des Wassers ρ, der Zähigkeit μ, der Orbitalgeschwindigkeit u_{sm}, der Halbamplitude der Wasserbewegung an der Grenze der Grenzschicht α, des Korndurchmessers, d, der Korndichte ρ_s, und der Erdbeschleunigung, g, sind. Mit den Parametern führte eine Dimensionsanalyse zu

$$\Pi = f\{\frac{u_{sm}d}{\nu} , \frac{\rho u_{sm}^2}{(\rho_s - \rho)gd} , \frac{\rho_s}{\rho} , \frac{\alpha}{d} \}$$

Unter der Annahme, daß $u_{sm} \propto \alpha/T$ ist und durch weitere Umordnung erhält man:

$$\Pi = f \left(\frac{(\rho_s - \rho)gd^3}{\rho \, \nu^2} \, , \, \frac{\rho d}{(\rho_s - \rho)g \, T^2} \, , \, \frac{\rho s}{\rho} \, , \, \frac{A}{d} \right)$$

$$= f(X_1, X_2, X_3, X_4) \qquad\qquad 4.24$$

wobei A zweimal die Länge der Halbamplitude der Orbitalbewegung α plus der Länge, die beim Massentransport zurückgelegt wird, ist. Der Shields-Parameter lautet : $\theta = \pi^2 X_3^2 / X_2 = \rho u_{sm}^2 / (\rho_s - \rho)gd$.

Die wesentlichen Ergebnisse wurden wie folgt zusammengefaßt :

1. Eine Änderung der Zähigkeit hat wenig Einfluß, so daß sie vernach-
    lässigt werden kann.

2. Das Verhältnis ρ_s/ρ ist dagegen wichtig im Hinblick auf große Werte
    von $X_2 (> \; 2 \times 10^{-5})$, die wiederum mit kurzen Perioden verbunden sind,
    wie z.B. in Wellenkanälen, d.h., wo die Beschleunigung des Wassers
    als ein dominierendes Merkmal anzusehen ist. Bei leichtem Material
    sind die Riffel länger und höher aber die Steilheit ändert sich nur
    geringfügig.

3. Die Riffellänge wächst mit zunehmender Orbitallänge, X_4, und wird
    bei großen Werten von X_4, wo der Beiwert eine Funktion von X_2 ist,
    dem Korndurchmesser proportional. Die Riffelhöhe und Steilheit
    wachsen zuerst mit X_4, erreichen ein Maximum und verringern sich
    danach bis die Riffel verschwinden.

Die Ergebnisse dieser Untersuchungen sind in Abbildung 4.13 und 4.14 zusammengestellt. Abbildung 4.15 zeigt Maximalwerte für λ/d und h/d, die eine maximale Steilheit von $h/\lambda \; \eqsim 0,14 - 0,15$ andeuten.

Abbildung 4.16 zeigt die Ergebnisse von DINGLER und INMAN (1976). Bemerkenswert ist, daß die Steilheit der Wirbelriffel bis etwa $\theta \eqsim 40$ konstant bleibt. Bei größeren Werten von θ nehmen die h/λ-Werte ab, d.h. die Riffelhöhe nimmt ab, während die Riffellänge praktisch konstant bleibt, bis die Riffel verschwinden (um $\theta \eqsim 240$). Dann herrscht eine sehr inten-sive Wellenbewegung vor, die zu einer flachen Sohle führt, an der sich mehrere Schichten von Körnern in Bewegung befinden. Die Riffel mit ab-nehmender Höhe sind als Übergangsriffel bekannt. Bei kleinen Werten von Riffelhöhen verschwindet der Wirbel an der Leeseite und einige Autoren sprechen dann von Rollriffeln.

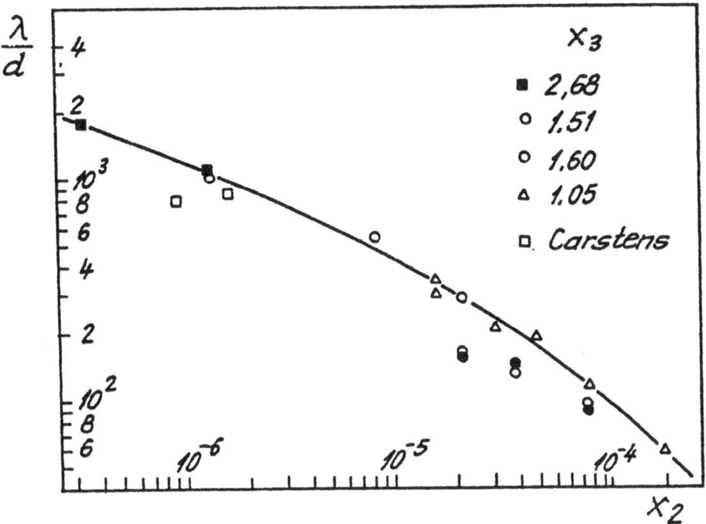

Abb. 4.13: Maximale Riffellänge λ/d als eine Funktion von

$$X_2 = \rho d / \{(\rho_s - \rho)gT^2\}$$

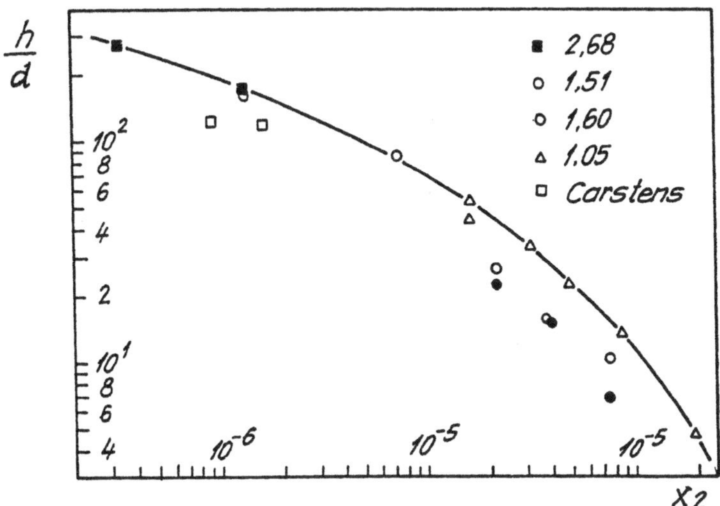

Abb. 4.14: Maximale Riffelhöhe h/d als eine Funktion von

$$X_2 = \rho d / \{(\rho_s - \rho)gT^2\}$$

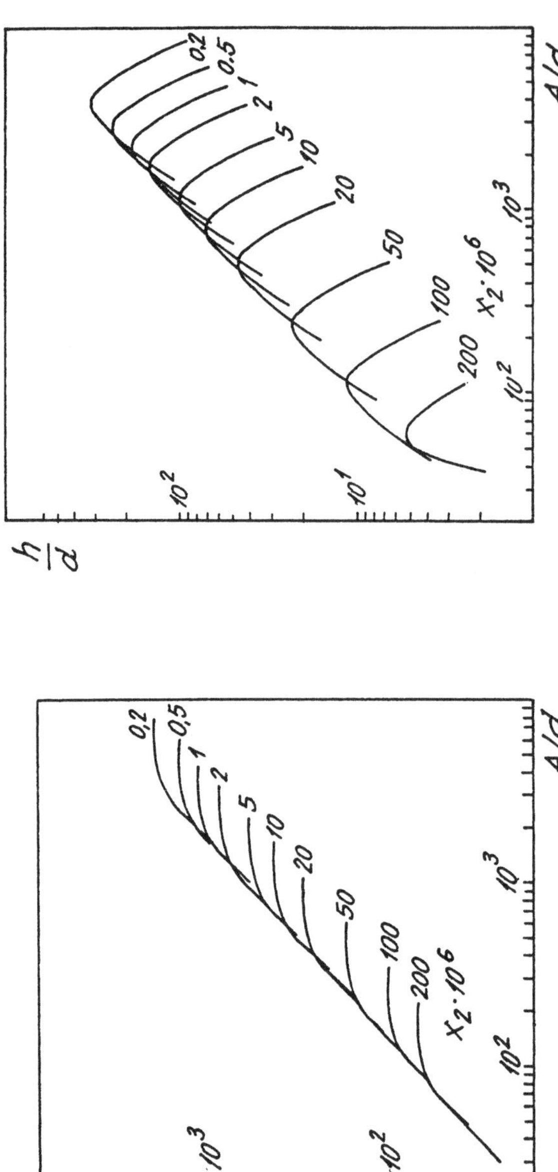

Abb. 4.15: Funktion für die Abschätzung von Riffellängen und Riffelhöhen in Abhängigkeit von Orbitalbewegung (A).

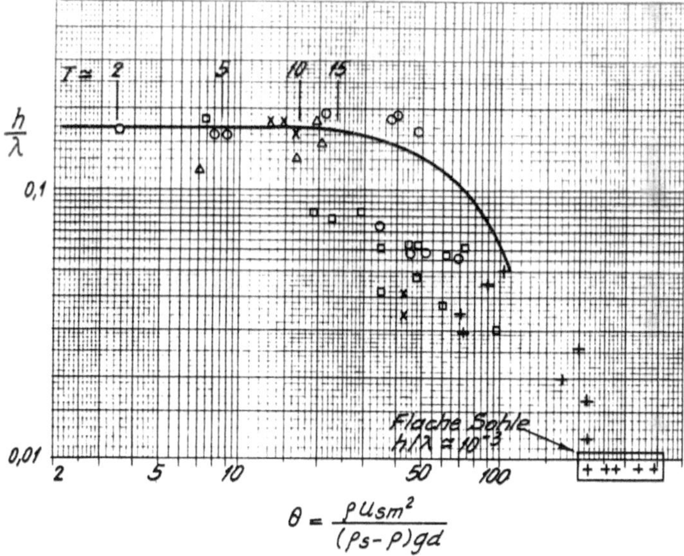

$$\theta = \frac{\rho\, U_{sm}^2}{(\rho_s - \rho)\, g d}$$

Abb. 4.16 : Riffelsteilheit h/λ in Abhängigkeit von θ(dimensionslose
Schubspannung). Die ausgezogene Linie zeigt den Mittelwert
der Daten von INMAN (1957) und CARSTENS et al. (1969).
Punkte aus Wellenberechnung bei Spektralanalyse (□) mit H_{rms};
konstante Amplitude (O, △) von Laborversuchen;
Einzelwelle (+, x) von Naturdaten.

Diese Beobachtungen beziehen sich auf verhältnismäßig kurze Wellen. Wie
auf Abbildung 4.15 zu sehen ist, ist die Riffellänge unabhängig von der
Orbitalbewegung an der Sohle, wenn sie größer als ein bestimmter Wert
wird und dann von der Korngröße abhängt. Danach entwickeln sich die Riffel
wie in einer gleichmäßigen Strömung. Die Tidewellen sind hierfür ein ex-
tremes Beispiel.

Die Dünen im Meer werden durch Strömungen erzeugt, die den Wellenbewe-
gungen überlagert sind, sie sind in der Entstehung den Dünen in einer
stationären Strömung gleich. Ein Unterschied liegt in den θ/θ_c-Werten,
da in diesem Fall der Sand oder Kies durch die Wellenbewegung beweglicher
ist als der an der Sohle in einer stationären Strömung. Die Verschiebung
der Punkte auf der h/λ zur θ/θ_c Ebene wird von dem Seegang abhängig sein.
Verallgemeinert heißt dies, daß Dünen im Meer im Vergleich zu denen in
Flüssen durch viel schwächere Strömungen gebildet werden können.

Als ein Sonderfall sind die Dünen in Tidegewässern, im Bereich von Flußmündungen anzusehen. Dort ist etwas Ähnliches wie die Wirbelriffel anzu-

treffen,nur die Periode der "Orbitalbewegung" ist sehr lang. Die Dünenhöhen ändern sich mit dem Oberwasserabfluß und mit den Tideströmungen.
Ausgezeichnete Echogrammschriebe von solchen Dünen sind bei STEHR
(1975) zu finden (Abb. 4.17). Man sieht, wie mit der Strömungsrichtung
die Transportrichtung umschlägt und daß die Dünen ganz symmetrisch sein
können. Die Wassertiefe an der Meßstelle betrug bei MThw 16 bis 19 m bezogen auf die Täler der Dünen. Die mittlere Höhe der Dünen ist etwas
über 2 m und die Länge beträgt zwischen 25 bis 40 m. Ob die Höhen und
Längen sich entsprechend der Abb. 4.3, bei stationärer Strömung, ändern,
ist nicht bekannt.

Es gibt noch die Riffe oder Sandbänke, die mit der Umwandlung der Wellenenergie der nichtlinearen Wellen in Küstennähe verbunden sind.   Die
Energieübertragung zwischen den Teilschwingungen führt zu Energiewellen,
und die Riffe stehen mit diesen Wellen im Gleichgewicht. Die Abstände
zwischen den Riffen liegen bei rund drei Wellenlängen, sie sind auch von der
Tiefe abhängig (BOSZAR-KARAKIEWICZ et al. (1981)).

Die Entstehung und Bewegung der Sandbänke in dem Tidebereich der Flach-
küsten, wie im Wattenmeer, ist ein Vorgang, den man nicht mit den zuvor
erläuterten Entstehungsprinzipien in Einklang bringen kann. Über diese
Sandbänke berichtet z. B. GÖHREN (1975). Sie entstehen in der Brandungszone des Randwattes und erfordern zu ihrem Aufbau und Entwicklung eine
von See kommende Sandzufuhr. Sie wachsen an der Leeseite und wandern
küstenwärts.

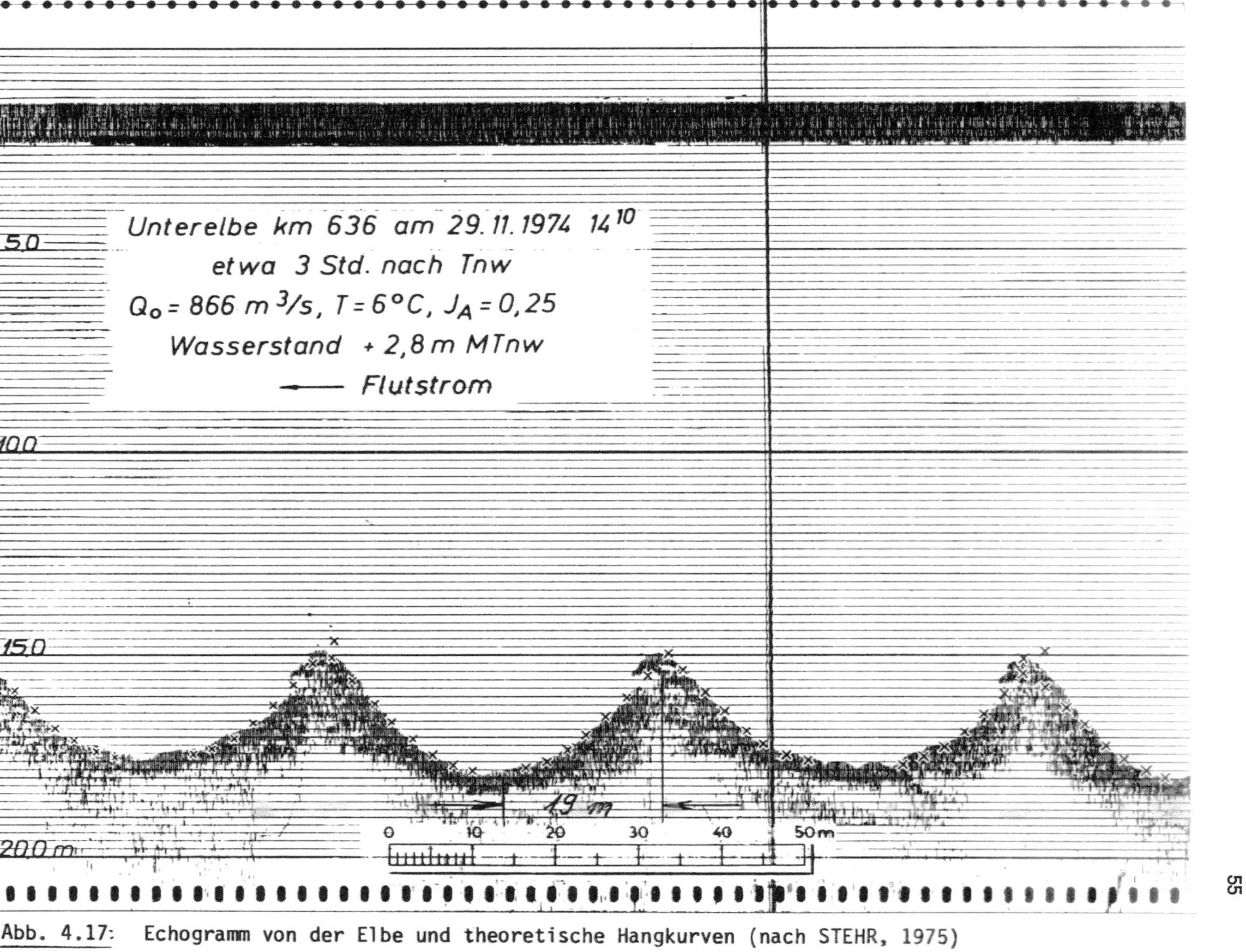

Abb. 4.17: Echogramm von der Elbe und theoretische Hangkurven (nach STEHR, 1975)

5 Strömungswiderstand

Der Strömungswiderstand - und der damit verbundene Energieverlust - ist
eine der Kernfragen, egal ob es sich um Flüsse, Kanäle, Rohrleitungen oder
Küstenprobleme handelt. In Flüssen und Kanälen hängt der Widerstand auch
von der Wassertiefe ab. Für feste Grenzflächen, wie z. B. in Rohrleitungen, und für Reinwasserverhältnisse in stationärem Fließzustand gibt es
durch die Grenzschichttheorie Berechnungsmethoden, mit denen der Energieverlust sehr genau bestimmt werden kann. Für instationäre Fließzustände
muß man sich schon mit Näherungslösungen zufrieden geben. In Fällen, wo
sich die Form der Grenzflächen gleichzeitig mit dem Fließzustand entwickelt,
ergeben sich darüber hinaus beachtliche Probleme.

Für eine zweidimensionale turbulente Strömung über einer festen hydraulisch rauhen Ebene ist

$$\frac{u}{u_*} = 5,75 \ \log \ \frac{30,2 \ y}{k} = 5,75 \ \log \frac{y}{k} + 8.5 \qquad\qquad 5.1$$

gegeben, wobei **k** die Kornrauhigkeit der Fläche ist. Durch Vergleich mit
der CHEZY-Formel

$$U = C \ \sqrt{mS} \qquad\qquad 5.2$$

wobei m der hydraulische Radius und S das Gefälle ist, ergibt sich

$$C = 18 \ \log \frac{y_0}{k} + 19,5 \qquad\qquad 5.3$$

In einem offenen Gerinne wird die Geschwindigkeit meistens von

$$U = K \ (\frac{y_0}{k})^{1/6} \ \sqrt{y_0 S} = \frac{K}{k^{1/6}} \ y_0^{2/3} \ S^{1/2} = \frac{1}{n} \ y_0^{2/3} \ S^{1/2} \qquad\qquad 5.4$$

ermittelt. Nach STRICKLER hängt der MANNING n-Wert vom Korndurchmesser
ab, in der Form

$$n = 0,04168 \ d_{(m)}^{1/6} = 0,01312 \ d_{(mm)}^{1/6} \qquad\qquad 5.5 \qquad +)$$

Die Gl. 5.5 in die MANNING-Formel eingesetzt, ergibt

+) STRICKLER gab $n = (1/21{,}1) \ d^{1/6} = 0{,}0474 \ d^{1/6}$ an, wobei d der mittlere
  Korndurchmesser ist. Damit würde $U/u_* = 6{,}71 \ (y_0/d)^{1/6}$, was aber stark
  von $U/u_* = 5{,}75 \ \log y/d_{65} + 6$ abweicht (und auch von anderen geläufigen
  Formeln), wogegen Gl. 5.6 eine gute Übereinstimmung liefert.

$$U/u_* = 7,66 \ (m/d)^{1/6} \qquad\qquad 5.6$$

Wenn man weiter

$$\tau_0 = c_f \ \frac{\rho U^2}{2} = \frac{f}{4} \ \frac{\rho U^2}{2} \qquad\qquad 5.7$$

einführt, wobei f der DARCY-WEISBACH **Reibungsbeiwert ist, erhält man auch**
eine Beziehung zwischen C, f und n

$$\frac{C}{\sqrt{8g}} = \frac{1}{\sqrt{f}} \qquad\qquad 5.8$$

Für eine zweidimensionale Strömung ist die mittlere Geschwindigkeit ungefähr

$$U/u_* = 5,75 \ \log \ (y_0/k) + 6 \qquad\qquad 5.9$$

und der $1/\sqrt{f}$-Wert kann in der Form

$$\frac{1}{\sqrt{f}} = - c \ \log \ (\frac{k}{am} + \frac{b}{Re \sqrt{f}} \ ) \qquad\qquad 5.10$$

ausgedrückt werden, mit : c = 2 - 2,03 ; a = 11,55 - 12,7
und b-Werten bis zu 3, z.B.

$$\frac{1}{\sqrt{f}} = - 2,03 \ \log \ \frac{d_{65}}{11,09 \ y_0}$$

Wenn die Sohle darüber hinaus noch wellig ist, kommt da noch ein weiteres
Glied hinzu.

Es muß aber an dieser Stelle darauf hingewiesen werden, daß Gl. 5.1 genau genommen nur die Geschwindigkeitsverteilung im unteren Bereich, etwa
20 % der Gesamttiefe angibt, wie es schon in der ursprünglichen Ableitung
des PRANDTL-KARMAN Geschwindigkeitsgesetzes angedeutet wurde. Die allgemeine Geschwindigkeitsverteilung (CEBECI und SMITH, 1974) hat die Form

$$\frac{u}{u_*} = \left[\frac{2,303}{\kappa} \ \log \ \frac{u_* y}{\nu} + C \right] - \frac{\Delta u}{u_*} + \frac{\omega}{\kappa} \ f \ (\frac{y}{\delta}) \qquad\qquad 5.11$$

wobei die Glieder in Klammern den PRANDTL-KARMAN Ausdruck (mit C **als**
Konstante) beinhalten, $\Delta u/u_*$ ist eine Verringerung durch Rauhigkeit
und $\frac{\omega}{\kappa} \ f \ (\frac{y}{\delta})$ ist eine Nachlauf-Anpassungsfunktion (the wake region velocity
augmentation function). COLES (1956) gab einen empirischen Ausdruck

$$f \ (\frac{y}{\delta}) = 2 \ \sin^2 \ (\frac{\pi}{2} \ \frac{y}{\delta})$$

an, wobei f (y/δ) = 2 für y/δ= 1 wird und Null für y/δ = 0.

58

Für u = u$_m$, wenn y = δ, ergibt sich

$$\frac{u_m}{u_*} = \frac{2,303}{\kappa} \log \frac{u_* \delta}{\nu} + C - \frac{\Delta}{u_*} + 2 \frac{\omega}{\kappa} \qquad\qquad 5.12$$

und damit ein Geschwindigkeitsdefizit von

$$\frac{u_m - u}{u_*} = \left\{ \left[- \frac{2,303}{\kappa} \log \frac{y}{\delta} \right] + 2 \frac{\omega}{\kappa} \right\} - \frac{\omega}{\kappa} f \left(\frac{y}{\delta} \right) \qquad\qquad 5.13$$

wobei aus Meßwerten der Koeffizient über

$$\omega = \frac{\kappa}{2} \left[\frac{u_m - u}{u_*} \right]_{y/\delta = 1} \qquad\qquad 5.14$$

erhalten wird ("wake strength coefficient"). Die rechteckigen Klammern
zeigen das PRANDTL-KARMAN Geschwindigkeitsdefizitgesetz an.

Die Gl. 5.13 ist auf Abbildung 5.1 schematisch dargestellt, sie wird noch
in Zusammenhang mit Suspensionen besprochen werden.

In einem alluvialen Gerinne ist das Widerstandsproblem viel komplizierter
als über festen Flächen, da die Gerinnerauhigkeit sich hier mit den
Strömungsverhältnissen verändert, d.h., daß das Rauhigkeitsproblem gleichzeitig mit dem Strömungsproblem gelöst werden muß. Weitere Schwierigkeiten
entstehen dadurch, daß der Reibungsbeiwert mehrwertig sein kann, wie z.B.
auf Abbildung 5.2 schematisch veranschaulicht wird, und daß sich die
Funktion mit der Korngröße und der Korngrößenverteilung ändert. Eine Uni-
versalfunktion, sogar für eine einfache zweidimensionale Strömung, ist
immernoch eines der ausstehenden und zu lösenden Forschungsthemen. Diese
Funktion hängt auch von der Plangeometrie und der Querschnittsform des
Gerinnes ab. Zur Zeit versucht man, diese Parameter über den hydraulischen
Radius der Querschnittsform mit zu erfassen.

Die Methoden für die Berechnung der Wassertiefe sind bei VANONI (1975)
aufgeführt. Von den früheren Formeln ist die sogenannte <u>Regime-Methode</u>
wohlbekannt. Die Geschwindigkeit für eine stabile Rinne ergibt sich aus
der LACEY Formel zu

$$U = 0,646 \sqrt{f_s m} = 10,8 \ m^{2/3} \ S^{1/3} \qquad\qquad 5.15$$

wobei f$_s$ ein Sedimentbeiwert ist. Die Methode wurde von BLENCH (1957, 1966)
durch Einführung von Sohl- und Böschungsbeiwerten erweitert. Die Methode

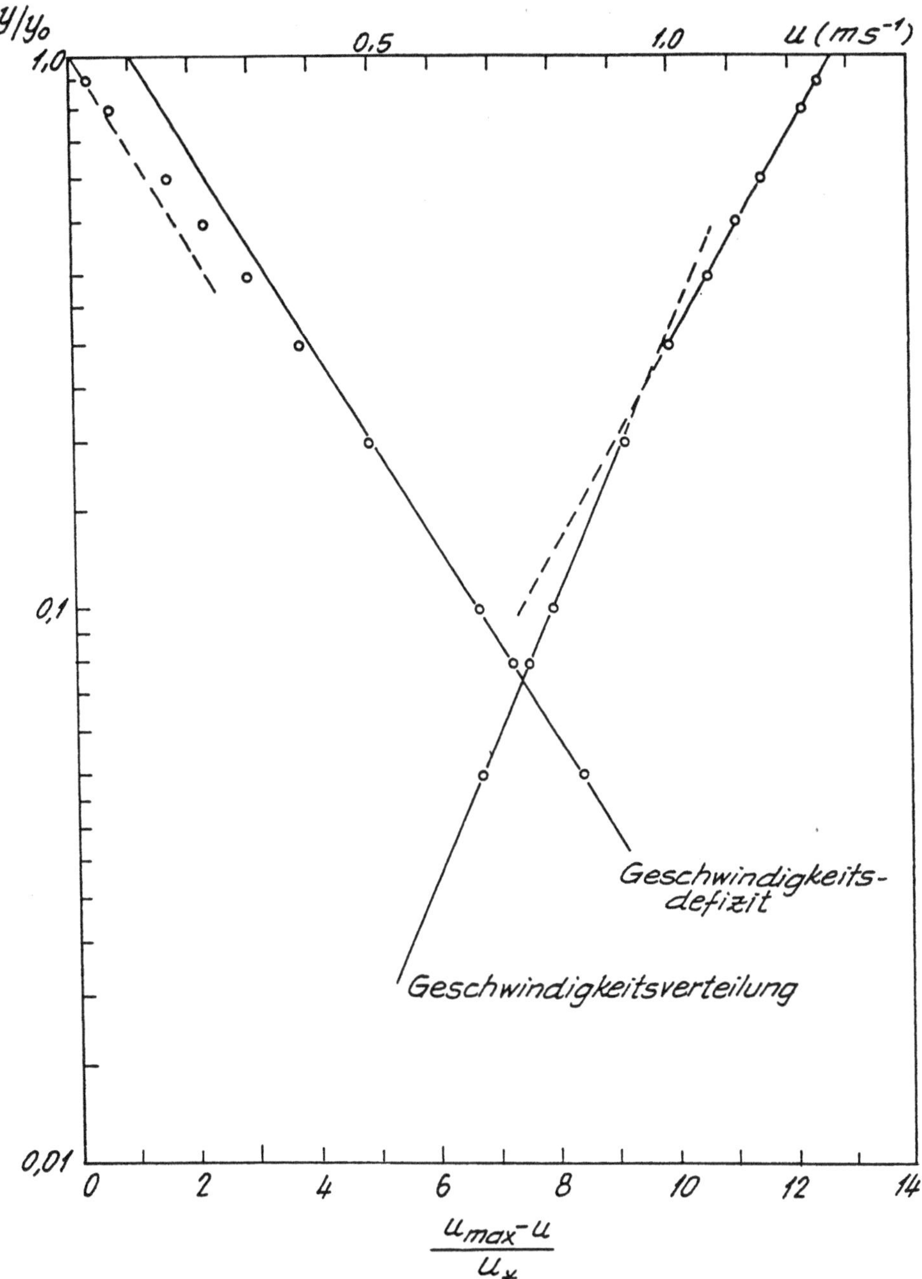

<u>Abb. 5.1 :</u> Darstellung des Geschwindigkeitsdefizits (Gl. 5.13) und der Geschwindigkeitsverteilung in einem offenen Gerinne, wobei die Annahme κ = 0,40 ein ω = 0,2 liefert. Mit wachsendem ω-Wert werden die Geschwindigkeiten an der Sohle kleiner und oberhalb von etwa 20 % Tiefe, d.h. die Neigung der oberen Geraden wächst, größer.

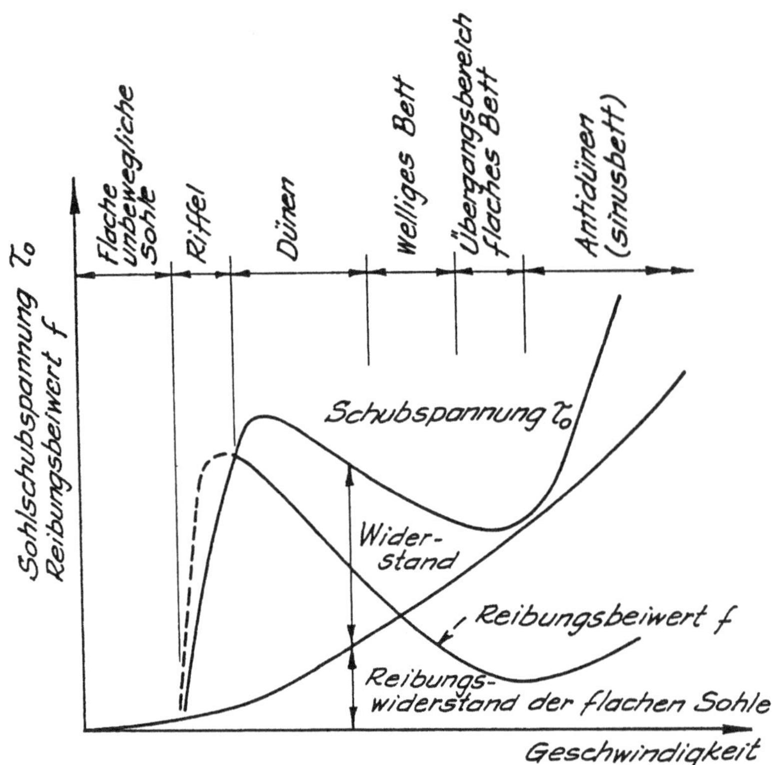

Abb. 5.2: Darstellung der Sohlschubspannung und des Rauhigkeitsbeiwertes
als eine Funktion der Geschwindigkeit über eine Sandsohle.
Über eine Sohle aus Kies steigt der Formwiderstand nicht so
steil an und die Neigung der τ_0 - Kurve bleibt positive.

ist u.a. bei RAUDKIVI (1976) beschrieben. Eine spätere Ergänzung ist die
Methode von PARKER und ANDERSON (1977), die auf der Analyse einer Vielzahl von Meßwerten (Feld- und Labormessungen) beruht, die von PETERSEN
(1973, 1975) durchgeführt wurden. Die empirisch ermittelte graphische Darstellung (für 0,3 < d < 0,4 mm) zeigt Gefälle und Konzentration als Parameter an. Mit einer bekannten dimensionslosen Abflußrate und Gefälle erhält man y_0/d und die Konzentration c.

EINSTEIN und BARBAROSSA (1952) waren die ersten, die die Form der in Abbildung 5.1 gezeigten Funktion erkannten und sie durch

$$\tau_0 = \tau_0' + \tau_0''$$

in die Rechnung einbezogen, wobei τ_0' der Anteil der Sohlschubspannung ist, der durch die Kornrauhigkeit einer festen Ebene und τ_0'' der Anteil ist, der durch den Formwiderstand der Sohle verursacht wird. Die Lösung wurde ermöglicht durch eine empirische Beziehung zwischen U/u_*'' und

$$\psi' = \left(\frac{\rho_s - \rho}{\rho}\right)\; \frac{d_{35}}{m'S} \qquad\qquad 5.16$$

die graphisch dargestellt wurde und auf Abbildung 5.3 zu sehen ist.

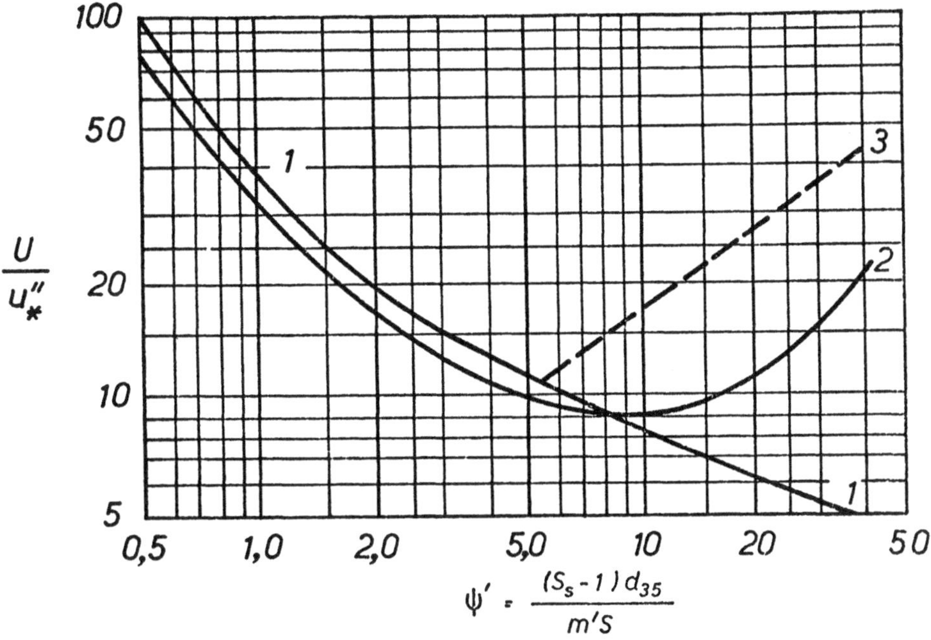

Abb. 5.3: Die EINSTEIN-BARBAROSSA Funktion des Formwiderstandes: 1- EIN-STEIN-BARBAROSSA; 2- nach SENTÜRK; 3- nach CHUNA für Kies wenn $(w_{35}d_{35}/\nu)\{U/(gm)^{1/2}\} > 70$.

Der Anteil des Formwiderstandes ergibt sich zu $\tau_0'' = \rho gm''S = \rho(u_*'')^2$. Die EINSTEIN-BARBAROSSA-Funktion wurde von Meßwerten aus Flüssen mit Feinsand abgeleitet und ist daher erfahrungsgemäß unzureichend für Kies ($\psi' > 10$). Die Untersuchungen bei CUNHA (1967) bezogen sich auf Sedimente mit $d_{90} = 6,1$ mm, $d_{65} = 3,3$ mm und $d_{35} = 1,7$ mm. Die Funktion sollte angewendet werden, wenn $(w_{35}\, d_{35}/\nu)(U/\sqrt{gm}) > 70$ ist.

ENGELUND (1966, 1967) hat gleichfalls den Widerstand in die zwei Teile aufgeteilt. Der Rechnungsvorgang ist wie folgt :

1. Der Wert y_o' (die Tiefe, die τ_o' oder m' entspricht) wird geschätzt und

$$\theta' = \frac{y_o S}{(S_s-1)d_{50}} \qquad 5.17$$

   errechnet.

2. Aus Abbildung 5.4 oder über

$$\theta' = 0,06 + 0,4\,\theta^2 \qquad 5.18$$

   wird θ für Riffel und Dünen Bereich ermittelt.

   Für $0,4 < \theta' < 1,0$ sind zwei Werte von θ möglich.

3. Die Tiefe wird über θ errechnet wie folgt

$$y_o = \frac{\theta\,(S_s-1)d}{S}$$

4. Die mittlere Geschwindigkeit ergibt sich zu

$$\frac{U}{\sqrt{gy_o'S}} = 5,75\,\log\frac{y_o'}{2d_{65}} + 6 \qquad 5.19$$

5. Der Abfluß beträgt $q = Uy_o$ $(m^3s^{-1}m^{-1})$.

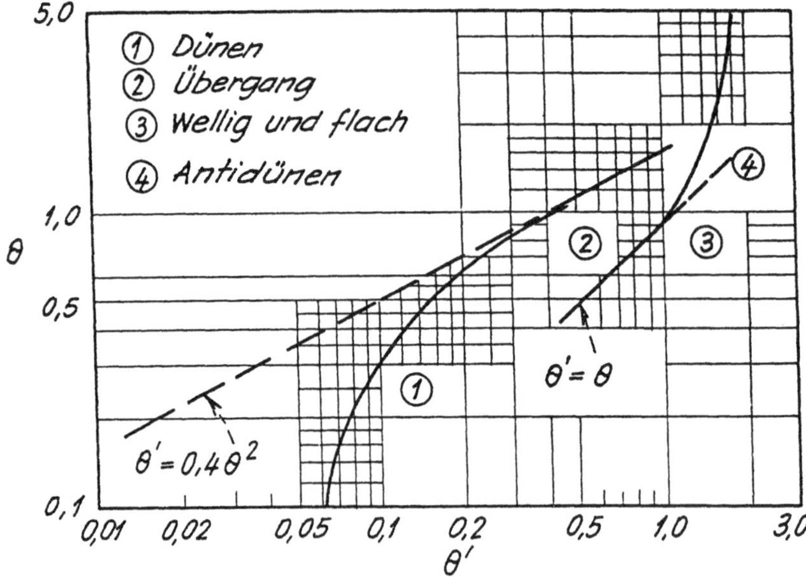

Abb. 5.4 : Die ENGELUND-Funktion des Formwiderstandes.

RAUDKIVI stellte die Beobachtungswerte in Abhängigkeit von $U/\sqrt{u_*^2 - u_{*c}^2}$ und $\rho u_*^2/\rho g(S_s-1)d_{50}$ zusammen, wie auf Abbildung 5.5 gezeigt. Die Linien deuten die Modalwerte ("mode") von $U/(u_*^2 - u_{*c}^2)^{1/2}$ an. Die Häufigkeitsverteilung auf einer Senkrechte ist asymmetrisch mit dem Schwanz (tail) nach oben.

Die **LOVERA-ALAM-KENNEDY**-Methode beruht ebenfalls auf empirischen Meßwerten, die graphisch aufgetragen **wurden (Abbildung 5.6 und 5.7) und der** Rechnungsvorgang ist wie folgt :

1) Über einem gewählten Wert von U, einem geschätzten Wert m_b (gleich m') und die bekannten Werte von d_{50} und ν werden $U/(gd_{50})^{1/2}$, m_b/d_{50} und Um_b/ν errechnet.

2) Die Werte f' und f'' werden aus Abb. 5.6 und 5.7 ermittelt. Wenn der Punkt auf Abb. 5.6 unter der Linie für eine glatte Fläche liegt, wird der Wert für glatte Flächen benutzt. Der Widerstandsbeiwert ist dann f = f' + f''.

3) Der f-Wert und das bekannte Gefälle, S, liefern den hydraulischen Radius

$$m = \frac{fU^2}{8gS}$$

der dem geschätzten Wert gleich sein muß.

Die Abb. 5.6 ist eine Art Moody-Diagramm, das aber nur den Übergang von der hydraulisch glatten Sohle zeigt. Die m_b/d_{50} - Linien sollten für eine hydraulisch rauhe Sohle unabhängig von der Reynoldszahl werden, d.h. horizontal werden.

Alle diese Methoden sind empirisch. Eine exakte Lösung fordert zuerst eine Lösung des Problems der Transportkörper, und selbst auf dem Gebiet hat man noch einen langen Weg vor sich.

Es ist daher äußerst wichtig, Vergleichswerte zu ermitteln, die auf anderen Berechnungsmethoden beruhen. Eine Möglichkeit ist z.B., daß man die Stromleistung (streampower)

$$\tau_0 U = \rho g y_0 S U \qquad\qquad 5.20$$

errechnet, die mit Hilfe der Abb. 4.2 den Bereich der Strömung angibt, d. h. wo Riffel, Dünen usw. vorherrschen.

Es ist auch möglich, mit Hilfe der Mittelwerte von Riffel- und Dünenhöhen Aussagen zu treffen. Man kann z. B. die mittlere Höhe als die Rauhigkeitshöhe in Gl. 5.6 oder 5.9 einführen und daraus einen Wert für U errechnen.

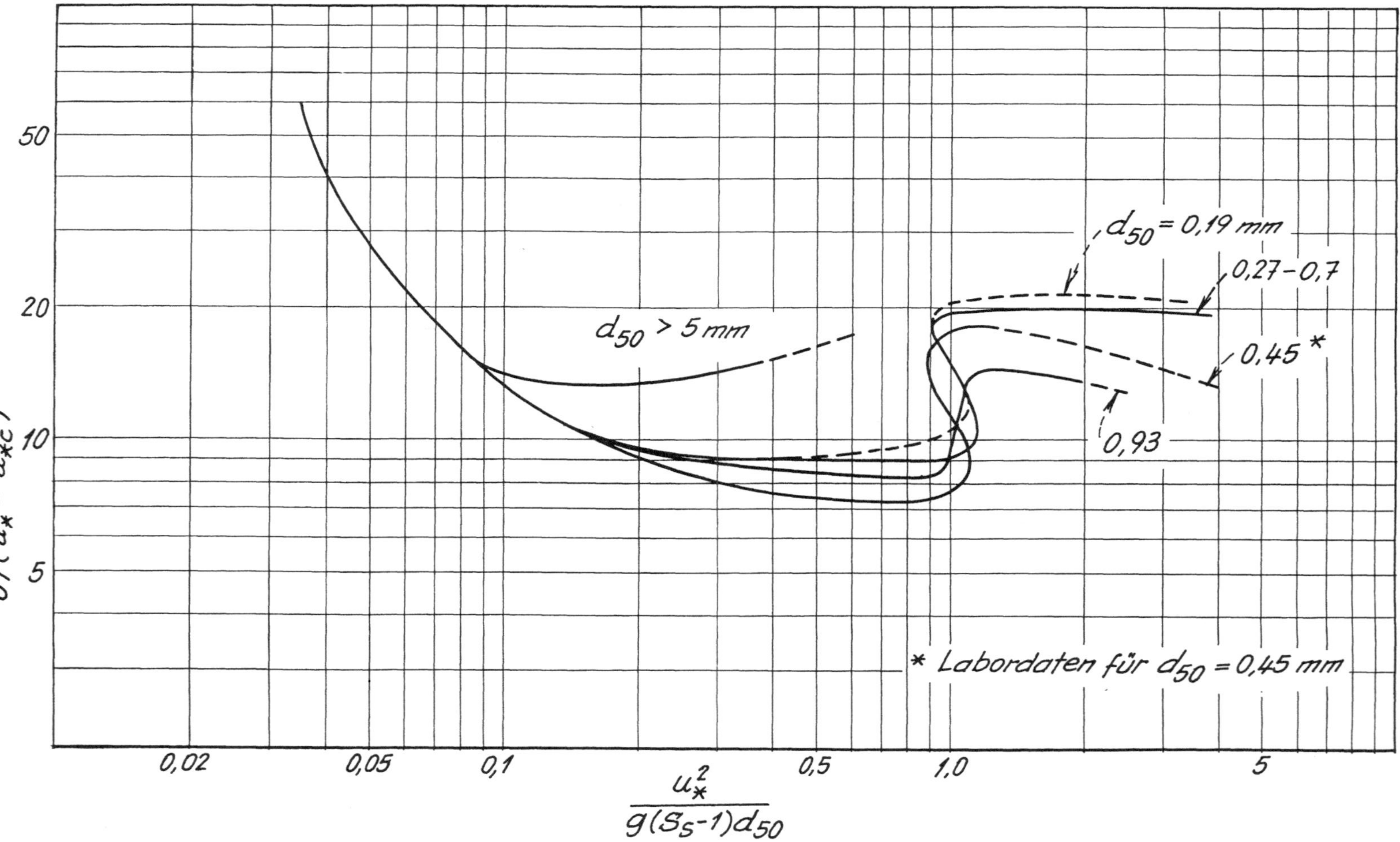

Abb. 5.5: Strömungswiderstand nach RAUDKIVI (1976).

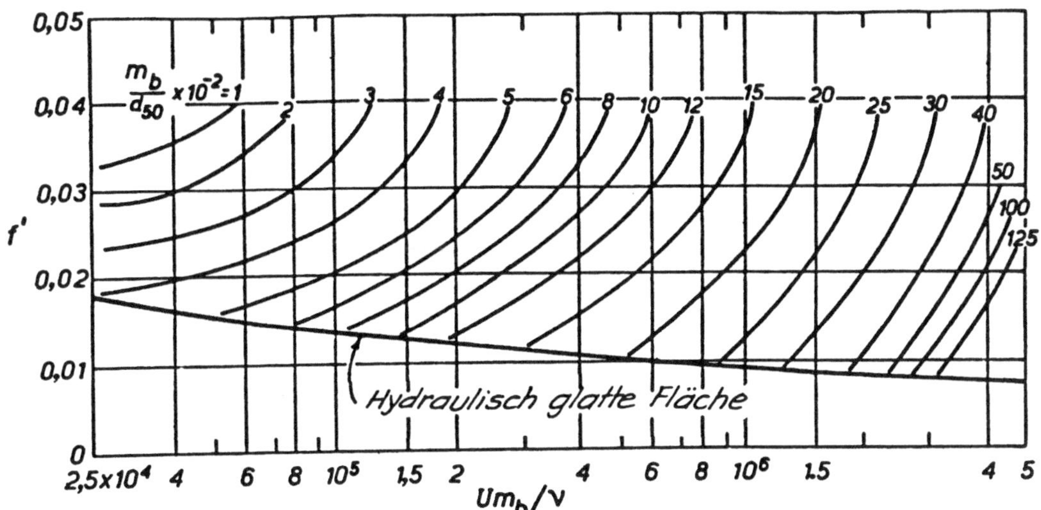

Abb. 5.6: Widerstandsbeiwert f' für Kornrauhigkeit nach LOVERA und KENNEDY (1969)

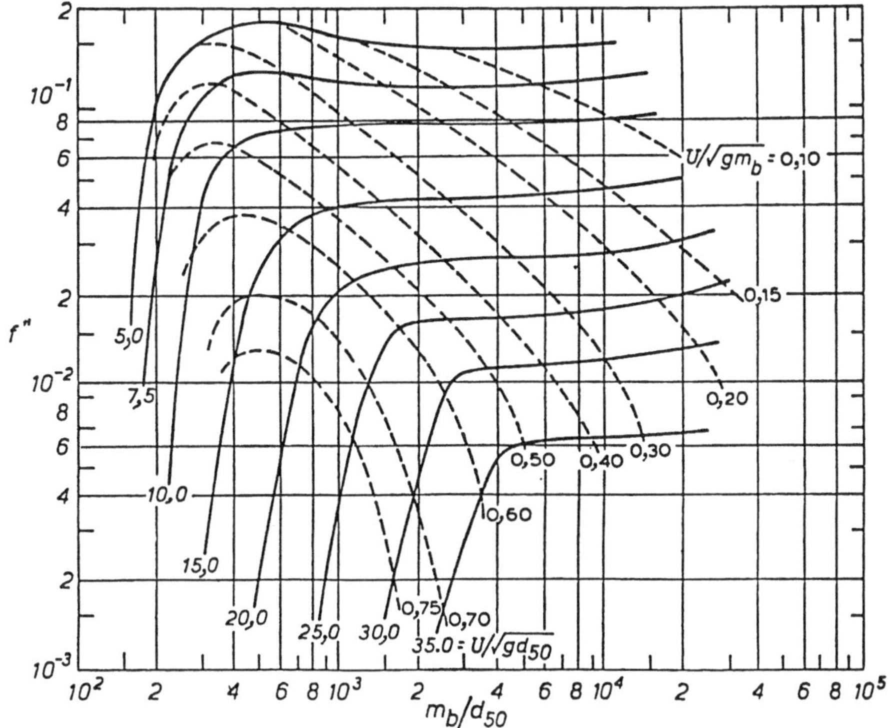

Abb. 5.7: Formwiderstandsbeiwert f" nach ALARM und KENNEDY (1969)

Diese Berechnungen beziehen sich auf eine gerade Rinne, d.h. die Krüm-
mungsverluste müssen noch hinzugefügt werden. Der Energieverlust durch
sekundäre Strömungen ist, wie der Reibungsverlust, proportional zu U^2,
so daß er mit einem empirischen Beiwert veranschlagt werden kann. Jedoch
bei starken Krümmungen und höheren Geschwindigkeiten treten noch zusätzliche Verluste auf, die durch Ablösung und Oberflächenwellen verursacht
werden können. Die Wellenverluste treten vor der Krümmung auf, d.h.
stromaufwärts von der Ablösung und Rücklaufwalze. Diese Verluste kann man
proportional zur Froudezahl oder zu U^2 setzen, jedoch erst nach Erreichen
eines gewissen Geschwindigkeitswertes,

Zum Schluß sei noch bemerkt, daß alle Methoden der Berechnung des Strö-
mungswiderstandes solange empirisch bleiben werden, solange man nicht
das Problem der Transportkörper gelöst hat.

Im Hinblick auf die Strömungswiderstände sind die Gebirgsflüsse, in denen
die Rauhigkeit meistens sehr hoch ist und die Rauhigkeitselemente sogar
teilweise aus der Wasseroberfläche herausragen können, als Sonderfall anzusehen. Für Ströme mit hoher Rauhigkeit ermittelte SCHEUERLEIN (1973)
f-Werte in der Größenordnung von 0,2 bis 1,0. In steil abfallenden Gebirgsflüssen werden große Flächenanteile des Querschnittes durch Rauhigkeitselemente erheblich blockiert, so daß die geläufigen Ansätze über die "Sandrauhigkeit" zu keiner befriedigenden physikalischen Erfassung derartiger
Strömungszustände führen. In der Aerodynamik hat man für solche Zustände
einen sogenannten "Blockierungsbeiwert" wie folgt eingeführt:

$$\frac{1}{\sqrt{f}} = 2 \left(1 - \frac{b\,k}{m}\right) \log \frac{12\,m}{k} \qquad\qquad 5.21$$

mit m als hydraulischem Radius, k als der Rauhigkeitshöhe. Der Ausdruck
bk beinhaltet den Anteil der Tiefe, die durch die Rauhigkeitselemente
blockiert wird. THOMPSON und CAMPBELL (1979) wählten b = 0,1 und k/d = 4,5
mit d als dem mittleren Durchmesser der Steine ("median d, counting sample").
BATHURST (1977) stellte für rauhe Ströme die Formel

$$\left(\frac{8}{f}\right)^{1/2} = \left(\frac{m}{0,365\,d_{84}}\right)^{2,34} \left(\frac{B}{y_0}\right)^{7} (\lambda - 0,08) \qquad\qquad 5.22$$

auf, worin B die Strombreite und λ ein Rauhigkeitsverteilungsmaß darstellt :

$$\lambda = 0,139 \log (1,91\, d_{84}/m)$$

6 Sedimenttransport in gleichmäßiger Strömung

Die Mengen der Feststoffe, die durch Wasser (und Wind) jedes Jahr stromab
getragen werden, sind enorm, und es ist von angewandtem wie auch erkund-
lichem Interesse diese rechnerisch zu erfassen. Zur Vereinfachung hat man
den Transport in Boden- und Suspensionsfracht aufgeteilt, eine Aufteilung,
die es in der Natur nicht gibt. In der Natur handelt es sich stets um einen kontinuierlichen Vorgang, der mit Bodenfracht anfängt und in Suspension, zusammen mit der Bodenfracht, übergeht. Zusätzlich tritt häufig
noch eine suspendierte Transportmenge der Schwebstoffe auf. Die Schwebstoffe werden meistens dem Strom durch Zuflüsse zugeführt, z.B. Staub und
Schmutz im Regenwasserabfluß, sie sind im allgemeinen in der Korngrößenverteilung des Sohlenmaterials nicht enthalten. Eine Ausnahme bilden die
Schwebstoffe, die durch das Zerreiben von sich bewegenden Kieskörnern erzeugt werden.

Es gibt viele analytische Modelle, nach denen die Bodenfracht oder die
Konzentrationsverteilung der Suspension berechnet werden kann, jedoch eine
eindeutige Lösung steht noch aus.

6.1 Bodenfracht

Die Mehrzahl der Bezeichnungen zwischen der Geschiebefracht und dem Abfluß hat die Form der von DU BOYS im Jahre 1879 abgeleiteten Formel

$$q_B = C_s \, \tau_0 \, (\tau_0 - \tau_c) \quad (m^3 s^{-1} m^{-1}) \qquad 6.1$$

die fast in allen Fachbüchern erläutert ist, z. B. die bei SCHOKLITSCH
(1950)

$$g_B = 2500 \, S^{3/2} \, (q - q_c)$$
$$= 2500 \, S^{3/2} \left[q - 0{,}26 \, (s_s - 1)^{5/3} \, d^{3/2}/S^{7/6} \right] \quad (kg \, s^{-1} m^{-1}) \qquad 6.2$$

wobei q $(m^3 s^{-1} m^{-1})$ der Wasserabfluß und q_c der Wasserabfluß bei Beginn
der Geschiebebewegung, $S_s = \rho_s/\rho$, S das Energiegefälle und $d = d_{40}(m)$
ist. Auch die SHIELDS-Formel kann man in der DU BOYS-Darstellung schreiben

$$\frac{q_B}{u_* d} = A \, \frac{U}{u_*} \, \theta \, (\theta - \theta_c) \qquad 6.3$$

wobei θ die normalisierte Sohlschubspannung ist und $A \approx 6$ bis 7 beträgt. Der A-Wert hängt von der Lagerungsdichte und der Dichte des Sediments ab, z.B. bei 60 % Lagerungsdichte und $S_s = 2,5$ ist $A = 10 \times 0,67 = 6,7$. Die vereinfachte Version der MEYER-PETER-MÜLLER-Formel lautet

$$\frac{q_B}{u_* d} = 8\,\theta(1 - \frac{0,047}{\theta})^{3/2} \qquad\qquad 6.4$$

wobei u_* über das Reibungsgefälle $S_r = (k/k')^{3/2} S$ zu berechnen ist und $k' = 26/d_{90}^{1/6}$ mit d in (m) ist. Die Anzahl der weiteren Formeln, die man anführen könnte, ist groß.

EINSTEIN (1942, 1950) wich von dieser Art der Darstellung ab und entwickelte eine Formel, deren Ableitung auf den Grundsätzen der Hydromechanik und Wahrscheinlichkeitsrechnung beruht, obwohl man die Formel auch relativ einfach aus Dimensionsbetrachtungen, d.h. einer Dimensionsanalyse, ableiten kann. Die Formel verknüpft die Geschiebefracht

$$\phi = \frac{g_B}{g\,\rho_s}\,\sqrt{(\frac{\rho}{\rho_s - \rho})\,\frac{1}{gd^3}} = \frac{q_B}{\sqrt{(S_s - 1)\,gd^3}} \qquad\qquad 6.5$$

mit

$$\psi = \frac{\rho_s - \rho}{\rho}\,\frac{d}{m'_B S} = \frac{1}{\theta} \qquad\qquad 6.6$$

zusammen, wobei m'_B wieder der Anteil des hydraulischen Radius ist, der zum Rauhigkeitswiderstand gehört. Die EINSTEIN-Formel ist in der Form

$$\phi_* = f\,(\psi_*) \qquad\qquad 6.7$$

graphisch dargestellt, in Abbildung 6.1 mit

$$A_*\,(\frac{i_B}{i_b})\phi = A_*\,\phi_*\,, \quad A_* \approx 43,5 \text{ (empirisch)} \qquad\qquad 6.8$$

$$\psi_* = \xi\,Y(\frac{\beta}{\beta_x})^2\psi$$

i_B - Fraktion der Fracht in Gruppe i der Kornverteilung
i_b - Fraktion des Sohlenmaterials in Gruppe i
ξ - ein Abschirmungsbeiwert als eine Funktion von d/X (Abb.6.2)
$X = 0,77\Delta$ für $\Delta/\delta' > 1,80$; $X = 1,39\,\delta'$ für $\Delta/\delta' < 1,80$
$\delta' = 11,5\,\nu/u_*$, $\Delta = k_s/x$ und $x = f\,(k_s/\delta')$ wie in Abb. 6.3
    gegeben wo k_s die Korngröße der Gruppe bezeichnet
$Y = f(d_{65}/\delta')$ (Abb. 6.4)
$\beta = \log 10,6$
$\beta_x = \log (10,6\,X/\Delta)$

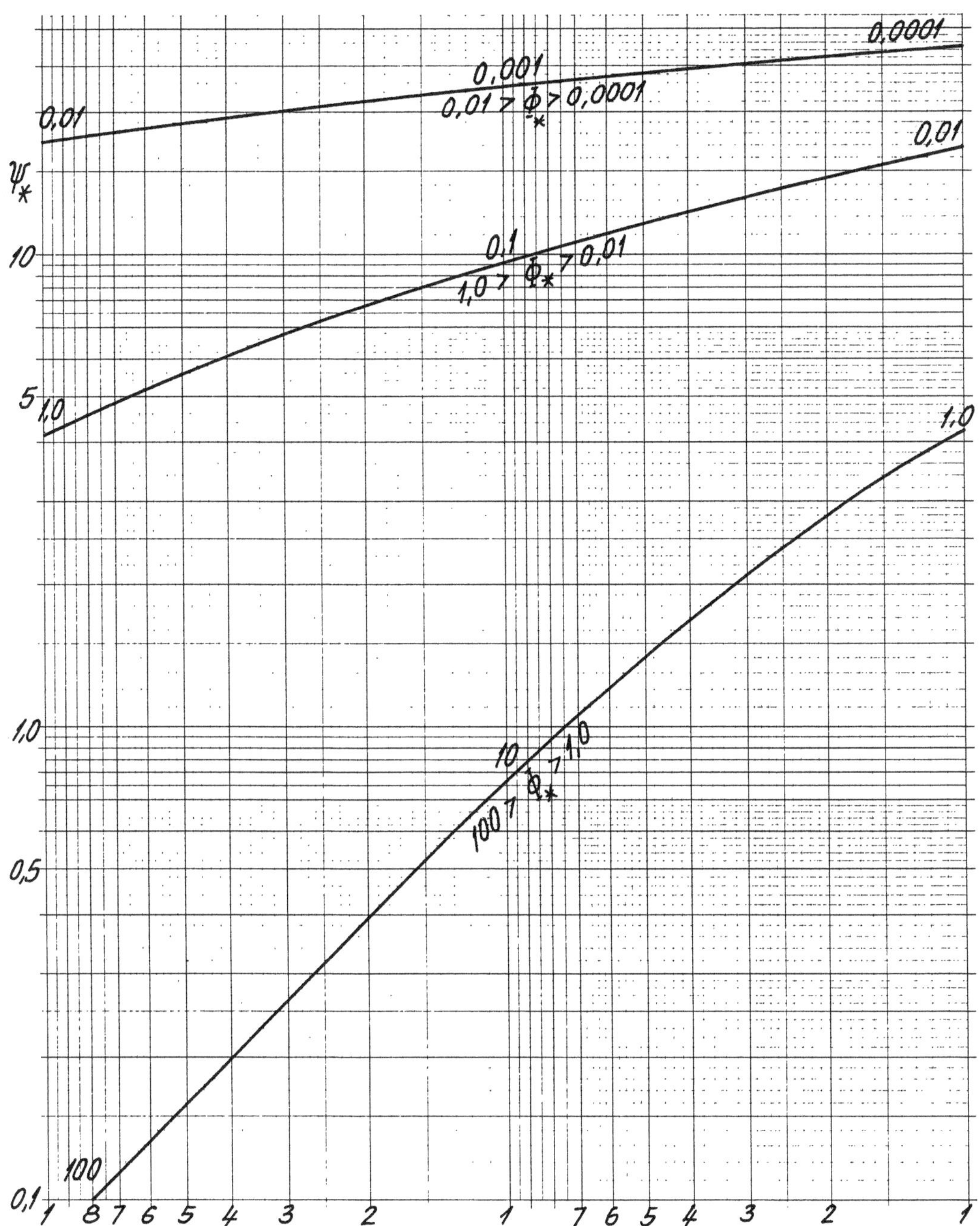

<u>Abb. 6.1:</u> Die $\phi_\times$ - $\psi_\times$ - Funktion von EINSTEIN (1950).

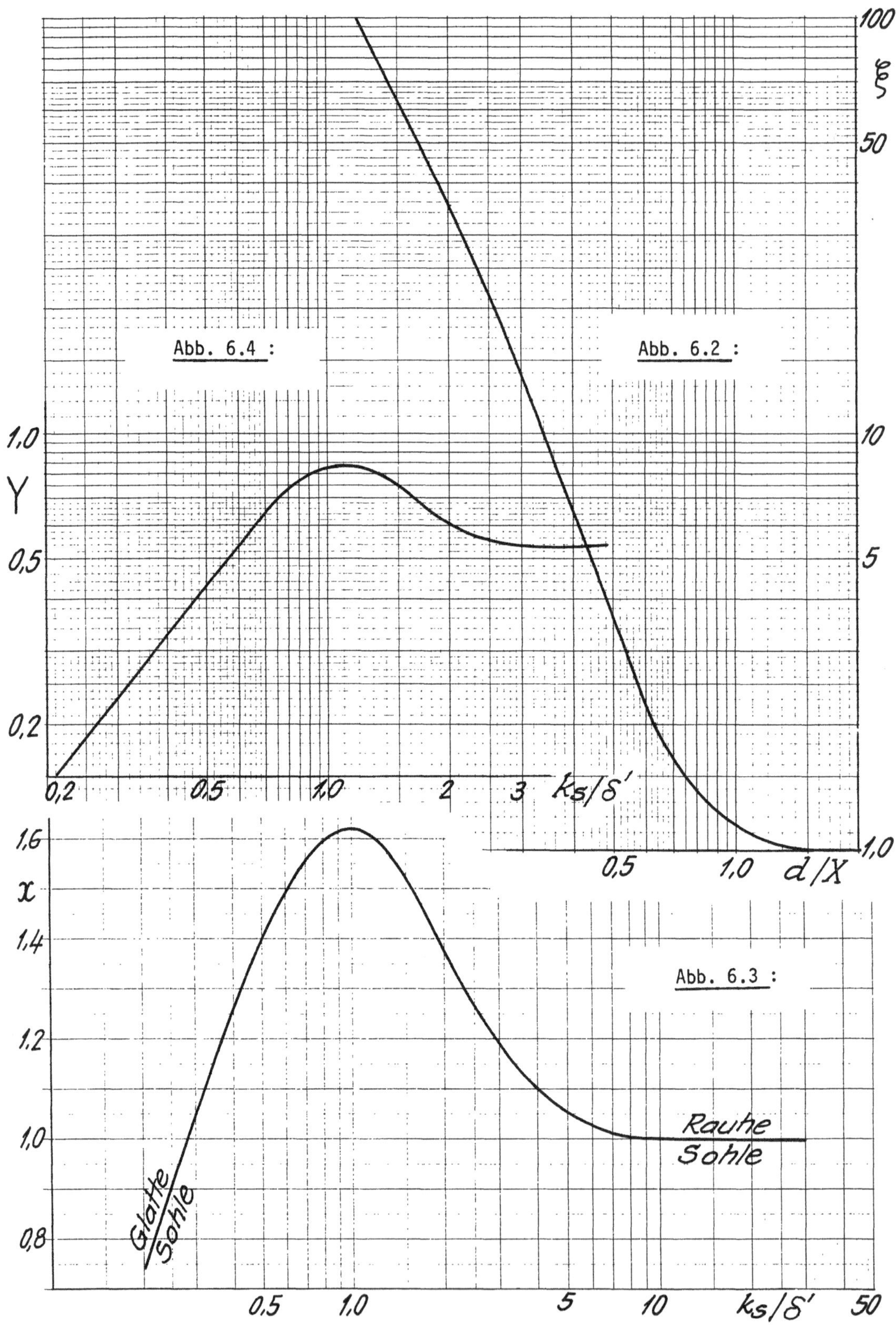

<u>Abb. 6.2 bis 6.4:</u> Beiwerte in der EINSTEIN-Formel für die Geschiebefracht

BROWN (1950) zeigt, daß verfügbare Versuchswerte größtenteils durch

$$\phi = 40 \ (1/\psi)^3 \qquad\qquad 6.9$$

beschrieben sind. Eine ähnliche Beziehung geben auch VOLLMERS und PER-NECKER (1965) an in der Form

$$\frac{q_B}{u_* d} = 25\theta \ (\theta-1) \qquad\qquad 6.10$$

die der BROWN-Formel ähnliche Resultate liefert.

Es sind jedoch nicht nur die früheren Formeln, die der DU BOYS-Formel ähnlich sind, sondern auch mehrere neuere Arbeiten mit anderen Formulierungen, z.B. BAGNOLD (1956) und YALIN (1963, 1972).

<u>BAGNOLD</u> leitete seine Formel von dem Argument ab, daß die Geschiebefracht eine Arbeitsleistung darstellt, d.h. die Rate der Arbeitsleistung bei Geschiebetransport muß dem Kraftverlust des Stromes, multipliziert mit dem Wirkungsgrad, gleich sein. Der Transport, g_B (kg s^{-1}m^{-1}) ist zuerst

$$g_B = \rho_S \int_0^{y_0} cudy$$

wo c die Konzentration ist. Die Arbeitsleistung wurde proportional zu $(\tau_0 - \tau_c) \ u_* n$ gestellt, obwohl es eigentlich $(\tau_0 u_* - \tau_c u_{*c})n$ sein sollte. Die Ableitung führt zu

$$\phi = AB\theta^{1/2} \ (\theta - \theta_c) \qquad\qquad 6.11$$

wobei die Beiwerte A und B graphisch angegeben sind (Abbildung 6.5)

<u>YALIN</u> drückte die Arbeitsleistung mit der Fortschrittsgeschwindigkeit des Sedimentes aus, seine Ableitung führte zu

$$\phi = 0{,}635 \ \frac{s}{\sqrt{\psi}} \ \left[1 - \frac{1}{as} \ \ell n \ (1 + as) \right] \qquad\qquad 6.12$$

mit

$$s = (\theta - \theta_c)/\theta_c = u_*^2/u_{*c}^2 - 1$$
$$a = 2{,}45 \ (\rho u_{*c}^2/\gamma_s^* d)^{0,5}/(\rho_s/\rho)^{0,4} = 1{,}66 \sqrt{\theta_c}$$

wobei $\rho_s/\rho = 2{,}65$, $\gamma_s^* = g \ (\rho_s - \rho)$ sind. Der Koeffizient 0,635 stellt einen Beiwert dar, der empirisch aus Daten von EINSTEIN und GILBERT gewonnen wurde. Die Beziehung hat die Form

$$\phi = f \ (\psi, \theta_c, \ \rho_s/\rho)$$

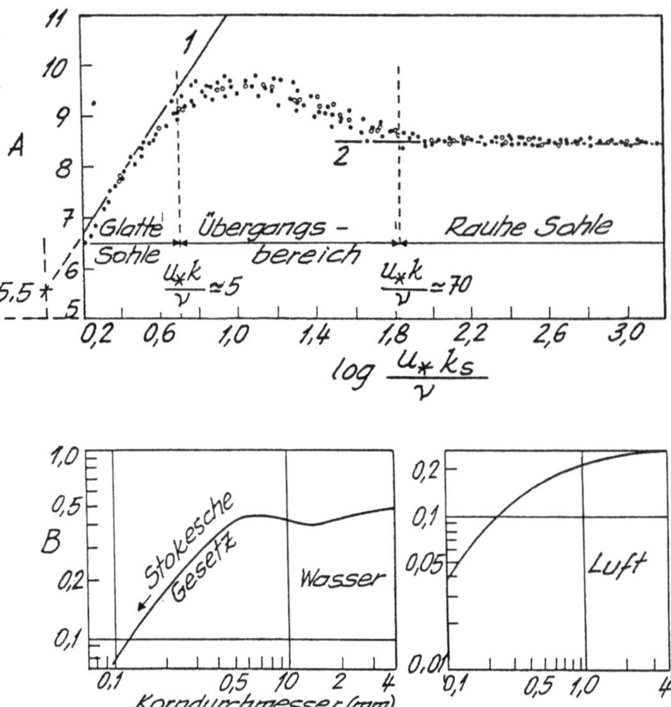

Abb. 6.5 : Darstellung der Rauhigkeitsfunktion A und des Beiwertes B
in Gl. 6.11

(1) : $B = (1/\kappa)\ln u_* k/\nu + 5,5$ und (2) : $B = 8,5$

Für kleine Werte von $(\theta - \theta_c)$ kann man die Gl. 6.12 als

$$\phi = \frac{Ka}{2\theta_c^2} \theta^{1/2}(\theta - \theta_c)^2$$

und für große Werte als

$$\phi = \frac{K}{\theta_c} \theta^{1/2}(\theta - \theta_c)$$

schreiben, wobei K eine Konstante ist.

BAGNOLD (1973, 1977) entwickelt den Gedanken, der zur Gl. 6.11 führte,
weiter. Der nächste Schritt war die Verknüpfung der Arbeitsleistung mit
der Geschwindigkeitsverteilung und der Stromleistung ("stream power")

$$P = \tau U = \rho g y_0 SU = \rho u_*^2 U \qquad\qquad 6.13$$

Die Schubspannung des Stromes wird einen Maximalwert an der oberen
Grenze, y_n, der Bodenfracht aufweisen, während die Sohlschubspannung
zwischen Null und τ_c liegen wird. Die Höhe $y = y_n$ wurde proportional
zum Korndurchmesser geschätzt, wobei $n = 1,4 \, (u_*/u_{*C})^{0,6}$ empirisch ermittelt wurde. Wenn u_r die relative Geschwindigkeit zwischen Sediment
und Wasser ist (Schlupfgeschwindigkeit "slip velocity"), dann ist die
Leistung $\tau_s (u_y - u_r)$ und wenn g_B^+ die durch Auftrieb verringerte
Transportrate ($Ns^{-1}m^{-1}$) ist, dann folgt, daß

$$g_B^+ \tan\alpha = \tau_s u_y \left(\frac{u_y - u_r}{u_y} \right)$$

wo $\tan \alpha$ der Reibungsbeiwert, ungefähr 0,63, ist. Mit

$$u - u_y = 5,75 \, u_* \log y/nd$$

$u = U$, wenn $y = 0,37 \, y_0$ und $u_r \simeq w$ gesetzt wird, führt dies zu

$$\frac{g_B^+}{P} = \frac{u_* - u_{*C}}{u_* \tan\alpha} \left[1 - \frac{5,75 u_* \log(0,37 y_0/nd) + w}{U} \right] \qquad 6.14$$

eine Gleichung, die später als $g_B^+ / (P - P_0)$ umgeformt wurde, wobei
P_0 die Stromleistung ist, die zum Transportbeginn gehört.

Bei einer konstanten Schubspannung ist sowohl das Glied vor den Klammern
als auch u auf der Höhe $y = nd$ konstant. Dagegen steigt U mit zunehmender
Tiefe an, d.h. für <u>dieselbe Stromleistung transportiert ein Strom mit
größerer Wassertiefe weniger Sediment.</u> Umgekehrt bedeutet es, daß eine
<u>Erhöhung der Sedimentzugabe bei konstanter Stromleistung zum Anwachsen
der Breite führen muß.</u>

Die Auftragung von Meßwerten im Verhältnis von g_B^+ zu $(P - P_0)$ zeigt
jedoch, daß

$$g_B^+ \propto (P - P_0)^{3/2} \qquad 6.15$$

ist. Aus Untersuchungen an Meßwerten hat BAGNOLD (1980) eine gänzlich
empirische Gleichung ermittelt, wonach

$$g_B^+ \propto (P - P_0)^{3/2} \, y_0^{-2/3} \, d^{-1/2}$$

oder

$$\frac{g_B^+}{(g_B^+)_1} = \left[\frac{P - P_0}{(P - P_0)_1} \right]^{3/2} \left[\frac{y_0}{y_{01}} \right]^{-2/3} \left[\frac{d}{d_1} \right]^{-1/2} \qquad 6.16$$

ist, wobei die Sedimentdichte ρ_s als eine Konstante angenommen ist
und der Index einen glaubhaften Meßwert bezeichnet, mit dem die Gleichung normalisiert (dimensionslos gemacht) werden kann. Die Daten beinhalten drei Größenordnungen für die Tiefen und vier für die Korngröße.

Eine sehr interessante Beobachtung ist die, daß die Bodenfracht mit
der Korngröße wächst. Diese Beobachtung wurde schon bei ZINGG (1950)
vor fünfzig Jahren gemacht. Seine Meßwerte in der Luft zeigten, daß
der Transport bei Wind mit $d^{2/3}$ anwuchs. BAGNOLD und CHEPIL gaben
unabhängig voneinander den gesamten **Massentransport infolge Wind** mit

$$g = k \sqrt{d} \, \frac{\rho}{g} \, \left(\frac{\tau_0}{\rho}\right)^{3/2} \qquad\qquad 6.17$$

an, wobei ρ die Dichte der Luft, d der mittlere Korndurchmesser und k
ein Beiwert ist, der von der Korngrößenverteilung abhängt. BAGNOLD
gab $k = 1,5$ für Sand mit gleicher Form und Korngröße, $k = 1,8$ für natürliche Sandablagerungen und $k = 2,8$ für eine sehr breite Verteilung
an. Ungefähr 20 bis 25 % des Transportes erfolgt als eine langsame
Vorwärtsbewegung der Oberfläche durch die Impulse von Körnern im springenden Zustand ("saltation"). Das Problem, wie man die Beziehung für
Lufttransport normalisieren soll, ist immer noch offen, da man eine
Längendimension wie die Wassertiefe nicht zur Verfügung hat.

Zum Schluß muß man noch die Transportmodelle erwähnen, die auf Wahr-
scheinlichkeitsbetrachtungen aufgebaut sind. Ein Beispiel eines stocha-
stischen Ansatzes ist der von PAINTAL (1971). Er nahm an, daß die
Körner, die zur Strömung hin freiliegen, gleichmäßig verteilt sind, die
turbulenten Kräfte normal verteilt sind und die Längen der Sprünge
von Einzelkörnern einer negativen Exponentialverteilung folgen. Daraus
wurde die Beziehung

$$g_B^x = \frac{g_B \sqrt{\rho}}{\rho_s gd \sqrt{(\gamma_s - \gamma)d}} = Af(B\theta) \qquad\qquad 6.18$$

abgeleitet, wobei g_B^x die dimensionslose Sedimenttransportrate und
A und B Konstante sind. Die Funktion g_B^x gegen θ ist graphisch bei
PAINTAL (1971) dargestellt.

Alle Transportgleichungen beruhen auf der Annahme, daß eine ausreichende
Menge von Sediment vorhanden ist. Wenn z. B. das Sohlmaterial eine breite
Korngrößenverteilung aufweist und die Strömung die größeren Körner nicht

transportieren kann, $\tau_0 < \tau_{cm}$, dann verfestigt sich die Sohle und nach einer Weile hört die Sedimentbewegung auf.

Bei sehr kleinen Transportraten und gleichmäßigen Körnern wächst der Transport sehr schnell mit der Schubspannung an, z. B. die Messungen bei TAYLOR und VANONI (1972) zeigten, daß der dimensionslose Transport mit einer 17,5-Potenz der dimensionslosen Schubspannung anwächst. Diese Phase des Transportes hängt auch sehr empfindlich von der REYNOLDSZAHL $Re_* = u_* y/\nu$ ab. Das Maximum der Turbulenzintensität in der Grenzschicht liegt etwa bei $Re_* = u_* d/\nu = 35 - 55$, so daß bei niedrigeren Werten ein Anwachsen von Re_* zu einem Anwachsen des Transportes führt und umgekehrt bei größeren Re_*-Werten.

Bei sehr hohen Transportraten wird der Impulsaustausch zwischen den Körnern und der Sohle wichtig und die Dilatationskräfte, die dabei auftreten, müssen berücksichtigt werden (vgl. z.B. BAGNOLD, 1954, 1956, 1966 sowie eine Zusammenfassung von RAUDKIVI, 1976). Es kann auch gezeigt werden, daß das Verhalten des Sedimentes dann dem von einem dichtem Gas (z.B. Druckluft) ähnlich ist, d.h. die Entfernungen zwischen den Molekülen sind nicht mehr groß im Verhältnis zur Größe der Moleküle. Diese Verhältnisse kommen in Gebirgsflüssen vor, wo man die Kieskörner durch die Oberfläche schießen sehen kann.

6.2 Suspension

Das Phänomen Suspension ist besonders im Wasser sehr wichtig, da die Feststoffmengen, die als Suspensionsfracht abgeführt werden, sehr viel größer sind als die infolge Bodenfracht, aber auch in der Luft **können die** suspendierten Staubmengen sehr beachtlich sein. Über die Physik der Suspendierung kann man immer noch sehr wenig im Sinne von formalen Beziehungen aussagen. Man kann beobachten, daß feinkörniges Material leicht bei u_*-Werten, die nur wenig größer als u_{*C} sind, in Suspension gerät und daß um größere Körner in Suspension zu versetzen, u_*/u_{*C}-Werte in der Größenordnung von 4 bis 5 erforderlich sind. Das feinkörnige Material suspendiert infolge einer "Bombardierung" der Grenzschicht durch Turbulenzwirbel - die turbulenten Anstöße - "(turbulent bursts") - und Diffusion der dabei entstandenen Turbulenz. Die Körner eines gröberen Materials werden zunächst in den Zustand einer springenden Bewegung ("saltation") als Bodenfracht versetzt und geraten dann infolge Diffusion der Turbulenz von der Sohle weg in Suspension. Suspension ist jedoch auch in einer Laminarströmung bei sehr hoher Konzentration möglich, z.B. Schlammströme. In diesem Falle wird die Suspension durch Dilatationskräfte zwischen den Körnern und der Sohle (BAGNOLD, 1954) aufrecht erhalten.

Als Faustregel kann die Art des Transportes wie folgt klassifiziert werden :

$$6 > w/u_* > 2 \qquad \text{- Bodenfracht.}$$
$$2 > w/u_* > 0,6 \qquad \text{- Springen ("saltation")}$$
$$0,85 > w/u_* > 0 \qquad \text{- Suspension.}$$

Die analytischen Ansätze können in Energie-, Diffusions- und stochastische Modelle aufgeteilt werden, verwendet wird allgemein nur das Diffusionsmodell.

Als Ausgangspunkt für das Diffusionsmodell gilt die Diffusionhypothese, wonach die Transportrate einer Transportform (oder Eigenschaft), c, bezogen auf eine Flächeneinheit proportional zu dem Konzentrationsgradienten senkrecht zu dieser Fläche ist, d.h.

$$c = - D \frac{\partial c}{\partial y} \qquad\qquad 6.19$$

wobei D der Diffusionsbeiwert ist. Die Kontinuitätsgleichung fordert, daß

$$\frac{\partial c}{\partial t} + \frac{\partial c}{\partial y} = 0 \qquad\qquad 6.20$$

so daß

$$\frac{\partial c}{\partial t} = D \frac{\partial^2 c}{\partial y^2} \qquad\qquad 6.21$$

In allgemeiner Form ergibt sich

$$\frac{\partial c}{\partial t} + u \frac{\partial c}{\partial x} + v \frac{\partial c}{\partial y} + w \frac{\partial c}{\partial z} = D \frac{\partial^2 c}{\partial x^2} + D \frac{\partial^2 c}{\partial y^2} + D \frac{\partial^2 c}{\partial z^2}$$

oder

$$\frac{\partial c}{\partial t} + u_i \frac{\partial c}{\partial x_i} = D \frac{\partial^2 c}{\partial x_i \partial x_i} \qquad\qquad 6.22$$

In einer laminaren Strömung ist D ein Skalar und die Gl. 6.21 hat die Lösung

$$c(y,t) = \frac{B}{\sqrt{t}} \exp \left(- \frac{y^2}{4\,Dt} \right) \qquad\qquad 6.23$$

wobei B eine Konstante ist.

Für den Fall einer turbulenten Strömung kann man die Gl. 6.22 mit
$c = \bar{c} + c'$ und $u = \bar{u} + u'$ zu

$$\frac{\partial \bar{c}}{\partial t} + \bar{u}_i \frac{\partial \bar{c}}{\partial x_i} + \overline{u'_i \frac{\partial c'}{\partial x_i}} = D \frac{\partial^2 \bar{c}}{\partial x_i \, \partial x_i} \qquad\qquad 6.24$$

umformen. Da für Wasser $\partial u_i / \partial x_i = 0$ ist, kann man schreiben, daß

$$\overline{u'_i \frac{\partial c'}{\partial x_i}} = \frac{\partial}{\partial x_i} \overline{(c' u'_i)} \qquad\qquad 6.25$$

ist, so daß sich schließlich folgender Ausdruck ergibt (RAUDKIVI und
CALLANDER, 1975)

$$\frac{\partial \bar{c}}{\partial t} + \bar{u}_i \frac{\partial \bar{c}}{\partial x_i} = - \frac{\partial}{\partial x_i} \overline{(c' u'_i)} + D \frac{\partial^2 \bar{c}}{\partial x_i \, \partial x_i} \qquad\qquad 6.26$$

Das Glied in den Klammern ist der zeitliche Mittelwert des Transportes
bei Turbulenz, so daß man entsprechend der Diffusionshypothese, Gl.6.19,
schreiben kann

$$\overline{c' u'} = - D_{ij} \frac{\partial \bar{c}}{\partial x_j} \qquad\qquad 6.27$$

damit ergibt sich :

$$\frac{\partial \bar{c}}{\partial t} + \bar{u}_i \frac{\partial \bar{c}}{\partial x_i} = - \frac{\partial}{\partial x_i} \left(D_{ij} \frac{\partial \bar{c}}{\partial x_j} + D \frac{\partial \bar{c}}{\partial x_i} \right) \qquad\qquad 6.28$$

Der Diffusionsbeiwert für eine turbulente Strömung ist ein Tensor
zweiten Ranges, d.h. die Diffusivität kann verschiedene Werte in den
drei Richtungen haben, und die Werte können von Punkt zu Punkt verschie-
den sein. Wenn die Turbulenz homogen ist, hat man D_{ii}, (D_{xx}, D_{yy}, D_{zz}),
und wenn die Turbulenz auch isotropisch ist, wird D_{ij} ein Skalar, D_T,
dessen Wert im allgemeinen viel größer ist als der für molekulare Diffusion, d.h. D kann vernachlässigt werden. In diesem Falle besteht eine
Analogie zur molekularen Diffusion. Damit reduziert sich die Gl. 6.28
für stationäre Zustände in vertikaler Richtung zu

$$w \frac{dc}{dy} + \frac{d}{dy} \left(\varepsilon_s \frac{dc}{dy} \right) = 0 \qquad\qquad 6.29$$

wobei ε_s der Diffusionsbeiwert des Sedimentes ist. Eine einmalige
Integration führt zu

$$w c + \varepsilon_s \frac{dc}{dy} + A = 0$$

Die Konstante A ist Null, wenn die Konzentration an der Wasseroberfläche Null wird.

Das Kernproblem zur Lösung der Diffusionsgleichung für Suspensionen
(Gl. 6.29) ist die Beschreibung des ε_s-Wertes. Die Lösung von ROUSE beruht auf der Annahme, daß A = 0 ist, c = c_a auf y = a bekannt ist, und
$\varepsilon_s = \varepsilon$ dem Diffusionskoeffizienten der Turbulenz (Impulsaustausch)
gleich ist, so daß

$$\ln \frac{c}{c_a} = - w \int_a^y \frac{dy}{\varepsilon} \qquad\qquad 6.30$$

ist, die mit der logarithmischen Geschwindigkeitsverteilung verknüpft

$$\frac{dy}{\varepsilon} = \frac{\rho \frac{du}{dy}}{\tau_0 (1 - y/y_0)} \; dy$$

zu

$$\frac{c}{c_a} = \left[\left(\frac{y_0 - y}{y_0 - a} \right) \frac{a}{y} \right]^z \qquad\qquad 6.31$$

führt, wo z = $w/\kappa u_*$ ist. Die Gl. 6.31 ist auf Abbildung 6.6 dargestellt.

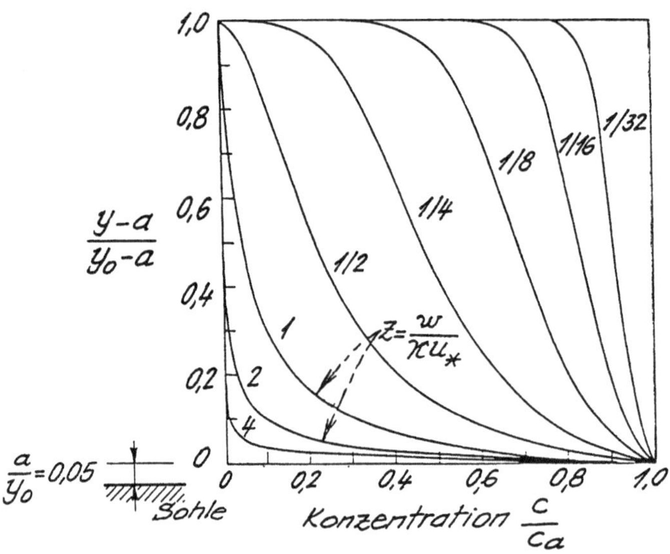

Abb. 6.6 : Verteilung des suspendierten Sediments in einer stationären
Strömung nach Gl. 6.31

Trotz vieler Annahmen ist diese Lösung vorliegenden Meßergebnissen sehr ähnlich, besonders wenn das Sediment fein und gleichkörnig ist, aber mit wachsender Breite der Korngrößenverteilung, und auch der Korngröße, werden die Unterschiede ziemlich groß. Eine Verbesserung erhält man, wenn die Korngrößenverteilung in Klassen aufgeteilt wird und sich nicht nur auf d_{50} bezieht. Lösungen der Einzelklassen sollten dann überlagert werden.

Verschiedene Veränderungen des z-Wertes sind versucht worden, z.B. in der Form $w/\beta\kappa u_*$. Es scheint, daß von diesen sich der Ausdruck

$$z = w^{0,7}/\kappa u_* \qquad\qquad 6.32$$

den Meßwerten am besten anpaßt (COLBY und HEMBREE 1955 ; NORDIN und DEMPSTER, 1963).

Weitere Probleme bestehen im Hinblick auf die KARMAN Konstante κ. Im Schrifttum ist die Auffassung verbreitet, daß κ mit wachsender Konzentration abnimmt. Diese Auffassung beruht hauptsächlich auf den Meßergebnissen von VANONI (1946) und VANONI und NOMICOS (1959). Der κ-Wert wurde über einer logarithmischen Geschwindigkeitsverteilung als $\kappa = \left[u_*/(u_m - u)\right] \ln y_0/y$ ermittelt, wobei die Geraden, auf der lognormalen Auftragung, an die Meßpunkte im Bereich oberhalb von etwa 70 % der Tiefe angepaßt wurden und nicht an die Punkte im Bereich der unteren 10 - 20 % der Wassertiefe, wie es z.B. die Gl. 5.13 erfordert. Es scheint, daß wenn die Geschwindigkeitsverteilung richtig eingesetzt wird, κ sich nicht unbedingt ändern muß, sondern daß der Koeffizient der Wirbelstärke ω mit der Konzentration wächst. Bei hohen Konzentrationen muß auch die effektive Dichte verwendet werden

$$\rho_e = \rho + (\rho_s - \rho)\, c \qquad\qquad 6.33$$

die wiederum in $\tau = \rho g y S_e$ einzusetzen ist, d.h. daß in einer bestimmten Höhe über der Sohle die effektive Dichte wie folgt berechnet werden kann

$$\rho_e = \rho + \frac{\rho_s - \rho}{y_0 - y} \int_y^{y_0} c\,dy \qquad\qquad 6.34$$

wobei y_0 die Tiefe ist. Hieraus geht hervor, daß die Schubspannungsgeschwindigkeit unbeeinflußt bleibt. Die Abhängigkeit des ω-Wertes von der Konzentration müßte man jetzt (κ = Konst.) als eine Funktion von einer RICHARDSON-Zahl ermitteln, wie sie in der Atmosphäre und Ozeanographie benutzt wird, wenn die Dichte sich mit der Höhe ändert.

Weitere Probleme bestehen bei dem ε_s-Wert. Die Meßwerte von COLEMAN
(1970) zeigen z.B., daß sich der ε_s-Wert mit der Korngröße ändert
(Abbildung 6.7). Danach haben größere Körner einen größeren ε_s-Wert als
kleinere, d.h. sie verbreiten sich mehr. Ein Grund dafür könnte sein, daß
die größeren Körner infolge ihrer Trägheitskraft (englisch "momentum")
das Wirbelsystem verlassen, d.h. die Bewegung des Wassers und die der
Körner lösen sich. Die größeren Körner werden durch die größeren und stärkeren Wirbel so beschleunigt, daß sie aus dem Wirbelsystem herausfliegen
und in ein benachbartes System gelangen. Die Hypothese wird durch Meßergebnisse aus Untersuchungen, die zur Zeit im CALIFORNIA INSTITUTE OF
TECHNOLOGY in PASADENA, USA, laufen, unterstützt. Dort wird mit Laser-
technik die Bewegung des Wassers (turbulente Schwankungen) und die der
Körner gemessen. Die Frequenz der Feinsandkörner scheint viel niedriger
als die der Turbulenz der Strömung zu sein.

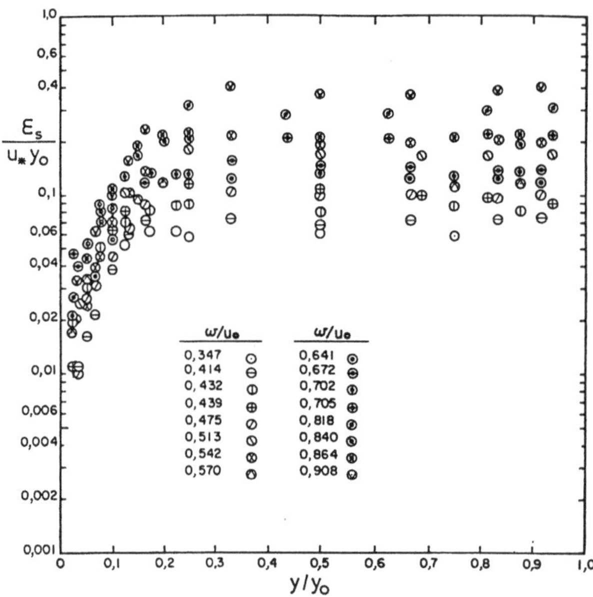

Abb. 6.7 : Dimensionsloser Diffusionskoeffizient nach COLEMAN (1970)

Nach COLEMAN ist der $\varepsilon_s/u_* y_0$-Wert über ungefähr 80 % der Tiefe mehr oder
weniger konstant, d.h. $\varepsilon_s \propto u_* y_0$ womit die Gl. 6.30 gleich

$$\frac{c}{c_a} = \exp\left[-\frac{1}{A}\frac{w}{u_*} \right] \qquad\qquad 6.35$$

wird, wobei A eine Konstante ist. Man sieht, daß für kleine Werte von w/u_*

die Verteilung der Konzentration gleichmäßig wird.

An der Sohle,wo du/dy ungefähr konstant ist, ist $\varepsilon \propto u_* y = \beta u_* y$, so daß von der Gl. 6.30

$$\ln \frac{c}{c_a} = \ln \left(\frac{y}{a}\right)^{-w/\beta u_*}$$

oder

$$c = c_a y^{-w/\beta u_*} \qquad\qquad 6.36$$

ergibt, mit einem c-Wert, der an der Sohle mit $y \to 0$ auf unendlich geht, jedoch zeigt

$$\int_a^y c\,dy = \frac{c_a}{(1- \frac{w}{\beta u_*})} \, y^{1-w/\beta u_*} \qquad\qquad 6.37$$

daß sich das Material hauptsächlich außerhalb der Zone, wo du/dy konstant ist, befindet, d.h. wenn $w/\beta u_* < 1$. Umgekehrt, wenn $w/\beta u_* > 1$ ist, befindet sich das Sediment vorwiegend in der Schicht der konstanten Schubspannung.

Es gibt viele Verfeinerungen zu den Suspensionsgleichungen, aber bis jetzt ist man noch nicht in der Lage, die folgende Frage zu beantworten :"Wieviel Sediment kann eine bestimmte turbulente Strömung tragen ?" Die Modelle gehen davon aus, daß das Sediment die Wasserströmung nicht beeinflußt und daß das Wirbelsystem der Turbulenz , das Zufallserscheinungen ("random") unterliegt, statistisch symmetrisch ist. Die Körner unter Wasser müssen aber durch eine im Mittelwert nach oben gerichtete Kraft getragen werden. Die Turbulenz wird an der Sohle erzeugt, und sie verbreitet sich in der Strömung von der Sohle ausgehend, aufwärts, wobei die Wirbel kleiner werden (Kaskaden des Energieflusses), so daß eine natürliche Asymmetrie vorhanden ist. Das Transportvermögen einer Strömung ist eine der wichtigsten ungelösten Probleme der Sedimentbewegung.

Eine Lösung dieses Problemes verlangt, daß die Struktur der Strömung in der unteren Grenzschicht mit berücksichtigt wird, wie dies im Zusammenhang mit Abbildung 8.15 noch behandelt werden wird. Die Unterdruckspitzen an der Sohle weisen eine flächenhafte und zeitliche Verteilung auf, die statistisch erfaßt werden kann. Eine derartige Unterdruckspitze bewirkt eine Injektion von Sand in die Strömung. Dieser Vorgang hängt mit Strömungszuständen zusammen, in erster Näherung mit u_*. Das bedeutet, daß die entsprechende Injektionsrate des Sandes ermittelt werden muß, **durch die** dann die Bezugskonzentration (c_a) ersetzt und eine logische Beziehung zwischen der Strömung und Suspension hergestellt werden kann.

Eines der einfachsten <u>Energiemodelle</u> wurde von BAGNOLD (1962) und
unabhängig von VLUGTER (1962) entwickelt. Die Masse der suspendierten Sedimente je Flächeneinheit, m, unterliegt der Wirkung der Gravitation und des
Auftriebes (Abbildung 6.8).

Die Erhaltung der Suspension bedarf einer Leistung $F_B w \cos \alpha$, und die Gewichtskomponente liefert eine Leistung von $(\frac{\rho_s - \rho}{\rho_s})mg \sin \alpha \, U_s$, wobei U_s
die Geschwindigkeit der Suspension ist. Der Unterschied muß durch die

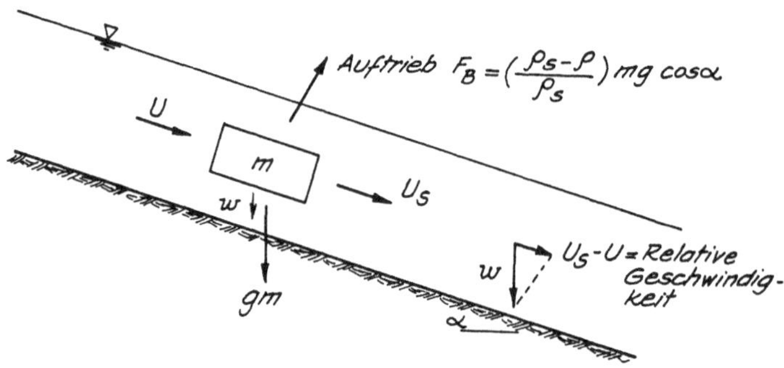

<u>Abb. 6.8 :</u> Schematische Darstellung von Kräften und Geschwindigkeiten
in einer Suspension

Strömung geliefert werden, d.h. der Netto-Leistungsbedarf P_N ist

$$P_N = (\frac{\rho_s - \rho}{\rho_s}) \, mg(w \cos \alpha - U_s \sin \alpha)$$

$$= (\frac{\rho_s - \rho}{\rho_s}) mgU_s \, (\frac{w}{U_s} \cos\alpha - \sin\alpha) \qquad\qquad 6.38$$

wobei U_s die Geschwindigkeit des Gemisches ist. Man sieht, daß die Netto-
Leistung auf Null geht, wenn $w = U_s \tan\alpha$ wird, d.h. die Leistung, die
die Gewichtskomponente der Suspension erbringt, genügt dem Leistungsbedarf,
so daß die Schwebstoffe sich selbst suspendieren, wenn $P_N \leqq 0$ ist.

Die Energiebilanz erfordert, daß die Energie der Gesamtmasse, die durch
die Gefälle, S, vorhanden ist, dem Gesamtenergieverlust gleich sein muß :

$$(m_s\rho_s + m\rho)gSU_s = m_s(\rho_s - \rho)g \, w \cos\alpha + m \, gU_s S \, (\frac{U_s^2}{U^2})$$

wobei (U_s^2/U^2) das Verhältnis der Energieverluste der Strömung mit Sediment zum Reinwasser ist. Die Energieübertragung von Wasser zum Sediment ist in dem Verhältnis berücksichtigt.

Damit wird

$$\rho_s m_s \, SU_s + \rho m \, SU_s = m_s(\rho_s - \rho)w \cos \alpha + m\rho \, U_s S\left(\frac{U_s^2}{U^2}\right)$$

$$m_s \left\{ SU_s - \left(\frac{\rho_s - \rho}{\rho_s}\right)w \cos \alpha \right\} = m \frac{\rho}{\rho_s} U_s S\left\{ \left(\frac{U_s^2}{U^2}\right) - 1 \right\}$$

$$\frac{m_s}{m} = \frac{\dfrac{\rho}{\rho_s} \left\{ \left(\dfrac{U_s}{U^2}\right)^2 - 1 \right\}}{1 - \dfrac{\rho_s - \rho}{\rho_s} \dfrac{w}{SU_s} \cos \alpha} \qquad\qquad 6.40$$

Mit $\rho_s = 2,5$ wird

$$\frac{0,4 \left\{ (U_s/U)^2 - 1 \right\}}{1 - 0,6\{w/SU_s\} \cos \alpha}$$

oder

$$c_{vol} = \frac{(U_s/U)^2 - 1}{1 - 0,6(w/SU_s) \cos \alpha}$$

Mit den Gl. 6.40 kann man auch die Fließgeschwindigkeit der Suspension näherungsweise ermitteln

$$U_s^2 = U^2 \left\{ 1 + \frac{\rho_s}{\rho} \frac{m_s}{m} \left[1 - \left(\frac{\rho_s - \rho}{\rho}\right) \frac{\rho}{\rho_s} \frac{w}{SU_s} \cos \alpha \right] \right\}$$

$$U_s = U \left[1 + c_v \left(1 - 0,6 \frac{w}{SU_s} \cos \alpha \right) \right]^{1/2} \qquad\qquad 6.41$$

wobei in erster Annäherung $U = U_s$ in die Klammern eingesetzt werden kann, da der Unterschied klein ist.

z.B.

$$d = 0,01 \text{ mm}, \quad w_{(mm/s)} = 663 \, d_{(mm)}^2 = 0,0663 \text{ mm/s}$$

$$S = 10^{-4}, \quad U = 0,7 \text{ m/s}, \quad c_v = 5 \%$$

$$U_s = 1,0107 \, U \approx 1,01 \, U \cong 0,708 \text{ m/s}$$

d.h. die Suspension bewegt sich etwa 1 % schneller als klares Wasser. Für den Fall, daß die Konzentration bekannt ist, ergibt sich mit $U_s = U + \Delta U$

$$c_v = \frac{1 + (U^2 + 2U\,\Delta U + \Delta U^2)/U^2}{0,6\ w/\{S(U + \Delta U)\} - 1} \simeq \frac{2\Delta U/U}{0,6w/SU} = \frac{S\Delta U}{0,3w}$$

$$\Delta U \simeq \frac{0,3\ wc}{S} = \frac{0,3 \times 0,663 \times 10^{-4} \times 0,05}{10^{-4}} \simeq 0,01\ m/s$$

Die Diffusionsmodelle beruhen auf der Annahme, daß das Sediment von
der Sohle aus in die Strömung gelangt. Beim Energiemodell wird diese
Annahme nicht benötigt. Eine Suspension kann auch durch "Einmischung"
entstehen, z. B. Einmündung einer mit Sediment geladenen Strömung
in ein zweites Gerinne oder durch Großwirbel ("vortices") im Strom.
Bei der Einmischung wird gewöhnlich angenommen, daß die mittlere Konzentration bekannt ist, und wenn ablagerungsfreier Transport vorherrscht
baut sich eine Konzentrationverteilung auf.

In Flüssen und Kanälen sind die Geschwindigkeitsänderungen bei hohen
Schlammkonzentrationen zu berücksichtigen. In Staubecken und im Meer spricht
man hier von Schwereströmungen. Es muß jedoch betont werden, daß die Strömung bei sehr hoher Konzentration ganz deutlich nicht-newtonsche Eigenschaften aufweist.

In Flüssen und Kanälen, die während des Hochwassers mit Schlamm belastet
werden (Schwebstoff),kann man die Wassergeschwindigkeit immernoch mit
Hilfe der Methoden für die Wasserstandsberechnung ermitteln, da der suspendierte Schlamm die Sohlenform nicht nennenswert beeinflußt. In diesen
Fällen liegt eine fast gleichmäßige Verteilung des feinkörnigen Materials
sowie der Konzentrationsverteilung des Geschiebes in Sohlnähe vor.

Die Suspension eines feinkörnigen Materials in Kanälen oder Rohrleitungen
ist sehr stark von der Turbulenzintensität abhängig. In glatten Rohren
beginnt die Ablagerung des suspendierten Materials bei höheren Geschwindigkeiten früher als in rauhen Rohren, in denen mehr Turbulenz an der
Wand erzeugt wird.

Der Transport in Suspensionen kann nach EINSTEIN (1950) oder BROOKS (1956,
RAUDKIVI (1978) Seite 198) leicht berechnet werden. Das Transportvolumen
je Breiteneinheit ist

$$q_s = \int\limits_y^{y_0} cu\ dy = \int\limits_{y=a}^{y_0} c_a \left(\frac{y_0 - y}{y}\ \frac{a}{y_0 - a}\right)^Z 5,75\ u_* \ \lg\left(\frac{30,2y}{\Delta}\right)\ dy \qquad 6.42$$

wobei die Geschwindigkeitsverteilung nach KEULEGAN eingesetzt ist und
Δ aus Gl. 6.8 eingeführt wurde.   Die Gl. 6.42 führt zu

$$q_s = 11,6 \; u_* c_a \; a\{2,303 \; \log(\frac{30,2y_0}{\Delta})I_1 + I_2\} \qquad\qquad 6.43$$

wobei

$$I_1 = \{0,216 \; A^{z-1}/(1-A)^z\} \int_A^1 \{(1-y)/y\}^z \, dy$$

$$I_2 = \{0,216 \; A^{z-1}/(1-A)^z\} \int_A^1 \{(1-y)/y\} \; \ln y \, dy$$

$$A = a/y_0$$

Die Werte von I_1 und I_2 sind graphisch dargestellt. Für allgemeine Querschnitte wird die Formel mit $y = m$, dem hydraulischen Radius, benutzt.

Mit der Annahme, daß $a = 2d$ und daß auf diese Höhe $c_a = i_B q_B/11,6 \; u_* a$ ist, wobei $i_B q_B$ dem Anteil der Bodenfracht entspricht, der mit der Korngrößenklasse i_B verbunden ist, dann wird aus Gl. 6.43

$$i_s q_s = i_B q_B \{2,303 \; \log(\frac{30,2 \; y_0}{\Delta})I_1 + I_2\} \; . \qquad\qquad 6.44$$

BROOKS benutzte die Konzentration auf halber Wassertiefe ($a = y_0/2$), womit sich aus der Gl. 6.31 $c/c_{md} = \{(y_0 - y)/y\}^z$ ergibt, dies führt zusammen mit der logarithmischen Geschwindigkeitsverteilung zu

$$\frac{q_s}{q c_{md}} = \frac{\bar{c}}{c_{md}} = J_1 + (J_1 - J_2)\frac{u_*}{\kappa U} = T(\frac{\kappa U}{u_*}, \; z, \; n_0)$$

wobei $J(z, n_0)$ die Integrale der EINSTEIN-Lösung sind, die in Tabellenform vorhanden sind. Es folgt auch, daß $\bar{c}/c_{md} = (\bar{c}/c_a)\{(y_0 - a)/a\}^z$ ist, aber das Problem ist die Konzentration bei $y = a$. Man kann drei untere Grenzen wählen

$$n_0 = \frac{2d}{y} \; ; \qquad n_0 = \exp\{- (\frac{\kappa U}{u_*} - 1)\} \; ; \qquad n_0 = (c_{md}/c_B)^{1/z}$$

wobei die erste der von EINSTEIN entspricht, die zweite den Wert angibt, wo $u = 0$ ist und die dritte Grenze dort liegt, wo die Konzentration gleich der des Bettes ist. Da die Konzentration an der Sohle hoch ist,

ergeben sich große Unterschiede durch die Annahme von c_a in den errechneten suspendierten Transportraten.   Das Problem wird noch verwickelter,
wenn die Sohle mit Transportkörpern bedeckt ist, wodurch sich die Intensität
der Turbulenz mit der Größe der Transportkörper ändert.

Es soll noch erwähnt werden, daß die Berechnungsmethoden der suspendierten Frachten auf dem PRANDTL-KARMAN Geschwindigkeitsgesetz beruhen.
Genau genommen müßte man die Gl. 5.11 in Gl. 6.42 einführen.

6.3 Gesamtfracht

Es gibt eine Anzahl von Methoden, mit denen die gesamte Geschiebefracht
auf einmal ermittelt werden kann. Die meisten Methoden stellen dabei überwiegend eine Anpassung an Meßwerte dar und sind öfters von graphischen
Hilfsfunktionen begleitet.

Die EINSTEIN-Methode führt einfach zu

$$i_T g_T = i_B g_B \left[2,303 \log \left(\frac{30,2 \, y_o}{\Delta} \right) I_1 + I_2 + 1 \right]$$
6.45

wobei g_T die Gesamtfracht als Gewicht je Breiteneinheit ist (Gesamtfracht,
wenn der hydraulische Radius m benutzt wird).

Für Ströme mit Dünen, $d_{50} > 0,15$ mm und $u_* d_{50}/\nu > 12$ hat ENGELUND (1966,1967)

$$f \, \phi = 0,1 \theta^{5/2}$$
6.46

vorgeschlagen (oder $q/u_* d = 0,05(U/u_*)^2 \, \theta^2$) wobei

$$\phi = \frac{q_T}{\sqrt{(S_s - 1) g d_{50}^3}}$$

$$f = \frac{2 g y_o S}{U^2} = 2 \left(\frac{u_*^2}{u} \right)$$

$$\frac{U}{\sqrt{g y'_o S}} = 0,6 + 2,5 \ln \frac{y'_o}{2,5 \, d_{50}}$$

ist und y'_o mit Gl. 5.17 ermittelt wird.
Die Berechnung wird durch eine graphische Darstellung erleichtert (Abb. 6.9)

Eine ähnliche Beziehung für den Gesamttransport wurde von BOGARDI (1965)
entwickelt, wonach

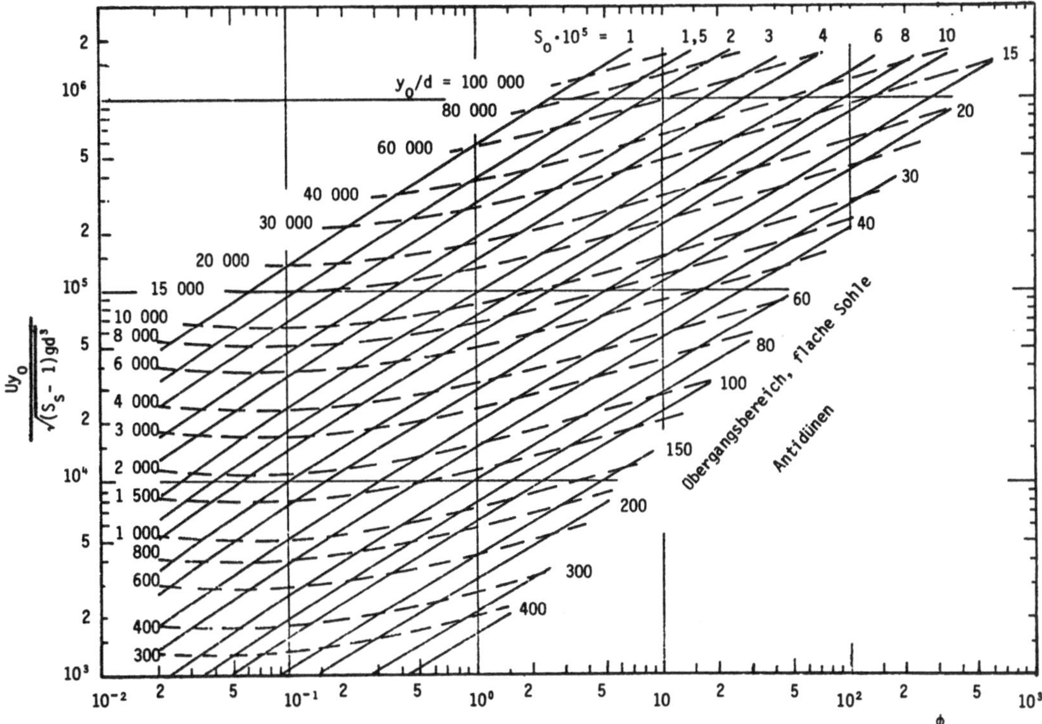

Abb. 6.9 :   Die Sedimentfracht nach ENGELUND (1966, 1967)

$$\frac{\bar{c}}{(\frac{d}{m})^{7/6} \; (\frac{\tau_0}{\tau_c} - 1)} = f(\frac{gd}{u_*^2} , d) \qquad\qquad 6.47$$

ist und die Funktion $f(gd/u_*^2 , d)$ graphisch dargestellt ist.   Oder die von LAURSEN (1958)

$$\bar{c} = \Sigma i \; (\frac{d_i}{y_0})^{7/6} \; (\frac{\tau_0'}{\tau_{ci}} - 1) \; f(\frac{u_*}{w}) \qquad\qquad 6.48$$

wo die Funktion $f(u_*/w)$ graphisch für Meßwerte dargestellt ist, und

$$\tau_0' = \frac{\rho U^2}{7,66^2} \; (\frac{d}{y_0})^{1/3} \simeq \frac{\rho U^2}{58} \; (\frac{d_i}{y_0})^{1/3}$$

und

$$\tau_{ci} = \theta_c g (\rho_s - \rho) d_i$$

sind, wo der Index i die Korngrößenklasse bezeichnet.

Eine empirische Methode, die auf sehr umfangreichen Meßergebnissen beruht, wurde bei WHITE (1972) aufgestellt. Drei dimensionslose Gruppen von Variablen wurden den Daten angepaßt mit F_{gr} in Abhängigkeit von D_{gr} mit G_{gr} als einem Parameter, wobei

$$F_{gr} = \frac{u_*^n}{\sqrt{gd(S_s-1)}} \left[\frac{U}{\sqrt{32} \, \log 10 \, y_0/d} \right]^{1-n}$$

$$D_{gr} = d \left[\frac{g(S_s-1)}{\nu^2} \right]^{1/3}$$

$$G_{gr} = \frac{X y_0}{S_s d} \left(\frac{u_*}{U} \right)^n$$

und X der Massentransport des Sedimentes (kg s^{-1}) je Einheit der Transportrate der Masse sind. Formal wurde G_{gr} als

$$G_{gr} = C \left(\frac{F_{gr}}{A} - 1 \right)^m \qquad\qquad 6.49$$

ausgedrückt, wo die Faktoren A, C, m und n als Funktion von D_{gr} angegeben sind (Abbildung 6.10).

Die Frage, welche Formel die beste ist, läßt sich nicht beantworten. Sie sind alle in einem gewissen Umfang empirisch und wenn sie über den Bereich der zugehörigen Meßwerte angewendet werden, wird erwartet, daß die errechneten Transportraten von der richtigen Größenordnung sind, umgekehrt können die Abweichungen jedoch auch ganz beträchtlich sein. Öfters sind die Formeln auch mit den Eigentümlichkeiten des Landes, in denen sie entwickelt wurden, behaftet, z.B. Gebirgsflüsse in Verbindung mit Kies (Schweizer Schule), Feinsandtransport in Verbindung mit großen Flüssen (z.B. Midwest, USA) usw.

Die meisten Transportformeln beruhen auf der Sohlschubspannung, τ_0 oder u_*, oder auf der Stromkraft $P = \tau_0 U = \rho u_*^2 U$. Wenn man jetzt mit einem mathematischen Modell dasselbe Resultat über die Geschwindigkeit, U, oder den Abfluß, q, erhalten will, d.h. mit $q_B = aU^b$, muß b eine Funktion der Tiefe sein. Es empfiehlt sich daher, den Transport als eine Funktion der Sohl-

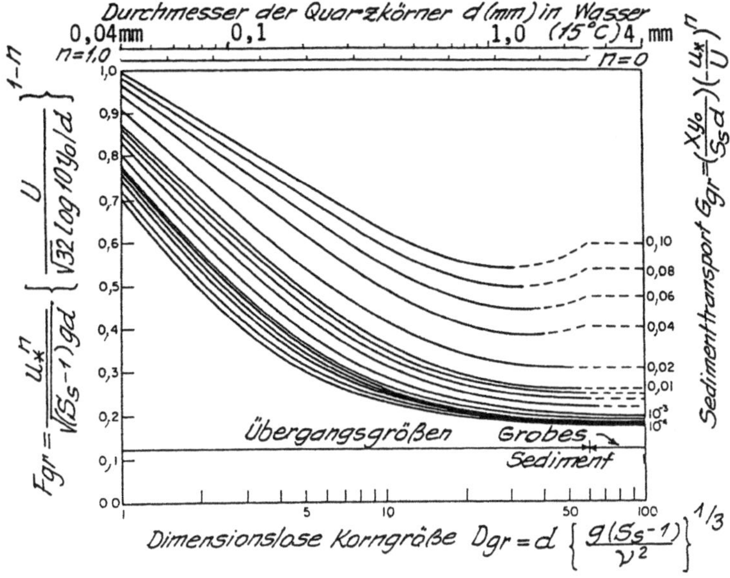

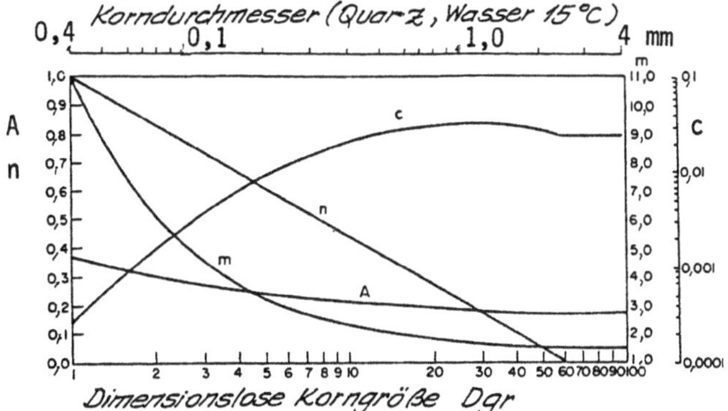

Abb. 6.10: Transportfunktion des Sedimentes und Parameter nach WHITE (1972).

schubspannung, oder Stromkraft, in das Modell einzuführen. Sogar dann
scheint es nach Gl. 6.16 so, daß die Tiefe und Korngröße eine Rolle spielen. Dies geht auch aus Gl. 6.49 hervor, wo F_{gr} eine Art Stromkraft
($\propto u_*^n \, U^{1-n}$) darstellt, d.h. Tiefe und Korngröße muß man noch zusätzlich
berücksichtigen.

6.4 Transport in einer Tideströmung

In einigen Flußmündungen ist das Sediment sehr feinkörnig - herunter bis
zu losem geflocktem Schlamm - der schon bei einer geringen Sohlschubspannung suspendiert wird und Transportkörper in den gewöhnlichen Formen sich
daher nicht entwickeln können. Unter solchen Umständen tritt über den
Verlauf einer Tide sowohl Erosion als auch Ablagerung auf, wie schematisch
auf Abbildung 6.11 gezeigt wird. Der Unterschied zwischen u_{*c} und u_{*s}
ist vorwiegend auf eine zeitliche Verzögerung zurückzuführen, d.h. das
suspendierte Sediment benötigt eine gewisse Zeit, um sich abzulagern.
Feine Sedimente jedoch werden in suspension gehalten infolge etwas ge-
ringerer Sohlschubspannung als die für den Bewegungsbeginn aus dem ab-
gelagerten Zustand erforderliche Sohlschubspannung.

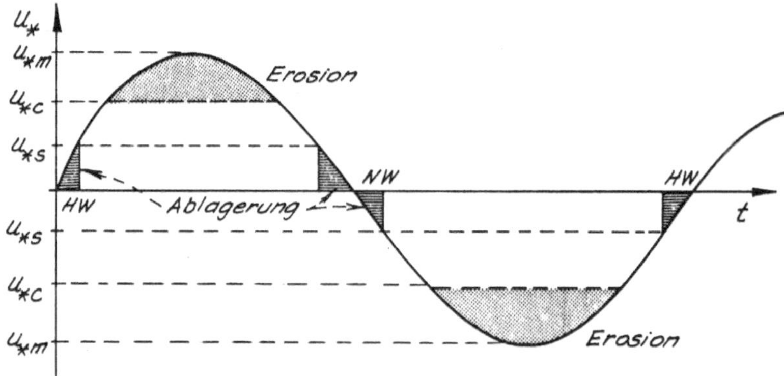

<u>Abb. 6.11 :</u> Erosion und Ablagerung über die Dauer einer Tide

Bei derartigen Sedimenten ist der Überschuß in der Sohlschubspannung
nicht groß und man kann näherungsweise annehmen, daß die Erosion der
Differenz ($\tau_o - \tau_c$) proportional ist, d.h. die Masse, M, die je Flächeneinheit erodiert wird, ist

$$\frac{dM}{dt} = K\left[\left(\frac{u_*}{u_{*c}}\right)^2 - 1\right] \qquad\qquad 6.50$$

wobei die Konstante K eine Funktion des Sedimentes ist und $\tau_o = \rho u_*^2$
über die Dichte der Suspension errechnet werden kann.

Ähnlich kann man für Ablagerung vorgehen

$$\frac{dM}{dt} = cW \left[1 - \left(\frac{u_*}{u_{*S}}\right)^2 \right] \qquad 6.51$$

wobei c die volumetrische Konzentration ist.

Während der Tidephase hat man abwechselnd Erosion, Transport, Ablagerung und Konsolidation, wovon der letzte Vorgang von dem Sediment und der Ablagerungsdicke abhängt (MIGNIOT, 1968).

Die Parameter u_{*C}, u_{*S}, K und w muß man in Laborversuchen ermitteln. Die Menge des Sedimentes, die während einer Halbperiode der Tide erodiert oder abgelagert wird, kann dann durch die Integration von Gl. 6.50 und 6.51 ermittelt werden, wobei die Schubspannungsgeschwindigkeit u_*, K, c und w als Funktion der Zeit bekannt sein müssen.

Bei festeren Böden muß man $(u_*/u_{*C})^b$ einführen, wobei b etwa zwischen 3 und 5 liegt und sogar höher liegen kann, wenn die Transportraten klein sind. Wenn die Wassertiefe und Korngröße sich nicht nennenswert ändern, kann deren Einfluß in der Konstante berücksichtigt werden.

In manchen Regionen gibt es an der Küste Lagunen, die mit der See durch eine kurze Rinne verbunden sind. Die Strömungsrichtung in dieser Rinne alterniert mit der Tide. Diese Lagunen sind häufig Buchten, die durch eine Nehrung von der See abgeschnitten sind. Sie weisen daher allgemein keine nennenswerte Süßwassereinflüsse auf, abgesehen von zufallsbedingten Hochwassereingüssen aus Binnenlandzuflüssen. Vorwiegend stehen Lagunen mit dem Sedimenttransport entlang der Küste in Verbindung (Abb. 6.12).

Die Verbindungsrinne zwischen Lagune und offener See ist im Gleichgewicht mit dem Küstenlängstransport von Sedimenten, der bestrebt ist, die Rinne zu schließen. Aus Beobachtungen geht hervor, daß die mittlere Geschwindigkeit der Tideströmung im Mündungsquerschnitt nur wenig größer ist als die Geschwindigkeit, die den Bewegungsbeginn des Sandes kennzeichnet, d.h. die Geschwindigkeit liegt in der Größenordnung von 0,6 bis 0,8 m/s. Mit dieser Angabe kann der Fließquerschnitt abgeschätzt werden :

$$\begin{bmatrix} \text{Volumen in der Lagune} \\ \text{zwischen Hoch- und} \\ \text{Niedrigwasser (das} \\ \text{Tideprisma) P} \end{bmatrix} = \begin{bmatrix} \text{Strömungsvolumen} \\ \text{über Halbtide} \end{bmatrix} = \frac{\overline{U}FT}{2}$$

oder

$$F \simeq \frac{2P}{\overline{U}T} \qquad 6.52$$

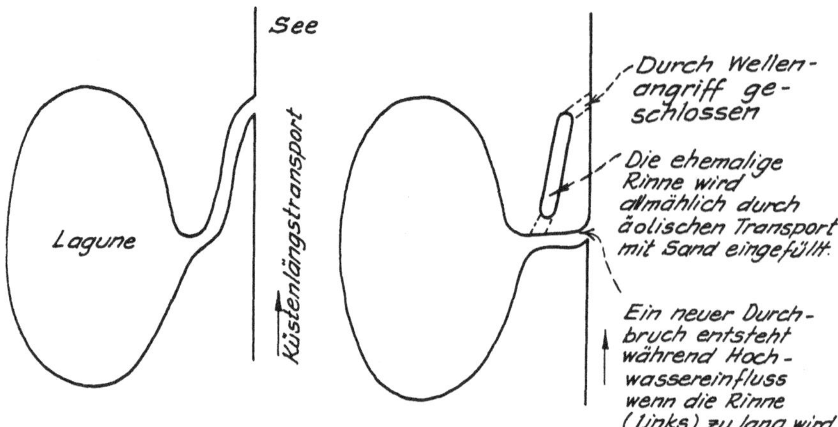

Abb. 6.12 : Schematische Darstellung einer Lagune an der Küste
mit Sedimenttransport

wobei F die Querschnittsfläche, $\overline{U}$ die mittlere Geschwindigkeit und T die
Tideperiode sind. Meistens ist die Tideperiode 12,4 Stunden und mit
$U = 0,7$ m/s ist die Größenordnung von $F = 6 \cdot 10^{-5}$ P, worin F in m^2 und
P in m^3 gemessen wird. Diese Beziehung ist als die O'BRIEN-Gleichung bekannt.

Mit Lagunen sind eigentlich zwei Probleme verbunden, das erste ist die
Größe der Verbindungsrinne und das zweite ist das Verhalten der Tide innerhalb der Lagune. Die Bewegungsgleichung für eine eindimensionale Pro-
blemstellung (Abb. 6.13) ist

$$\frac{\partial u}{\partial t} + u \frac{\partial u}{\partial x} = -\frac{1}{\rho} \left(\frac{\partial p}{\partial x} + \frac{\partial \tau}{\partial y} \right) \qquad\qquad 6.53$$

Hierin entsteht $\partial p/\partial x$ durch die Neigung der Wasseroberfläche und ist von
der Größenordnung $(\eta - \eta_0)/L$, wobei für eine sinusförmige Tidewelle

η_0 = (H/2) sin (2 πt/T) ist. Das Glied $\partial\tau/\partial y$ **gibt den Reibungswiderstand**
an der Sohle an ; $\tau_0 = \rho\, gU^2/C^2$, worin C der CHEZY-Beiwert ist.

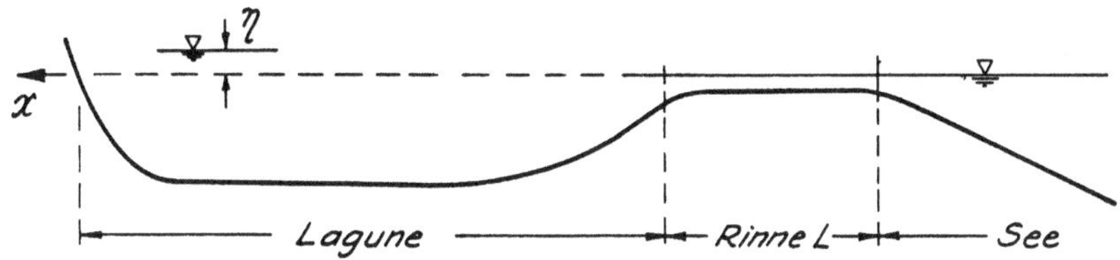

Abb. 6.13 : Schematische Anordnung von Lagune und Rinne

Die Größenordnung der Glieder ist wie folgt :

$\dfrac{U}{T}$	$\dfrac{U^2}{L}$	$g(\eta - \eta_0)$	$\dfrac{gU^2}{C^2 y}$
10^{-5}	10^{-3}	(1 bis 5) $\cdot$ 10^{-3}	(1 bis 3) $\cdot$ 10^{-3}

d.h., daß als Näherung $\partial u/\partial t$ vernachlässigt werden kann. Die Gl. 6.53 dann
mit Bezug auf x integriert, liefert

$$\frac{U^2}{2} = - g\,(\eta - \eta_0) - gU^2\,\frac{L}{C^2 m} \qquad\qquad 6.54$$

Das erste Glied gibt den Energieverlust am seewärtigen Ende der Rinne an,
das zweite den Höhenunterschied über die Länge der Rinne und das dritte
Glied den Energieverlust durch Reibung, worin mit m der hydraulische Radius
der Rinne gemeint ist. Damit wird

$$\eta = \eta_0 - \frac{U^2}{g}\left[\frac{1}{2} + \frac{gL}{C^2 m}\right] \qquad\qquad 6.55$$

Die Kontinuitätsbedingung ist

$$UF = \frac{d\eta}{dt}\,F_L \qquad\qquad 6.56$$

wobei F_L die Wasseroberfläche der Lagune ist. Wenn der Wasserstand in der See durch $n_0 = (H/2) \sin (2\pi\, t/T)$ gegeben ist, kann man zuerst durch Gleichsetzen von Gl. 6.55 und Gl. 6.56 den Parameter U eliminieren

$$n = n_0 - \left(\frac{F_L}{F}\right)^2 \left(\frac{dn}{dt}\right)^2 \left(\frac{1}{2} + \frac{gL}{C^2 m}\right) \qquad 6.57$$

und dann n_0 einführen, womit

$$\frac{dn}{dt} = (g)^{1/2}\, \frac{F}{F_L} \left(\frac{2C^2 m}{C^2 m + 2gL}\right)^{1/2} \left(\frac{H}{2} \sin \frac{2\pi t}{T} - n\right)^{1/2} \qquad 6.58$$

ist, und durch "finite Differenzen" Methode den zeitlichen Verlauf des Wasserstandes in der Lagune ermitteln:

$$\Delta n = (g)^{1/2}\, \frac{F}{F_L}\, \left(\frac{1}{2} + \frac{gL}{C^2 m}\right)^{-1/2} (n_0 - n)^{1/2}\, \Delta t \qquad 6.59$$

Eine weitere Annahme, daß $\overline{n}/y = \varepsilon \ll 1$ ist, führt zur weiteren Vereinfachung.

7 Sedimenttransport unter Welleneinwirkung

Unter der Einwirkung von Wellen ergeben sich Strömungsprobleme, die in jedem Augenblick instationär sind, dazu ändert sich die Richtung der Strömung periodisch und das Wasser wird periodisch beschleunigt und verzögert. Ein derartiger Strömungsvorgang macht eine Analyse der Sedimentbewegung noch schwieriger als sie schon für eine stationäre Strömung ist. Jedoch in zeitlichen Mittelwerten kann der Massentransport des Sedimentes als stationär angesehen werden.

Für Wellen mit langer Periode und Tideströme sind die Trägheitskräfte und Kräfte, die durch Druckgradienten verursacht werden, verhältnismäßig gering. In einer ersten Näherung kann man den Strömungsvorgang mit Inkrementen einer stationären Strömung ersetzen.

Bei kurzen Wellen, besonders denen, die in Wellenbecken erzeugt werden, sind die Kräfte, die durch die Unstetigkeit der Bewegung entstehen, nicht mehr unbedeutend. Man stößt aber schon bei der Beschreibung der Wasserbewegung am Boden auf Schwierigkeiten. Bei regulären Wellen kann man brauchbare Beschleunigungswerte aus der linearen Wellentheorie errechnen, aber sie beschreibt den Massentransport nicht, so daß auf Wellentheorien höherer Ordnung zurückgegriffen werden muß. Die Probleme nehmen weiterhin stark zu, wenn man von Einzelheiten zu einem Wellenspektrum übergeht. Sogar bei Einzelwellen gibt es noch immense Probleme, wenn diese in Flachwasser einlaufen, d.h. dort,wo die Wassertiefe abnimmt. Das ist aber genau der Bereich, auf dem das Hauptinteresse liegt, d.h. an der Küste. Hier hat man es mit nichtlinearen Wellen zu tun, die sich mit der Tiefe ändern. Für eine Einzelwelle wäre eine numerische Lösung für einen Punkt, x, möglich, aber bei einem Wellenspektrum ändern sich die Werte an einem Punkt auch mit der Zeit.

Der Transport unter Welleneinwirkung unterscheidet sich von dem in einer stationären Strömung grundsätzlich dadurch, daß das Sediment durch die Wellen suspendiert wird und daher auch bei sehr schwach ausgebildeten Strömungen transportiert werden kann, d.h., daß das Sediment nicht durch die Transportgeschwindigkeit in Bewegung gesetzt zu werden braucht. Die Riffel, die sich an der Sohle bilden, erzeugen sedimentangereicherte Wirbel und erhalten den Sand in Suspension.

Auch der Bodendruck, der durch Wellen verursacht wird, übt einen gewissen Einfluß aus. Das Wasser, das beim Durchgang des Wellenkammes in den Boden eindringt, läuft unter dem Wellental wieder heraus. Durch diesen Vorgang können Treibsand-Zustände auftreten.

Druckmessungen in der Sohle zeigten an der Forschungsstelle LUBIATOWO (Polnische Akademie der Wissenschaften, 1980), z.B. mit dem statistischen Mittelwert der Windwellenhöhe $\overline{H}$ = 1,125 m (Wassertiefe 7,30 m) eine mittlere Doppelamplitude der Druckschwankungen in 0,55 m Tiefe in der Sohle von 0,743 mWS, nur 0,025 mWS weniger als 0,55 m über der Sohle.

Obwohl es allgemein geläufig ist, von Bodenfracht und Suspensionsfracht zu sprechen, ist eine derartige Unterteilung bei Welleneinwirkung noch weniger sinnvoll als bei stationärer Strömung. Nur bei extremem Seegang bildet sich eine flache Sohle aus, und eine Schicht von Körnern bewegt sich hin und her. Diese verlagert sich mit der mittleren Transportgeschwindigkeit an der Sohle. Auch wenn der Bewegungsbeginn der Körner bereits überschritten ist, aber noch keine Wirbelriffel entstanden sind, kann man von Bodenfracht sprechen. Über den großen Bereich, in dem die Wellen Wirbelriffel an der Sohle bilden, wird das Sediment zunächst suspendiert und es "regnet" auf den Boden. Der Transport entsteht nicht als Folge einer Verschiebung der Körner auf dem Boden, sondern durch Verlagerung des bodennahen suspendierten Sandes durch die Massentransportgeschwindigkeit, sowie durch überlagernde Strömungen und weitere von der Wellenform abhängige Einflüsse, die einzeln oder zusammen die Sandwolke treiben. Die Richtung kann man aus der Riffelform erkennen, da die Riffel in der Netto-Transportrichtung asymmetrisch sind.

7.1 Über Wasserbewegung unter Wellen

Obwohl man die Wellenbewegung schon lange erforscht hat, gibt es noch viele Probleme ohne eine exakte Lösung, besonders auf dem Gebiet der Flachwasserwellen, aber das ist ein Thema für sich. Hier werden nur einige geläufige Formeln für eine Anwendung aufgeführt.

<u>Die Airy oder lineare Wellentheorie</u> ist die einfachste und trotz aller Annahmen für den täglichen Gebrauch sehr nützlich. Daraus erhält man für die Verteilung der Orbitalgeschwindigkeit in horizontaler Richtung

$$u = \frac{\pi H}{T} \, \frac{\cosh\{k(h + y)\}}{\sin kh} \, \sin(kx - \omega t) \qquad\qquad 7.1$$

und du/dt liefert die dazugehörige Beschleunigung, wobei $k = 2\pi/\lambda$; $\omega = 2\pi/T$; H,T und λ sind bzw. Wellenhöhe, Periode und Wellenlänge und h die Wassertiefe bedeutet. Die Koordinaten beginnen an der Oberfläche des Ruhewasserspiegels, wobei die positive y-Achse senkrecht aufwärts gerichtet ist. Die Verteilung der Maximalwerte ist

$$u_{max} = \frac{\pi H}{T} \ \frac{\cosh[k\,(h + y)]}{\sinh kh} \qquad\qquad 7.2$$

woraus sich der mittlere Wert über T/2 wie folgt ergibt

$$\bar{u} = \frac{2\pi}{T} \ \frac{\cosh[k\,(h + y)]}{\sinh kh} \qquad\qquad 7.3$$

Die horizontale Halbachse der Orbitalbewegung ist

$$\alpha = \frac{H}{2} \ \frac{\cosh[k\,(h + y)]}{\sinh kh} \qquad\qquad 7.4$$

An der Sohle ist

$$u_{max/h} = \frac{\pi H}{T} \ \frac{1}{\sinh kh} \qquad\qquad 7.5$$

und

$$\alpha_h = \frac{H}{2} \ \frac{1}{\sinh kh} \qquad\qquad 7.6$$

d.h.

$$u_{max/h} = u_{sm} = \omega\alpha_h.$$

Der Druck, der durch die Wellenbewegung entsteht, ist gegenüber dem statischen Druck

$$\Delta p \simeq \frac{1}{2} \rho g H \ \frac{\cosh[k\,(h + y)]}{\cosh kh} \ \sin(kx - \omega t) \qquad\qquad 7.7$$

Die Wellenenergie als Leistung je Flächeneinheit ist

$$P = (\tfrac{1}{2}\,\rho g a^2) \ c \left[\tfrac{1}{2}\,(1 + \frac{2\,kh}{\sinh 2\,kh})\right] = E\,c\,n \qquad\qquad 7.8$$

wobei c = ω/k = die Geschwindigkeit der Wellenform = λ/T

$$c = \sqrt{\frac{g\lambda}{2\pi}} \ \tanh kh \qquad\qquad 7.9$$

und a = H/2 ist.

98

Die Änderung der Wellenhöhe ist

$$H = H_0 \left(\frac{n_0 c_0}{n c}\right)^{1/2} \left(\frac{s_0}{s}\right)^{1/2} \qquad 7.10$$

wobei s - der Abstand zwischen den Wellen-Orthogonalen ist, und der Index "o" die Tiefwasserwerte bezeichnet.

Die lineare Theorie liefert keine Aussagen über den Massentransport, der durch die Wellenbewegung hervorgerufen wird. Dazu ist auf Theorien höherer Ordnung zurückzugreifen.

Die <u>STOKES-Theorie</u> liefert für die horizontale Orbitalgeschwindigkeit

$$u = \frac{\pi H}{T} \left[\frac{\cosh k(h + y)}{\sin kh}\right] \cos (kx - \omega t)$$

$$+ \frac{3}{4} \left(\frac{\pi H}{T}\right) \left(\frac{\pi H}{\lambda}\right) \frac{\cosh 2 k (h + y)}{\sinh^4 kh} \cos 2 (kx - \omega t) \qquad 7.11$$

Das erste Glied ist dasselbe wie in Gl. 7.1, das zweite Glied weist die doppelte Frequenz auf, so daß Werte zu addieren bzw. zu subtrahieren sind.

Die Verteilung der mittleren Massentransportgeschwindigkeit ist

$$\overline{U} = \frac{1}{2} \left(\frac{\pi H}{T}\right) \left(\frac{\pi H}{\lambda}\right) \frac{\cosh 2 kh (h + y)}{\sinh^2 kh} + C \qquad 7.12$$

wobei die Konstante C für den Null Netto-Transport $\overline{U}_n$ gleich

$$C = - \frac{a^2 \omega \sinh 2 kh}{4 h \sinh^2 kh} = - \frac{a^2 \omega}{2 h} \coth kh \qquad 7.13$$

ist, wobei a = H/2 ist, d.h.

$$\overline{U} = \frac{1}{2} \left(\frac{\pi H}{T}\right) \left(\frac{\pi H}{\lambda}\right) \frac{\cosh 2k(h + y) - \frac{\lambda}{4\pi h} \sinh kh}{\sinh^2 kh} \qquad 7.14$$

Im Tiefwasser für kh >> 1 geht $\overline{U}$ über in

$$\overline{U}_0 = a^2 k \omega e^{-2ky} + C$$

und

$$\overline{U}_{no} = \left(\frac{\pi H}{T}\right) \left(\frac{\pi H}{\lambda}\right) \left(e^{-2ky} - \frac{\lambda}{4\pi h}\right) \qquad 7.15$$

<u>LONGUET-HIGGINS</u> (1953) leitete für $\overline{U}$ im Inneren des Feldes die Lösung ("conduction solution") wie folgt ab :

$$\overline{U} = \frac{a^2 \omega k}{4\,\sinh^2 kh}\,\Big[\,2\,\cosh 2kh\,(\eta - 1) + 3 + kh\,\sinh 2kh\,(3\eta^2 - 4\eta + 1)$$
$$+ 3\,\Big(\frac{\sinh 2kh}{2\,kh} + \frac{3}{2}\Big)\,(\eta^2 - 1)\Big]\qquad 7.16$$

wobei $\eta = y/h$ ist, dies ist in Abbildung 7.1 dargestellt.

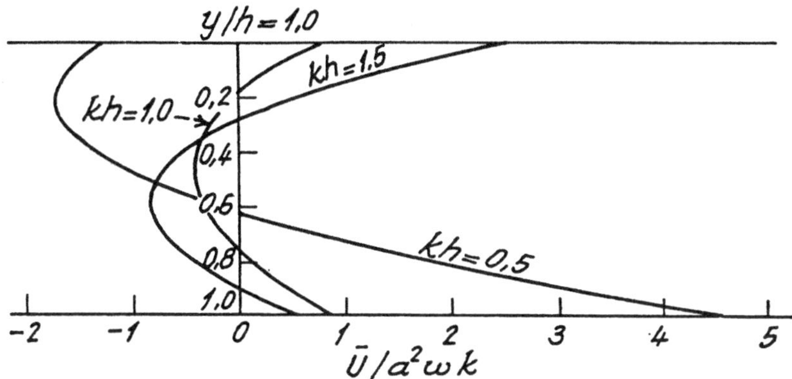

Abb. 7.1 : Profile der Massentransportgeschwindigkeit für progressive
Wellen mit kh = 0,5 ; 1,0 und 1,5 nach Gl. 7.16
(LONGUET-HIGGINS, 1953)

Obwohl diese Lösung nur für eine sehr dünne Grenzschicht im Verhältnis zur
Wellenamplitude gelten sollte, da sich sonst die Wirbel von der Sohle in
das Feld ausbreiten würden, hat es sich gezeigt, daß diese Lösung mit
Meßwerten ziemlich gut übereinstimmt, besonders in unmittelbarer Sohlnähe,
wenn 0,7< kh < 0,13 ist. Die Verteilung von Stokes scheint besser für Tiefwasser geeignet zu sein. Beide, sowohl Stokes als auch Longuet-Higgins,
stellen $\overline{U}$ proportional zu a^2 dar. Meßwerte deuten aber daraufhin, daß die
Potenz kleiner als zwei sein könnte.

Nach Longuet-Higgins ergibt sich die Massentransportgeschwindigkeit am
äußeren Rand der laminaren Grenzschicht an einer horizontalen Sohle zu :

$$U_\infty = \frac{5}{4}\,\Big(\frac{\pi H}{\lambda}\Big)^2\,\frac{c}{\sinh^2 kh}\qquad 7.17$$

wobei c die Translationsgeschwindigkeit der Wellenform ist. Die Grenzschichtdicke wird nicht definiert. Der Parameter $\delta = \sqrt{2\,\nu/\omega}$ wird nur
eingeführt, um normalisieren zu können (ν ist die kinematische Zähigkeit des Wassers, $\omega = 2\pi/T$). Die laminare Grenzschicht ist im allgemeinen,

analog der auf einer oszillierenden Ebene definiert, wonach die Dicke
als die Distanz zwischen der Ebene und dem Punkt angenommen wird, an
dem die Geschwindigkeit auf 1 % der Geschwindigkeitsamplitude der Ebene
abgenommen hat. Daraus ist nach LI (1954)

$$\delta_1 \approx 6,5\sqrt{\nu/\omega} \qquad\qquad 7.18$$

JONSSON und CARLSEN (1976) ermittelten einen empirischen Wert

$$\frac{\delta_1}{a} = 0,072 \left(\frac{a}{k_s}\right)^{-1/4} \qquad\qquad 7.19$$

wobei k_s die Sandrauhigkeit ist und a ist durch Gl. 7.6 definiert.

Für das Innere der laminaren Grenzschicht ermittelte LONGUET-HIGGINS den
Ausdruck

$$2\,\frac{\overline{U(z)}}{\overline{U}_0} = 5 - 8\,e^{-\zeta}\cos\zeta + 3e^{-2\zeta} \qquad\qquad 7.20$$

wobei

$$\zeta = \sqrt{\pi/\nu T}\,(h - y)\ ,\ z = h - y\ ,\ \text{und}$$

$$\overline{U}_0 = \frac{1}{2}\left(\frac{\pi H}{\lambda}\right)^2 \frac{c}{\sinh kh}$$

ist. Die Geschwindigkeitsverteilung hat ein Maximum von

$$\overline{U}_{(z)\max} = 1,376 \left(\frac{\pi H}{\lambda}\right)\left(\frac{\pi H}{T}\right)\frac{1}{\sinh^2 kh} \qquad\qquad 7.21$$

in einer theoretischen Entfernung von der Sohle

$$z = 2,306\,\sqrt{2\,\nu/\omega} = 1,30\,\sqrt{\nu T}$$

BIJKER et al. (1974) zeigten, daß die Gl. 7.18 über einer Sohle mit Neigung als

$$\overline{U}_\infty = \frac{5}{4}\,\frac{Ak}{\omega} - \frac{3}{4}\,\frac{A}{\omega}\,\frac{dA}{dx} \qquad\qquad 7.22$$

ausgedrückt werden kann, wobei A die Amplitude ($u_{\max}$) der oszillierenden
Geschwindigkeit ist, die aus einer Energiebetrachtung unter Verwendung
der linearen Wellentheorie für Wasser mit abnehmender Tiefe ermittelt wurde.
Gl. 7.22 unterscheidet sich von der für eine konstante Wassertiefe durch
das Glied in den Klammern.

$$A = u_{max} = \frac{\pi H_0}{T \sinh kh} \left[\frac{2 \cosh^2 kh}{2 kh + \sinh 2 kh} \right]^{1/2} \qquad 7.23$$

Es ist das zweite Glied von $\overline{U_\infty}$, das den Einfluß der veränderlichen Tiefe berücksichtigt. Man könnte die Gleichung auch umformen :

$$\overline{U_\infty} = \frac{5}{4} \frac{A^2 k}{\omega} \left(1 - \frac{3}{5} \frac{1}{Ak} \frac{dA}{dh} \frac{dh}{dx}\right) \qquad 7.24$$

Die Versuchsergebnisse bei BIJKER et al. (1974) zeigten, daß der Einfluß des zu subtrahierenden Gliedes ziemlich gering ist, nur bei $k_0 h$ kleiner als ungefähr 0,3 wächst das vorgenannte Glied an. Es ist jedoch fraglich, ob die Gl. 7.23 und 7.24 den eigentlichen Wert der Geschwindigkeit angeben.

Wenn die Wellen auf einer geneigten Sohle auflaufen, ändert sich auch das Wellenprofil, d.h. der Wellenberg wird steiler und das Wellental flacher. Selbst wenn die Gl. 7.23 anwendbar wäre, müßte man höhere Teilschwingungen mit in die Betrachtung einbeziehen, z.B., wie BIJKER et al. es vorschlagen

$$\overline{U_\infty} = \frac{5k}{4\omega} (A_1^2 + A_2^2 + \dots) \qquad 7.25$$

wobei angenommen wurde, daß die Teilschwingungen dieselbe Geschwindigkeit aufweisen.

Die Versuchsergebnisse von BIJKER et al. deuten daraufhin, daß die Massentransportgeschwindigkeit an der Grenze der Grenzzschicht hauptsächlich durch die Tiefe und weniger durch die Neigung beeinflußt wird, und daß die Meßwerte kleiner als die theoretisch ermittelten sind. Die Meßwerte deuten auch auf eine starke Abhängigkeit von Sohlrauhigkeit, insbesondere bei vorhandenen Riffeln. Bei einer glatten Sohle, sowie einer Sohle mit Kornrauhigkeit, ist die Massentransportgeschwindigkeit an der Sohle (und Oberfläche) in der Wellenrichtung, obwohl mit abnehmender Tiefe die Oberflächengeschwindigkeit stark anwächst. An der Sohle mit Riffeln reduzierte sich diese Geschwindigkeit zu ungefähr Null, aber in Bodennähe gab es eine gut definierbare Strömung, die bei langen Wellen ($H/\lambda < 0,015$ bis $0,033$) vorwärts und bei kurzen Wellen ($H/\lambda > 0,033$) stark rückwärts gerichtet war.

Die Frage, wann eine Grenzschicht laminar oder turbulent ist, läßt sich bislang noch nicht befriedigend beantworten. Die Versuchswerte von MONOHAR (1955) und LI (1954) führten zu einer kritischen REYNOLDSZAHL von

$$\alpha \omega d / \nu = 640 \quad \text{für zweidimensionale Rauhigkeit}$$

$$\alpha \omega d / \nu = 104 \quad \text{für dreidimensionale Rauhigkeit}$$

wobei α die Halbachse der Orbitalbewegung und d die Korngröße ist. Der α-Wert ist gleich $(u_{max/h})/\omega$.

In der Natur sind reguläre Wellen eine Seltenheit. Meistens hat man es mit einem Seegang zu tun, der nur statistisch beschrieben werden kann. LIANG und WANG (1973) paßten die LONGUET-HIGGINS-Gleichung für den Massentransport in der Grenzschicht willkürlich auftretenden Wellen an, die **in dem** PIERSON-MOSKOWITZ-Spektrum enthalten sind. Dazu wurde eine turbulente Grenzschicht wie sie von KALKANIS (1964) eingeführt war, herangezogen. Folgendes Ergebnis wurde erzielt :

$$\bar{U} = \sum_i \frac{0,5 k_i \, u_{oi}^2}{2\nu(E_i^2 + 0,09\beta_i^2)} \left\{ -e^{-E_i y} \sin 0,3\beta_i y \left[E_i y + \frac{1,5E_i^2 - 0,225\beta_i^2}{E_i^2 + 0,09\beta_i^2} \right] \right.$$

$$- e^{-E_i y} \cos 0,3\beta_i y \left[0,3\beta_i y + \frac{1,2\beta_i E_i^2}{E_i^2 + 0,09\beta_i^2} \right]$$

$$\left. + \frac{0,15\beta_i}{2E_i} \left(e^{-E_i y} - 1 \right) + \frac{1,2\beta_i E_i}{E_i^2 + 0,09\beta_i^2} \right\}$$

$$+ \sum_i \frac{k_i \, u_{oi}^2}{2\omega_i} \left\{ 1 - e^{-E_i y} \cos 0,3\beta_i y + 0,25 \, e^{-2E_i y} \right.$$

$$\left. + 0,5 \, e^{-E_i y} y \left[E_i \cos 0,3\beta_i y + 0,3\beta_i \sin 0,3\beta_i y \right] \right\}$$

$$+ \sum_i \frac{0,5 k_i \, u_{oi}^2}{2 \, \omega_i (E_i^2 + 0,09\beta_i^2)} \left\{ 0,5 \left(E_i e^{-E_i y} \right)^2 - 0,5 \left(0,3\beta_i \, e^{-E_i y} \right)^2 \right.$$

$$+ 0,5 \, e^{-E_i y} \cos 0,3\beta_i y \left[-E_i^2 + (0,3\beta_i)^2 \right]$$

$$\left. - 2(0,5)E_i \, 0,3\beta_i \, e^{-E_i y} \sin 0,3\beta_i y \right\} \qquad\qquad 7.26$$

wobei

$$E_i = \frac{133 \sinh (k_i h)}{a_i \, \beta_i \, d} \qquad\qquad \beta_i = \sqrt{\frac{\omega_i}{2\nu}} \qquad\qquad \omega = \frac{2\pi}{T}$$

ist.

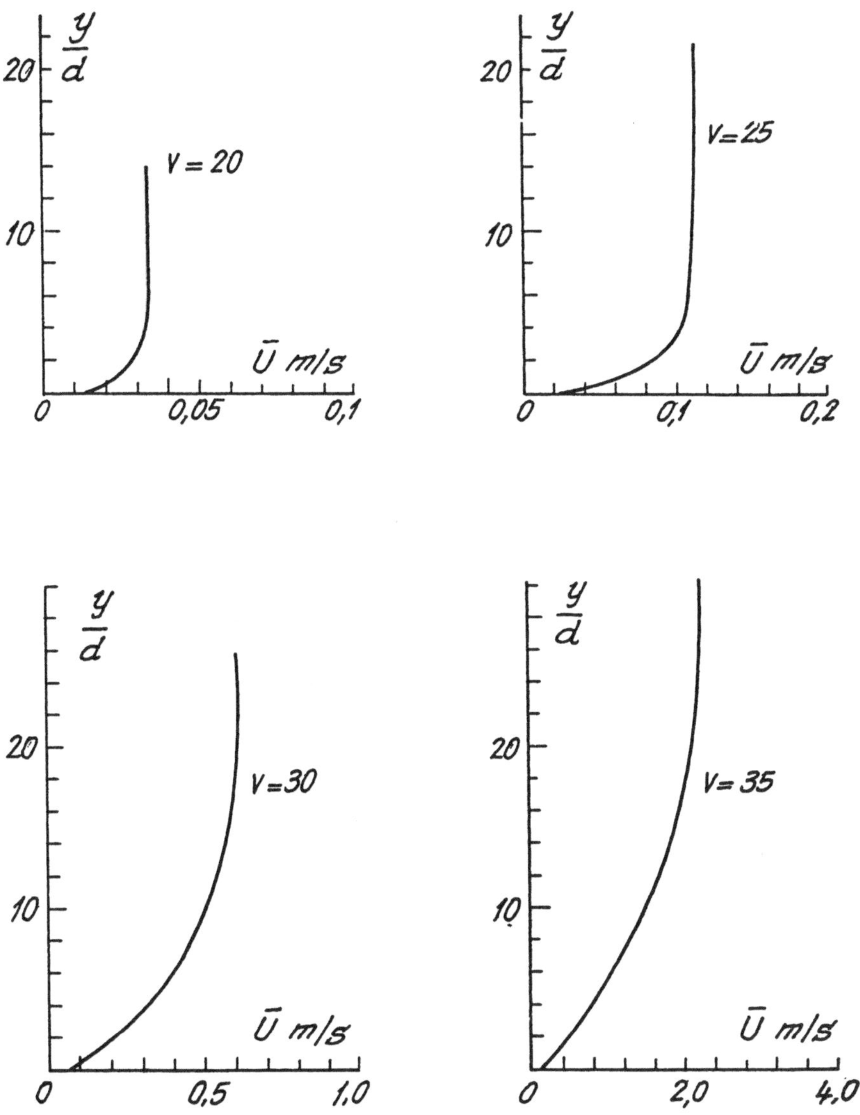

<u>Abb. 7.2 :</u> Massentransportgeschwindigkeiten in der turbulenten
Grenzschicht unter Wellen nach Gl. 7.26 und PM-Spektrum
(LIANG und WANG, 1973)

Abbildung 7.2 zeigt die ermittelten Werte in Abhängigkeit von der Windstärke V in Knoten, die über das PM-Spektrum in die Gl. 7.26 eingeht.

Für den äußeren Rand der Grenzschicht wurde der folgende Ausdruck ermittelt :

$$\bar{U}_\infty = \sum_i \frac{u_{0i}^2 \, k_i \, 0{,}5}{2\nu(E_i^2 + 0{,}09\beta_i^2)} \left[\frac{4(0{,}3\beta_i)E_i}{E_i^2 + 0{,}09\beta_i^2} - \frac{0{,}3\beta_i \, 0{,}5}{2E_i}\right] + \sum_i \frac{u_{0i}^2 \, k_i}{2\omega_i}$$

$$7.27$$

Die Profile der Massentransportgeschwindigkeit oberhalb der Grenzschicht wurden nach HUANG (1970) berechnet (ohne Zähigkeitseinflüsse), wiederum auf der Grundlage des PM-Spektrums, aus

$$\bar{U} = \sum_i \frac{a_i^2 \, \omega_i \, k_i}{\sinh^2 k_i h} \left[2 \cosh 2 k_i y + \frac{3 \sinh 2k_i h}{2k_i h}\left(\frac{y^2}{h^2} - 2\frac{y}{h}\right)\right]$$

$$+ \sum_i \frac{u_{0i}^2 \, k_i}{\nu(E_i^2 + 0{,}09\beta_i^2)} \left[\frac{1{,}2\beta_i \, E_i}{E_i^2 + 0{,}09\beta_i^2} - 0{,}075 \frac{\beta_i}{E_i}\right]\left[\frac{3}{2}\left(\frac{y^2}{h^2} - 2\frac{y}{h}\right) + 1\right]$$

wobei $\;E_i = \dfrac{133 \sinh (k_i h)}{a_i \, \beta_i \, d}$; $\beta_i = \sqrt{\dfrac{\omega_i}{2\nu}}$; $\omega = \dfrac{2\pi}{T}$; $k = \dfrac{2\pi}{\lambda}$ $\qquad 7.28$

ist. Abbildung 7.3 zeigt eine Überlagerung der Profile nach LONGUET-HIGGINS und HUANG mit den Meßwerten von RUSSEL und OSORIO (1957) für monochromatische progressive Wellen.

Die Profile der Massentransportgeschwindigkeit für einen Seegang entsprechend dem PM-Spektrum sind für fünf Windgeschwindigkeiten, V in Knoten, auf Abbildung 7.4 dargestellt.

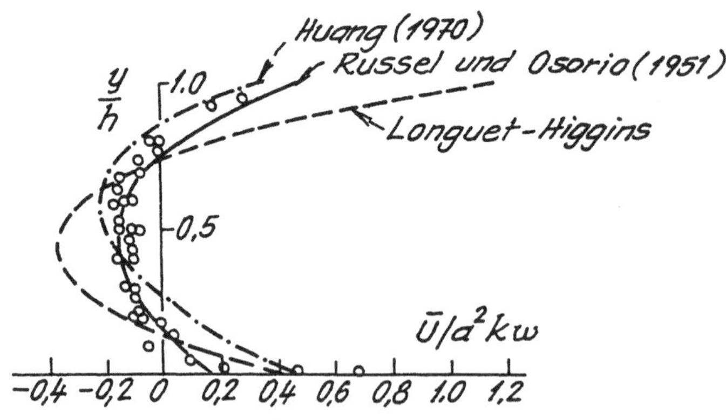

Abb. 7.3 : Vergleich der Profile der Massentransportgeschwindigkeit nach LONGUET-HIGGINS und HUANG mit Meßwerten von RUSSEL und OSORIO (Sohlrauhigkeit 0,15 - 0,45 mm, kh = 1,25)

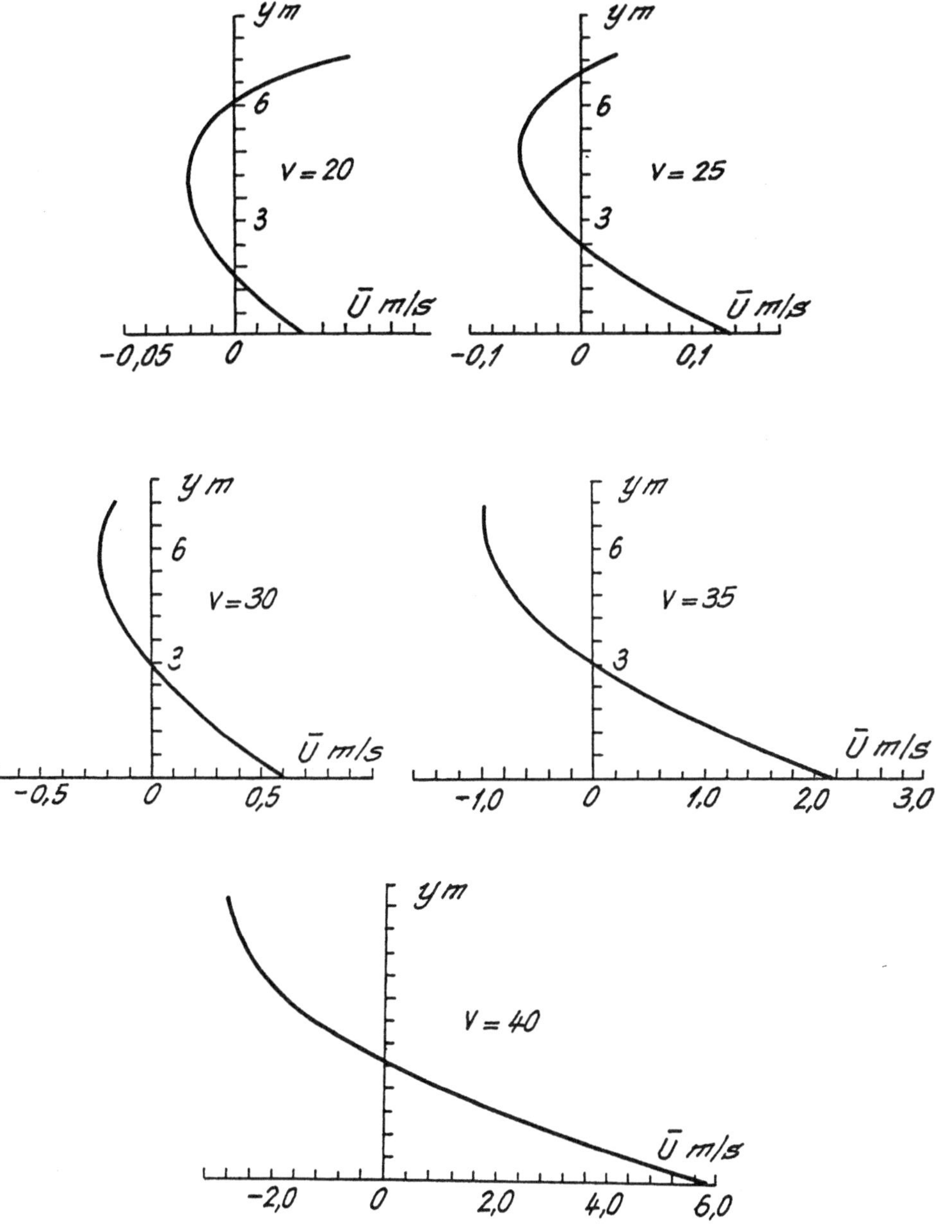

Abb. 7.4 : Profile der Massentransportgeschwindigkeit oberhalb der Grenzschicht für einen Seegang entsprechend dem PM-Spektrum

Das PIERSON-MOSKOWITZ-Spektrum hat folgende Häufigkeitsverteilung

$$S_{H^2}(f) = \frac{\alpha g^2}{(2\pi)^4 \, f^5} \, \exp\left\{-\beta \left(\frac{g}{2\pi \, V_{19,5} \, f}\right)^4\right\} \qquad 7.29$$

wobei $S_H^2(f)$ die Energie je Einheit f oder df, $f = 1/T$ oder $\omega = 2\pi f$, $\alpha = 8{,}10 \times 10^{-3}$, $\beta = 0{,}74$ und V die Windgeschwindigkeit in 19,5 m Höhe ist. Die Frequenz für das Maximum der Verteilung ist durch

$$\frac{g}{2\pi V f_m} = 1{,}14 \qquad 7.30$$

gegeben und die Fläche unter der Verteilung ist

$$F = \frac{\alpha V^4}{4\beta g^2} \simeq \left(\frac{1}{4} H_{1/3}\right)^2 \qquad 7.31$$

oder

$$H_{1/3} = \frac{2V^2}{g} \sqrt{\frac{\alpha}{\beta}}$$

wobei $H_{1/3}$ die signifikante Wellenhöhe bezeichnet.

7.2   Bodenfracht durch Welleneinwirkung

Einstein hat mit seinen Studenten, insbesondere KALKANIS (1964) seine für stationäre Strömung entwickelte Methode auch für Transport unter Welleneinwirkung angepaßt, obwohl die Argumente eigentlich nicht übertragbar sind. Die Kornbewegung ist bei Wellen nicht nur in einer Richtung sondern bekanntlich eine Hin- und Herbewegung. Die Transportlänge eines Kornes kann nicht mehr durch eine **binomische** Häufigkeitsverteilung beschrieben werden. Daher kann diese Methode nur als empirisch bezeichnet werden. Der Parameter ψ wurde von KALKANIS als

$$|\psi| = \frac{\rho_s - \rho}{\rho} \, \frac{gd}{\bar{u}^2} \qquad 7.32$$

ausgedrückt, wobei die Geschwindigkeit $\bar{u}$ in einem theoretischen Bodenabstand von 0,35 d gemessen wird. Diese Geschwindigkeit wurde von der Grenzschichtlösung der oszillierenden Ebene wie folgt abgeleitet

$$\bar{u}(y, t) = u_{sm}\{\sin \beta t - f_1(y) \sin[\beta t - f_2(y)]\}$$ 7.33

wobei $\beta = 2\pi/T$ und

$$u_{sm} = \frac{\pi H}{T} \frac{1}{\sinh \frac{2\pi}{\lambda} h}$$

die maximale Orbitalgeschwindigkeit an der Sohle in einer Wassertiefe h ist, H ist die Wellenhöhe und T die Periode. Für dreidimensionale Rauhigkeit wurde experimentell ermittelt, daß

$$f_1(y) = 0,5 \exp\left[- 46,55 /\alpha \sqrt{\pi/\nu\ T} \right]$$ 7.34

$$f_2(y) = 0,25 (\sqrt{(\pi/\nu\ T)d}\,)^{2/3}$$ 7.35

wobei α die Halbachse der Orbitalbewegung ist.

Der Transportparameter

$$\phi = \frac{g_B}{g\rho_s} \sqrt{\frac{\rho}{(\rho_s - \rho)d^3}}$$ 7.36

und die zwei Parameter ψ und ϕ sind experimentell durch die Funktion entsprechend der auf Abbildung 7.5 verbunden.

MADSEN und GRANT (1976) zeigten, daß auch die Einstein-Brown-Formel den vorliegenden Meßwerten angepaßt werden kann. Sie drückten ϕ und ψ als

$$\bar{\phi} = \frac{\bar{q}_B}{wd}$$ 7.37

und
$$\bar{\psi}_m = \frac{\tau_{om}}{\rho g\ (S_s - 1)d}$$ 7.38

aus, wobei $\bar{q}_B$ den Mittelwert des Sedimenttransportes bezeichnet, w die Sinkgeschwindigkeit und τ_{om} den Maximalwert der Sohlschubspannung darstellt. Sie zeigten ferner, daß sich ψ_m-Werte ergaben, die etwa zweimal größer waren als der Wert für den Beginn der Bewegung

$$\bar{\phi} = 12,5\ \psi_m^3$$ 7.39

Die momentane Orbitalgeschwindigkeit an der Sohle kann wie folgt ausgedrückt werden :

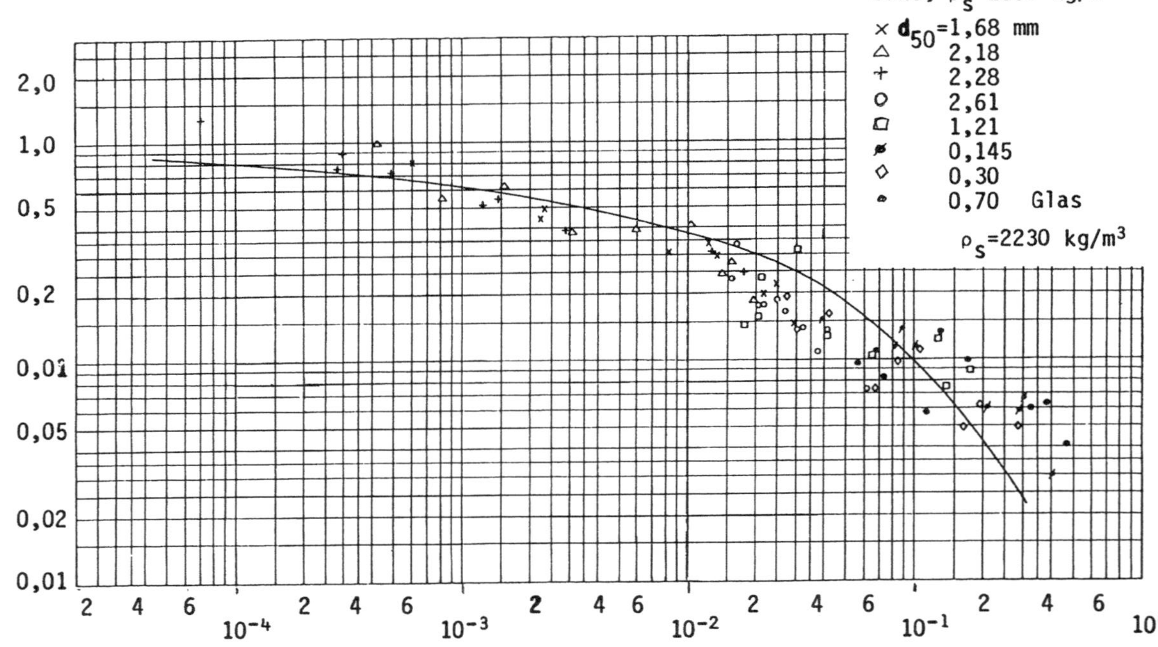

Abb. 7.5:   Darstellung der Funktion ϕ_* in Abhängigkeit von ψ_* ; $(1/n_o = 2,00;\ A_* = 13,3;\ B_* = 6,0)$.

$$u_s(t) = u_{sm} \cos\omega t \qquad\qquad 7.40$$

sowie

$$\tau_0(t) = \frac{1}{2} C_D \, \rho \, |u_s(t)| u_s(t) \qquad\qquad 7.41$$

so daß sich

$$\phi(t) = 40 \, \psi_m^{\,3}(|\cos\omega t| \, \cos\omega t)^3 \qquad\qquad 7.42$$

ergibt, wobei $\omega = 2\pi/T$ ist. Bei Anwendung der linearen Wellentheorie führt
Gl. 7.42 zum Nulltransport, d.h. der Transport in Vorwärtsrichtung ist gleich
dem in Rückwärtsrichtung. Für $\cos \omega t > 0$ und $\psi(t) > \psi_{mc}$ wurde der zeitliche
Mittelwert, Gl. 7.39, ermittelt.

Eine Variante ist die Formel von SLEATH (1975)

$$\frac{(q_B)_{max}}{(\frac{\rho_s - \rho}{\rho}) g d^3 \, ^{1/2}} = 5,2(\psi - \psi_c)^{3/2} \qquad\qquad 7.43$$

wobei das Verhältnis des Maximalwertes zum Mittelwert als 8/3 angenommen
wurde.

Prinzipiell kann der Sedimenttransport durch

$$q_B = \int_0^y c(y) \, \bar{U}_{(y)} \, dy \qquad\qquad 7.44$$

beschrieben werden, wobei c die Volumenkonzentration und $\bar{U}_{(y)}$ die Verteilung der mittleren Massentransportgeschwindigkeit ist. Jedoch sind
beide Parameter schwer definierbar. Am Bewegungsbeginn sind es nur die
Körner an der Oberfläche der Sohle, aber wenn sich Wirbelriffel ausbilden,
ist die Schicht, die in Bewegung (aber nicht suspendiert) ist, in der
Stärke etwa zwei oder drei Korndurchmesser. Für stationäre Strömungen ist
es aber bekannt, daß gerade bei sehr niedriger Transportkonzentration die
Transportmenge mit der Sohlschubspannung anwächst, hierzu sind Potenzen
bis zu 18 gemessen worden, wohingegen Gl. 7.39 nur die Potenz 3 angibt.

Wenn man sich mit der reinen Bodenfracht beschäftigt, d.h. Suspension wird
vernachlässigt oder besteht nicht, dann könnte eine mittlere Konzentration
ermittelt werden, etwa in Form einer Funktion der maximalen Orbitalgeschwindigkeit an der Sohle. Damit könnte man dann Gl. 7.44 durch

$$q_B \propto \bar{c} \, U_\infty$$

ersetzen, oder durch

$$q_B \propto \bar{c} \, \bar{U}(d) \qquad\qquad 7.45$$

Da alle Körner jeweils im Kontakt zueinander sind, wird die Konzentration etwa 0,6 sein, womit das Problem reduziert werden könnte auf die Abschätzung der Stärke der beweglichen Schicht und der Geschwindigkeit $\bar{U}$ in der Schicht, wobei davon auszugehen ist, daß letztere kaum der Geschwindigkeit im klaren Wasser entsprechen wird.

Eine Besprechung der Sedimenttransportformel (die von BIJKER (1971) u.a.) wurde von van de GRAAFF und van OVEREEM (1979) veröffentlicht.

7.3 Suspension unter Welleneinwirkung

Über einen großen Bereich des Seeganges, außerhalb der Brecherzone, wird die Suspension des Sedimentes stark durch Riffel an der Sohle beeinflußt. Während der Vorwärtsbewegung des Wassers wird Sand entlang der Luvseite der Riffel transportiert. Am Kamm löst sich der Sedimentstrom von der Sohle und fließt weiter als ein dünner Strahl über den Wirbel an der Leeseite hinweg. Der Sand, der aus dem Strahl herausfällt, reichert den Wirbel mit Sediment an, aber ein Großteil des Sandes fällt auf den Boden. Nach der Strömungsumkehr wird der mit Sand angereicherte Wirbel über den Kamm in die Strömung hineingetragen. Die Wirbel werden von der Strömung hin und her getragen, während sie höher und höher über der Sohle aufsteigen. Die Höhe, auf der kein Sand mehr in den Wirbeln bleibt, hängt von der Stärke des Seeganges und dem vorhandenen Sand ab. Die Verteilung des suspendierten Sandes entlang der Sohle ist nicht gleichmäßig, nur in einer größeren Höhe, wo die Wirbel schon ihre Einzelform verloren haben, wird sich der suspendierte Sand bei starkem Seegang ungefähr gleichmäßig verteilen. Daher ist es notwendig, mit Mittelwerten zu rechnen, die die Spitzen räumlich und zeitlich ausgleichen.

Ob der Netto-Transport des Sandes in der Wellenrichtung oder entgegengesetzt erfolgt, hängt erstens von dem Verhältnis der Wassertiefe zur Wellenlänge und zweitens von der Wellenform ab. Das erste Verhältnis ist mit der Verteilung der Massentransportgeschwindigkeit der Wellen verbunden, das wiederum auch sehr stark von der Sohlrauhigkeit, besonders bei Riffeln abhängt.

Das zweite Verhältnis, d.h. die Wellenform, beeinflußt die Wirbel, die sich an den Riffeln bilden. Bei einer asymmetrischen Welle ist auch die

Verteilung der Wassergeschwindigkeiten und der Beschleunigung asymmetrisch, d.h., daß wenn man z.B. die u_{max}- und u_{min} oder $-u_{max}$-Werte an der Sohle in Abhängigkeit von der Zeit aufträgt, dann sind die Zeitintervalle Δt, in denen das Wasser beschleunigt und verlangsamt wird, nicht gleich, ebenso sind auch die beiden Beschleunigungen nicht gleich. Der Sand wird mit der Welle transportiert, wenn die Beschleunigung größer als die Verzögerung ist bzw. umgekehrt. Eine mäßige Beschleunigung erzeugt einen großen Wirbel an der Leeseite, der durch die große Verzögerung hoch über den Boden geschleudert wird und daher auch weiter rückwärts durch die Orbitalgeschwindigkeit getragen wird, oder umgekehrt, eine mäßige Verzögerung führt zu einem großen Wirbel an der Luvseite, die dann mit der größeren Beschleunigung nach vorwärts geschleudert wird. Die Beschleunigungseffekte können sogar zum Netto-Transport des Sandes entgegen der Richtung einer schwachen Strömung führen.

Es scheint auch so, daß bei symmetrischen Wellen durch das Vorhandensein von höheren Teilschwingungen die Transportrichtung beeinflußt wird.

Unter starkem Welleneinfluß verschwinden die Riffel und die damit verbundene Wirbelbildung. Die Sohle wird eben, wobei sie von einer mobilen Schicht von Sand bedeckt wird. Dieser Sand ist der Orbitalgeschwindigkeit und der damit verbundenen Sohlschubspannung ausgesetzt.

Es gibt eine Anzahl von Modellen für die Bestimmung der Konzentration. Die meisten beruhen auf der Diffusionsgleichung. Für turbulente Strömungsverhältnisse wurde sie nur als eine **Analogie zur molekularen Diffusion abgeleitet**. Jedoch im Falle von Wirbelfeldern, die an einer Sohle bedeckt mit Riffeln unter Wellenbewegung entstehen, ist schon die für eine Turbulenz notwendige Bedingung der Zufälligkeit nicht mehr erfüllt. Damit ist auch die Definition des Diffusionstensors in Frage gestellt. Unter Welleneinwirkung gibt es sowohl periodische als auch zufällige Komponenten der Geschwindigkeit. Die periodische Komponente ist die Orbitalgeschwindigkeit, die für einen komplizierten Seegang nur schwer, wenn überhaupt, **erfaßbar ist.**
Die Turbulenz an der Sohle entsteht durch die Grenzschicht und die Wirbel. Ob die Wellenbewegung auch Turbulenz im Innern des Strömungsfeldes erzeugt, ist eine Frage, die noch nicht zuverlässig beantwortet werden kann. Es ist vorstellbar, daß Geschwindigkeitsgradienten entstehen, die Turbulenzen auch im Inneren des Feldes erzeugen.

HOM-MA und HORIKAWA (1962) gingen von

$$\frac{\partial c}{\partial t} = w \frac{\partial c}{\partial y} + \frac{\partial}{\partial y} \left(\epsilon_y \frac{\partial c}{\partial y} \right) \qquad\qquad 7.46$$

und der Annahme

$$\epsilon_y = \beta b^2 \left| \frac{\partial u}{\partial y} \right| \qquad\qquad 7.47$$

aus, wobei ß eine Konstante und b die vertikale Halbachse der Orbitalbewegung sind. Diese Ableitung verknüpft mit der linearen Wellentheorie führt zu

$$c = \bar{c}(y) \left[1 + \eta \sin 2(kx - \omega t) \right] \qquad\qquad 7.48$$

wobei η die Wellenordinate ist. Nach Gl. 7.47 wird ϵ_y Null bei Flachwasserwellen, die andererseits aber sehr wirksam im Hinblick auf die Suspendierung sind. Das Modell verbindet ebenfalls eine turbulente Diffusion mit der Potentialströmung. Eine andere Annahme (HORIKAWA, 1978) ist

$$\epsilon_y = \kappa \hat{u}_{*s} (y + y_1) \qquad\qquad 7.49$$

wobei κ die KARMAN-Konstante, $\hat{u}_{*s}$ die Amplitude der Schubspannungsgeschwindigkeit an der Sohle und y_1 eine Rauhigkeitslänge bezeichnet, die für eine ebene, rauhe Fläche gleich der Kornrauhigkeit k/30 ist, aber hier empirisch als 20 mm ermittelt wurde.

Ein ziemlich kompliziertes Modell wurde von KENNEDY und LOCHER (1972) entwickelt. Das Endergebnis wurde vereinfacht auf :

$$\overline{c_p \left(v_p - \tau \frac{\partial v_p}{\partial t} \right)} - w\bar{c} = \epsilon_y \frac{d\bar{c}}{dy} \qquad\qquad 7.50$$

wobei c_p und v_p die periodische Komponente der Konzentration und vertikale, periodische Geschwindigkeit des Kornes sind, τ ist eine zeitliche Verzögerung des Kornes bezüglich der Wasserbewegung und der Balken über den Gliedern in Gl. 7.50 bezeichnet zeitliche Mittelwerte. Alle turbulenten Effekte werden durch $\epsilon_y d\bar{c}/dy$ erfaßt. Weiterhin wurde angenommen, daß

$$c_p = - k \int_0^\tau v \frac{d\bar{c}}{dy} \, dt \qquad\qquad 7.51$$

ist mit k als eine Konstante. Die Werte ϵ_y, τ und k sind unbekannt und müssen geschätzt werden. In der Natur gibt es die Zufallskomponenten

c', u', v' und insbesondere das Produkt, $\overline{c'\,v'}$, das den vertikalen
Transport des Sedimentes infolge Turbulenz darstellt. Bis jetzt sind noch
keine Meßergebnisse bekannt, die es ermöglichen, die Wirksamkeit der
Einzelkomponenten **zu bestimmen.**

LIANG und WANG (1973) gingen von der Annahme aus, daß der zusammenge-
faßte Diffusionskoeffizient, der durch Wellenbewegung und Turbulenz verursacht wird gleich

$$\varepsilon = K \, \frac{\alpha a \omega}{\sin kh} \, \sinh ky \qquad\qquad 7.52$$

ist, wobei K eine Konstante mit der Dimension Länge ist und experimentell
ermittelt wurde, a = H/2 die Wellenamplitude, und α eine zeitliche Verzögerung ist, wie sie von HATTORI (1969) eingeführt wurde

$$\alpha \simeq \frac{3}{2\left[(\rho_s/\rho) + \frac{1}{2}\right]} \qquad\qquad 7.53$$

Es gibt auch mehrere Ausdrücke, die ε mit der Reibung an der Sohle ver-
knüpfen, wie

$$\varepsilon_{max} = \frac{k}{\delta} \, h \, u_{sm} \, \sqrt{f_w}$$

wobei f_w der Widerstandsbeiwert von JONSSON (1966), k die Rauhigkeitskorn-
größe, δ die Grenzschichtdicke und u_{sm} die Amplitude der Orbitalgeschwindigkeit an der Sohle ist. Nach van de GRAAFF hat dieser Ausdruck einen Beiwert
von 1,2 über einer geneigten und 0,4 über einer horizontalen Sohle.

Wenn Gl. 7.52 in

$$w\overline{c} + \varepsilon \, \frac{d\overline{c}}{dy} = 0 \qquad\qquad 7.54$$

eingesetzt wird, erhält man

$$\frac{\overline{c}}{\overline{c}_r} = \left(\frac{\tanh 0{,}5 \ ky}{\tanh 0{,}5 \ ky_r}\right)^z \qquad\qquad 7.55$$

wobei

$$z = \frac{w \, \sinh kh}{\alpha \, K \, k \, a \, \omega} \qquad\qquad 7.56$$

und $\overline{c}_r$ die Konzentration auf der Bezugsebene $y_r \simeq 2d$ ist (d entspricht
dem Korndurchmesser). Die Größenordnung des $\overline{c}_r$-Wertes ist $\overline{c}_r \simeq 0{,}6$.

114

Bei Flachwasser reduziert sich Gl. 7.55 auf

$$\frac{\bar{c}}{\bar{c}_r} = \left(\frac{y}{y_r}\right)^z \; ; \quad z = \frac{wh}{\alpha K \, a_\omega} \qquad\qquad 7.57$$

Die Neigung der Geraden durch die Meßwerte auf einer **log-log-Auftragung** ergibt **z**, woraus dann K ermittelt werden kann. Diese Auftragung zeigt auch $\bar{c}_r$ an, nämlich dort, wo y = 2d ist.

Die Beziehung zwischen $\bar{c}$ und y ist ähnlich der für Suspension in einer stationären Strömung ($\bar{c} = \bar{c}_r \exp(-wy/\varepsilon)$) nach COLEMAN (1970).

Abbildung 7.6 zeigt Meßwerte von BHATTACHARYA (1971), in die Linien mit K = 5,15 m und ρ_s/ρ = 2,83 gezeichnet sind. BHATTACHARYA verwendete $z = wh/\varepsilon_{max}$, wobei $\varepsilon = \varepsilon_{max}$ auf y = h/2.

Wenn die Konzentration unter einem Wellenspektrum zu berechnen ist, könnte entweder die mittlere Amplitude und Frequenz oder die signifikante Amplitude (Gl. 7.31) und die Frequenz des Spektrum-Maximums (Gl. 7.30) verwendet werden. Abbildung 7.7 zeigt solche errechneten Konzentrationsverteilungen.

Der Sedimenttransport infolge Suspension ist dann

$$q_s = \int_{2d}^{h} \bar{c} \, \bar{U} \, dy \qquad\qquad 7.58$$

Wenn $\bar{c}$ aus Gl. 7.57 und $\bar{U}$ aus Gl. 7.28 in Gl. 7.58 eingesetzt werden, erhält man für den suspendierten Sedimenttransport im Flachwasser

$$q_s = \frac{\bar{c}_r}{(2d)^z} \sum_i \frac{a_i \, \omega_i \, k_i}{4 \sinh^2 k_i h} \left\{ 2 \int_{2d}^{h} y^z \cosh 2k_i y \, dy + \frac{3 \sinh 2k_i h}{2(z+2)(z+3)k_i h} \right.$$

$$\left. \left[\frac{2(z+3)}{h}(2d)^{z+2} - \frac{z+2}{2}(2d)^{z+3} - (z+4)h^{z+1} \right] \right\}$$

$$+ \frac{\bar{c}_r}{(2d)^z} \sum_i \frac{k_i \, u_{oi}^2}{4\nu(E_i^2 + 0,09\beta_i^2)} \left[\frac{1,2\beta_i \, E_i}{E_i^2 + 0,09\beta_i} - 0,075 \frac{\beta_i}{E_i} \right]$$

$$\left\{ \frac{3}{2(z+2)(z+3)} \left[\frac{2(z+3)}{h}(2d)^{z+2} - \frac{(z+2)}{h^2}(2d)^{z+3} \right.\right.$$

$$\left.\left. - (z+4)h^{z+1} \right] + (h - 2d) \right\} \qquad\qquad 7.59$$

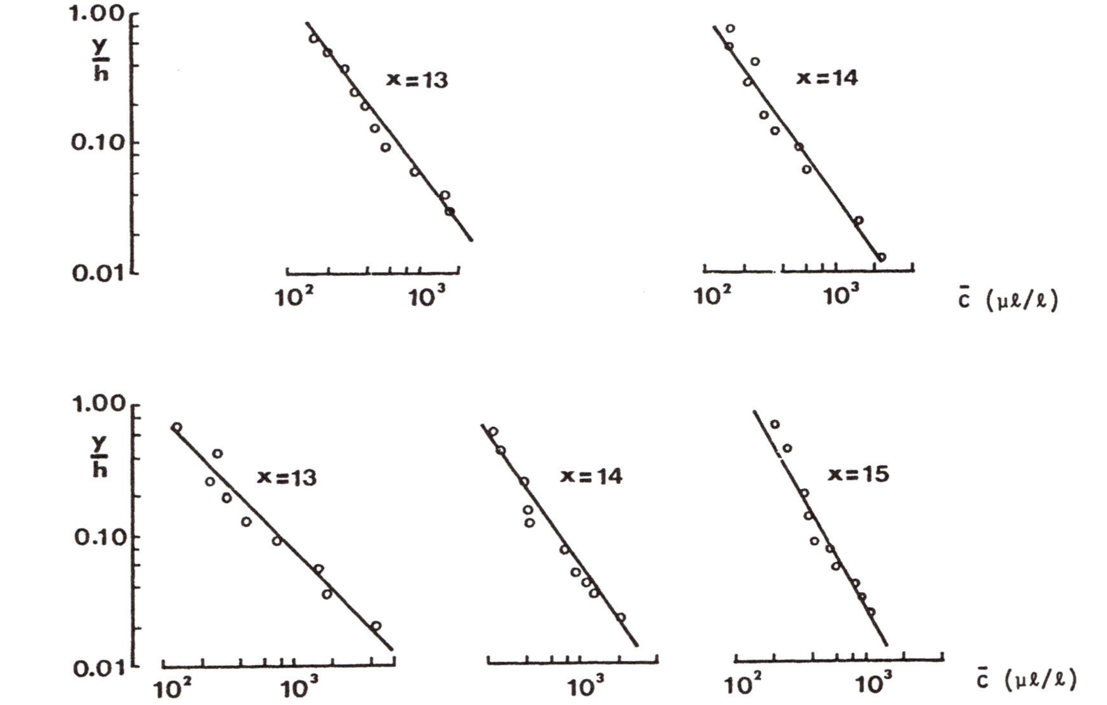

<u>Abb. 7.6:</u>   Messwerte von Konzentrationen unter Wellenbewegung von BHATTACHARYA entsprechend, Gl. 7.57.

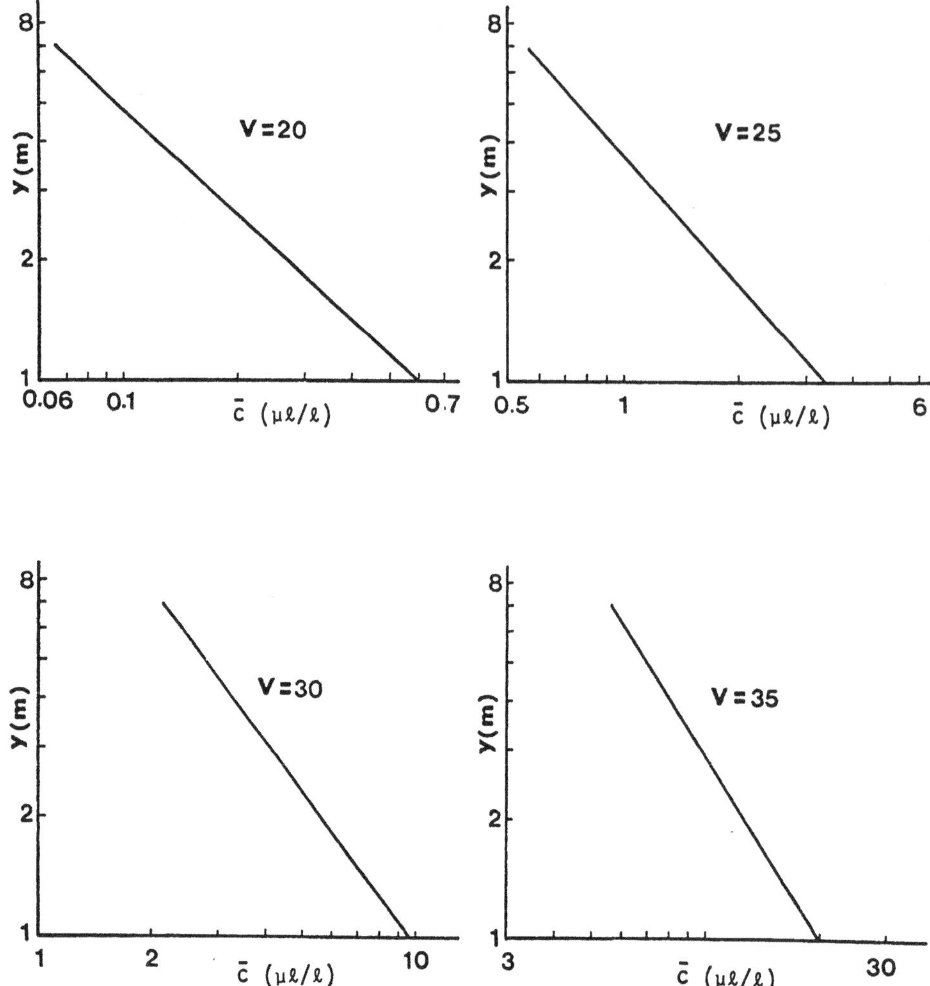

Abb. 7.7 : Konzentration des suspendierten Sandes unter irregulären Wellen nach LIANG und WANG (1973)

oder umgeordnet

$$q_s = f(h,d)\,\bar{c}_r \left\{ \sum_i \frac{k_i\,u_{oi}}{\omega_i} + \sum_i \frac{u_{oi}^2\,k_i}{4\nu(E_i^2 + 0{,}09\beta_i)} \left[\frac{1{,}2\beta_i\,E_i}{E_i^2 + 0{,}09\beta_i^2} - \frac{0{,}075\beta_i}{E_i} \right] \right\}$$

wobei

$$f(h,d) = \frac{6h^{z+1}\,(2d)^{-z}}{(z+1)(z+2)(z+3)} - \frac{h^{z+1}\,(2d)^{-z}}{(z+1)} - \frac{2(2d)}{(z+1)} - \frac{3(2d)^3}{h^2(z+3)} + \frac{6(2d)^2}{h(z+2)}$$

wenn $z \neq -1, -2$ or -3.

Es ist zu erkennen, daß die Integration die Annahme beinhaltet, daß die Wellen senkrecht zur Küste anlaufen. Wo das nicht der Fall ist, muß man je nach den jeweiligen Umständen Gl. 7.12 (wo C gleich Null gesetzt werden kann) oder Gl. 7.16 anwenden.

NIELSEN (Coastal Studies Unit, Univ. of Sydney, persönliche Mitteilung) fand, daß die gemessenen Konzentrationen über starken Riffeln (Höhe $\sim 0{,}1$ m) und unter Wellen, die nicht brechen, mit

$$\bar{c}\,(y) = c_0 \exp\left(-\frac{\bar{w}}{\varepsilon_B}\,y \right) \qquad\qquad 7.60$$

oder unter brechenden Wellen mit

$$\bar{c}\,(y) = c_0 \exp\left\{ \left[-\bar{w}\,h/(\varepsilon_B\varepsilon_W)^{1/2} \right] \tan^{-1}\left[\left(\frac{\varepsilon_W}{\varepsilon_B}\right)^{1/2} y/h \right] \right\} \qquad 7.61$$

beschrieben werden können. Beide Ausdrücke stellen eine Lösung der Gl. 7.54 dar, wenn

$$\varepsilon_S = \varepsilon_B + \varepsilon_W (y/h)^2 \qquad\qquad 7.62$$

gesetzt wird. Der scheinbare Wert, ε_S, setzt sich zusammen aus der Diffusionskonstanten ε_B, die der Grenzschichtturbulenz und der Diffusionskonstanten ε_W, die der Turbulenz infolge Wellen und Großwirbel, zugeordnet sind. Die Konzentration auf $y = 0$ ist $c_0 = \bar{c}(o)$ und $\bar{w}$ ist die mittlere Sinkgeschwindigkeit des suspendierten Korngemisches, deren Standardabweichung $\sigma(w) = \left[\frac{n}{n-1}\,(w^2 - \bar{w}^2) \right]^{1/2}$ und n die Zahl der Korngrößenklassen ist.

Aus der Diffusionsgleichung (Gl. 7.54) wurde mit der Annahme, daß die Häufigkeitsverteilung der Sinkgeschwindigkeiten eine Gammma-Verteilung ist, die sich gut an Meßwerte anpaßte, abgeleitet, daß

$$\varepsilon = \left(\frac{\bar{c}}{c_0}\right)^{\sigma^2(w)} \frac{\bar{w}}{\dfrac{d\,\ell n\,\bar{c}}{dy}} \qquad\qquad 7.63$$

ist. Der scheinbare Wert ε_S ergibt sich aus Meßwerten über

118

$$\varepsilon_s = \frac{\bar{w}}{\frac{d \ln \bar{c}}{dy}} \qquad 7.64$$

d.h. durch die Neigung der Funktion y gegen $\ln \bar{c}$. Daraus folgt, daß

$$\frac{\varepsilon}{\varepsilon_s} = \left(\frac{\bar{c}}{c_0}\right)^{\sigma^2(w)} \qquad 7.65$$

gegeben ist. Damit wird aus Gl. 7.60

$$\varepsilon(y) = \varepsilon_s \exp\left[-\sigma_{(w)}^2 \, \frac{\bar{w}}{\varepsilon_B} \, y\right] \qquad 7.66$$

Die Meßwerte $\bar{c}(0)$ auf $y = 0$ könnten mit

$$c_0 = 0,00024 \, (\theta')^{2,5} \qquad 7.67$$

für

$$0,01 < \frac{d}{\frac{1}{2} f_w \, \alpha} < 0,1$$

ausgedrückt werden, wobei f_w ein Widerstandsbeiwert nach JONSSON (1966) ist :

$$f_w = \begin{cases} 0,0605/\log^2(30 \, \delta/k_s) & R_e = u_{sm}\delta/\nu > 500 \\ \text{oder } (4\sqrt{f_w})^{-1} + \log(4\sqrt{f_w})^{-1} = -0,08 + \log \alpha/k_s \\ 0,09 \, Re^{-0,2} \end{cases}$$

wobei die Sandrauhigkeit die Größenordnung $k_s \simeq 120 \, d$ hat und

$$\theta' = \frac{\tau'}{(S_s-1)\rho gd} = \frac{\frac{1}{2} f_w(\alpha\omega)^2}{(S_s-1) \, g\bar{d}}$$

wobei α die Amplitude der Wasserbewegung an der Sohle ist.

Die empirischen Werte von ε_B und ε_w sind

$$\frac{\varepsilon_B/w}{\delta(t_s/T)} = 555 \, \left(\frac{\alpha\omega}{w}\right)^{-2,5} \; ; \qquad \frac{\alpha\omega}{w} > 9 \qquad 7.68$$

wobei δ die Grenzschichtdicke

$$\frac{\delta}{\alpha} = 0,072 \, \left(\frac{k_s}{\alpha}\right)^{1/4}$$

und t_s die Aufenthaltszeit des Sandes in dem Wirbel

$$t_s = \frac{g}{w(\frac{u_*}{0,4\delta})^2}$$

und T die Wellenperiode ist, wobei $u_*/0,4\delta$ die Frequenz ω des Wirbels darstellt. Die ε_w-Komponente entsteht durch Turbulenz oberhalb der Grenzschicht. Unter Berücksichtigung der Korngrößenverteilung ergibt sich der Wert zu

$$\varepsilon_{wc} = \varepsilon_w \exp\left[- \frac{\sigma_{(w)}^2 \, wh}{(\varepsilon_B \, \varepsilon_w)^{1/2}} \tan^{-1}(\varepsilon_w/\varepsilon_B)^{1/2}\right] \qquad 7.69$$

wobei

$$\frac{\varepsilon_{wc}}{h \, gh} = 0,039 \pm 0,019 \qquad 7.70$$

aus sechs Feldmessungen im Bereich brechender Wellen abgeleitet wurde. Die Gl. 7.60 könnte man mit Gl. 7.57 vergleichen.

Eine empirische Zwei-Komponenten-Konzentrationsverteilung haben auch ANTSYFEROF und KOSYAN (1977) aufgestellt :

$$c(y) = c_1 \exp\left[- A \left(\frac{w}{u-w}\right)^{2/3} (y-y_1)\right] + c_2 \exp\left[- \frac{4w}{FH} \ln \left(\frac{M + Fz}{M + Fy_2}\right)\right]$$

worin c_1 und c_2 die bekannten Konzentrationen auf y_1 bzw. y_2 angeben, u die maximale Orbitalgeschwindigkeit, w die Sinkgeschwindigkeit der Körner und H die Wellenhöhe sind. Weiter ist

$$F = \frac{2\,H}{h} \sqrt{\frac{g\,Th\,kh}{2\,\pi\lambda}} \quad , \quad k = \frac{2\pi}{\lambda} \quad , \quad m = \frac{0,078\,\bar{u}}{h^{0,22}}$$

$$A = K\,(S_s-1)\,(g/\nu^2)^{1/2} \quad , \quad K = 0,024$$

wobei h die Wassertiefe und $\bar{u}$ den Mittelwert der Orbitalgeschwindigkeit über Tiefe angibt. A soll die Dimensionen der Konzentrationsgradienten haben, so daß auch K und 0,078 dimensionsbehaftet sein müssen.

Im allgemeinen zeigen die Meßwerte der Konzentrationsmessungen zwei Gradienten. Die Lage der Höhe, auf der Knickpunkt liegt und die Neigung der Geraden (in einer logarithmischen Darstellung) hängen entscheidend von dem Seegang und der Riffelhöhe ab (Abb. 7.8).

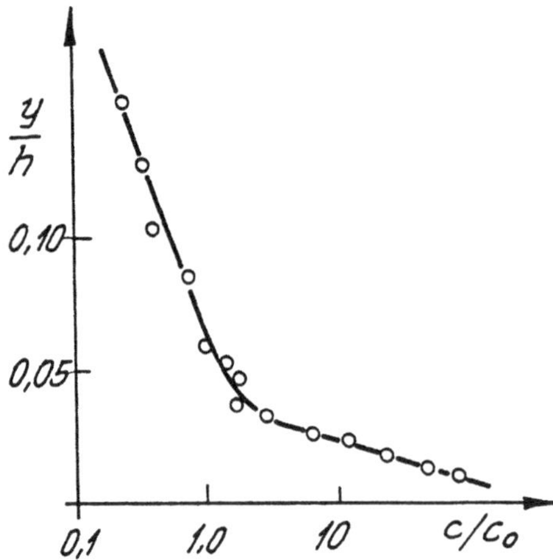

Abb. 7.8 : Schematische Darstellung der Sandkonzentration unter
Welleneinwirkung

7.4 Gesamttransport

Die Bodenfracht und der Transport der suspendierten Körner zusammen ergeben die Menge des Sedimentes, die transportiert wird, d.h.

$$q_T = q_B + q_S \qquad\qquad 7.71$$

Es ist fraglich, ob es sinnvoll ist, von q_B zu sprechen, wenn Suspension
auftritt. Wenn $q_S = 0$ ist, d.h. während einer nur schwachen Bewegung, wo
noch keine Riffelbildung entsteht, besteht der Transport vollständig aus
der Bodenfracht, obwohl diese auch sehr klein sein wird. Wenn Suspension
vorhanden ist, ist zu prüfen, ob die Gesamtfracht nicht einfacher als q_S
berechnet werden kann, wobei die Konzentration bis auf etwa 0,6 oder 0,65
extrapoliert oder durch eine Gleichung wie 7.67 ausgedrückt werden kann.

BIJKER et al. (1976) gingen von folgenden Annahmen aus :

(1) Die Menge des Sandes in Bewegung ist proportional dem Quadrat der
Amplitude der Orbitalgeschwindigkeit an der Sohle, u_{sm}^2 .

(2) Der Unterschied zwischen Transport in Vorwärts- und Rückwärtsrichtung ist proportional der Amplitude der zweiten Teilschwingung
der Geschwindigkeit u_{s2} für STOKES-Wellen.

(3) Der eigentliche Transport ist eine Funktion von $u_{sm}{}^2 \, u_{s2}$, wobei
u_{s2} aus einer FOURIER-Analyse zu ermitteln ist.

Gewonnene Meßpunkte zeigten weniger Streuung, wenn $u_{2\text{-fontanet}}$ an Stelle
von u_{s2} eingesetzt war, wo $u_{2\text{-fontanet}}$ die Amplitude der Abweichungen von
dem Mittelwert von u_{2s} bezeichnet.

Wenn man jetzt noch die verschiedenen Strömungen betrachtet, dann wird
deutlich, daß die Bestimmung der Transportraten und der räumlichen Verteilung des Sedimentes noch große Probleme bereitet und daß noch erhebliche
Grundlagenforschung notwendig ist, selbst bei Untersuchungen an einfachen
alluvialen Materialien ohne Berücksichtigung von kohäsiven oder biologischen Einflüssen.

Im Prinzip ist der Sedimenttransport eng mit den Strömungen verbunden, die
Wellen dagegen machen das Sediment leichter beweglich und erzeugen auch
die meisten Strömungen. Die Berechnung des Transportes bedarf grundsätzlich
nur drei Arten von Information :

1.   Der Grundriß der Strömung

2.   Die Geschwindigkeitsverteilung der Strömung als eine Funktion
      der Tiefe und Ausdehnung

3.   Die Konzentration des suspendierten Sandes in Abhängigkeit
      von der Tiefe und der Ausdehnung

Näherungsweise könnte man für die Konzentrationsverteilung außerhalb der
Brecherzone Gl. 7.55 bis 7.57 oder 7.60 und 7.61 anwenden, von denen
Gl. 7.57 oder Gl. 7.61 vorzuziehen sind, wenn man sich der Brecherzone
nähert. Das Gesamtproblem des Sedimenthaushaltes an der Küste wird durch
die Strömung äußerst verwickelt (Abb. 7.9).

Die Modelle für die Errechnung des littoralen Transportes entlang der Küste,
beruhen meistens auf dem Ansatz von BAGNOLD mit

$$g_L^+ \propto \rho g H_b \, \bar{v}$$

wobei g_L^+ die durch den Auftrieb verringerte Transportrate je Breiteneinheit
($N\,s^{-1}\,m^{-1}$), H_b - die Brecherhöhe und $\bar{v}$ die mittlere küstenparallele Geschwindigkeit für die Breiteneinheit ist. Im Bereich der Brandungszone ist

$$G_L^+ \propto \rho g H_b \, \bar{V}$$

wobei $\bar{V}$ die mittlere Geschwindigkeit in der Brandungszone parallel der
Küste ist.

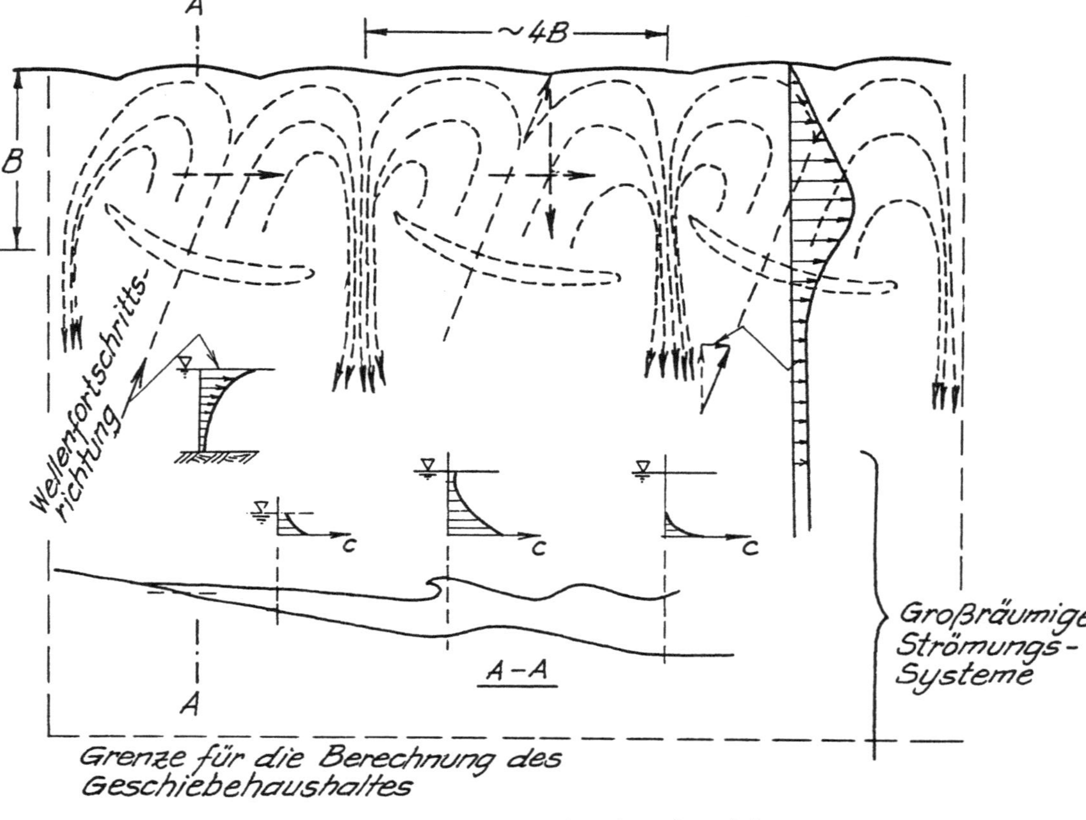

Abb. 7.9 : Schematische Darstellung der Strömungen im Küstenbereich.

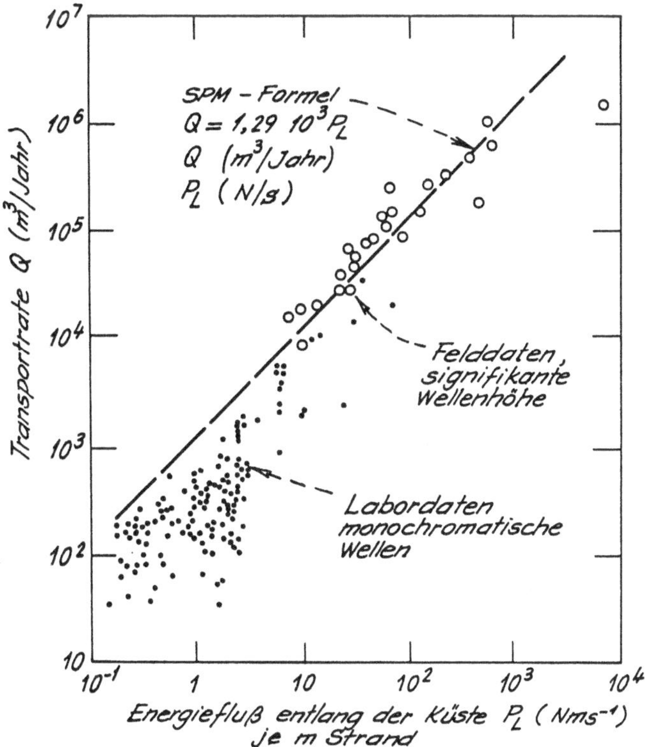

Abb. 7.10: Küstenlängstransport nach "Shore Protection Manual", U.S. Army Coastal Engineering Center.

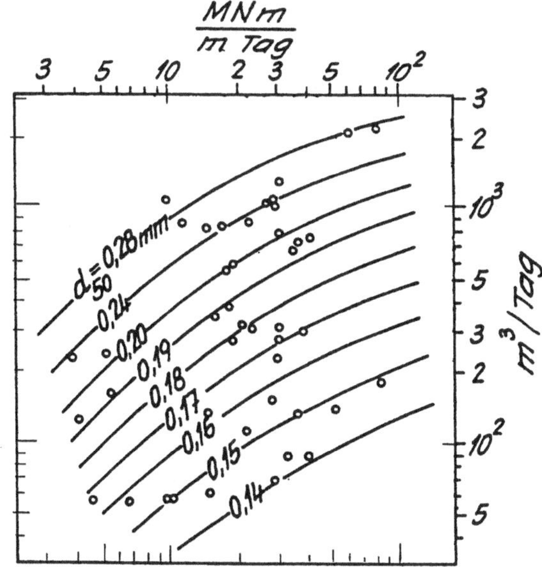

Abb. 7.11: Beziehung zwischen der küstenparallelen Komponente der Wellenleistung und der Rate des Sedimenttransportes an der Westküste der U.S.A. (INGLE, 1966).

Der Transport ist proportional zur Wellenleistung, d.h.

$$G_L^+ \propto K(Ecn)_b \sin 2\theta = K \frac{1}{2}(Ec)_b \sin 2\theta$$

$$= K \frac{\rho g^{3/2} H_b^{5/2}}{16 \sqrt{\gamma}} \sin 2\theta \qquad\qquad 7.72$$

im Flachwasser, wobei $c_b = \sqrt{gh} = \sqrt{g\,H_b/\gamma}$, γ der Brecherindex, K der Refraktionsindex und θ der Winkel zwischen dem Wellenkamm und der Sohlen-höhenlinie ist.

Wenn man die Transportrate in Volumen umwandelt, erhält man

$$Q_s = \frac{K(1 + e)}{16\sqrt{\gamma}(S_s-1)} \sqrt{g}\,H_b^{5/2} \sin 2\theta \qquad\qquad 7.73$$

wobei e die Porenkennziffer des Sandes ist. Wenn mann annimmt, daß H_b der RMS-Wert ist, dann ist $K \approx 0,77 - 0,80$ oder wenn H_b der $H_{1/3}$-Wert ist, dann ist $K \approx 0,32 - 0,34$. Für einen Sand von $d \approx 0,2$ bis $0,6$ mm ist $1/(1 + e) \approx 0,6$, $\gamma \approx 0,8$ und mit $S_s = 2,65$ wird

$$Q_s = 0,056 \sqrt{g}\,H_b^{5/2} \sin 2\theta \qquad\qquad 7.74$$

für RMS-Wellenhöhe oder $0,024$ für $H_b = H_{1/3}$.

Die empirischen Werte sind auf Abbildung 7.10 und 7.11 dargestellt.

Das "Shore Protection Manual" des U.S. Army Coastal Engineering Research Center nennt

$$Q\ (m^3/s) = 4,08 \times 10^{-5}\ P = 0,035 \sqrt{g}\,H_b^{5/2} \sin 2\theta \qquad\qquad 7.75$$

wobei P in $Nm\ s^{-1}\ m^{-1}$ und $H_b \approx H_{1/3}$ ist.

Es ist noch kurz darauf hingewiesen, daß die Gl. 7.74 zwei Transportraten angibt wie auf Abb. 7.13 dargestellt.

Daraus läßt sich die Form der Nehrungen erklären. Für eine gegebene Transport-menge gehört der $Q_s(\theta_2)$-Wert zu der Sandbank, der sich am Ende einer Nehrung oder einer Buhne bildet. Wenn die Sandzufuhr kleiner ist als die Transport-kapazität, dann ist $\theta_2 \geq \pi/2 - \theta_1$ und $Q_s \geq \pi/2 - 2\theta_1$. Wenn die Wellen durch die Sohltopografie eine Refraktion erfahren, entwickelt sich die Nehrung zu einer Kurve, so daß das Produkt $H_b^{5/2} \sin 2\theta$ entlang der Nehrung einen konstanten Wert beibehält, d.h. für Q_s = Konst.

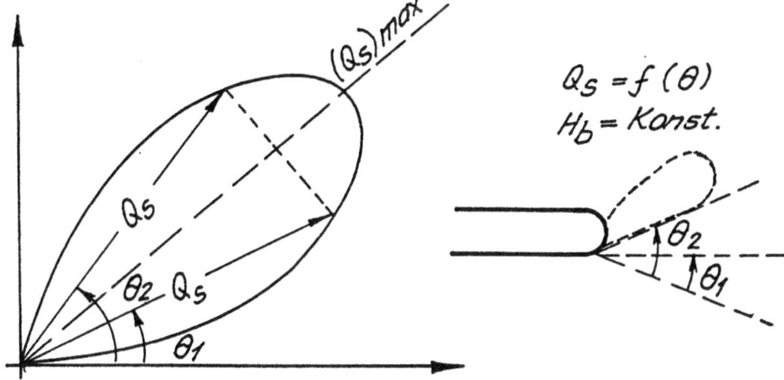

<u>Abb. 7.12</u> : Graphische Darstellung der Gl. 7.74

Die littorale Strömung in der Brandungszone wird qualitativ gut durch das
Modell von LONGUET-HIGGINS (1970) beschrieben. Hier ist noch zu bemerken,
daß das Bild der Abb. 7.13 auf monochromatischen Wellen beruht. Bei
einem unregelmäßigen Seegang ist das Geschwindigkeitsprofil mehr symmetrisch,
d.h. die Geschwindigkeiten sind zur See hin höher als bei der LONGUET-
HIGGINS-Lösung.

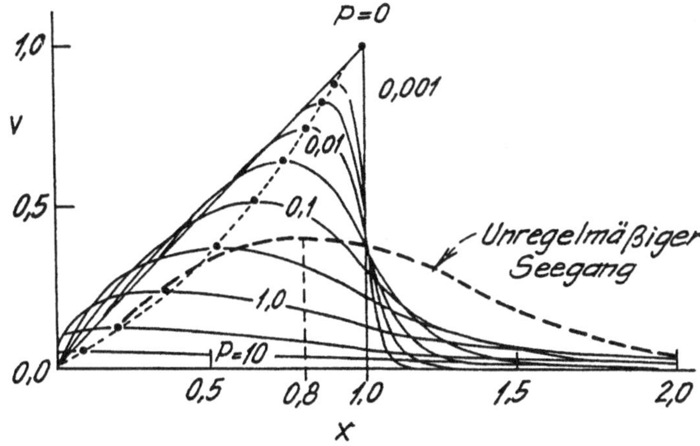

<u>Abb. 7.13</u>: Die Verteilung der mittleren Geschwindigkeiten der Strömung
entlang der Küste im Grundriß (littoral current) nach
LONGUET-HIGGINS. $V(=v/v_o)$ ist mit $v_o(P = 0)$ auf $x = 1,0$ und
x mit der Entfernung der Brandungslinie normalisiert.

Für die Anwendung muß man jedoch eine Diffusionskonstante für turbulente Durchmischung, einen Sohlreibungsbeiwert und eine Proportionalitätskonstante zwischen Wassertiefe und Brecherhöhe einführen. Hierzu fehlt es noch an Methoden, wie man diese abschätzen kann. Diese Schwierigkeit wird durch empirische Formeln für die mittlere littorale Geschwindigkeit umgangen.

Weitere Schwierigkeiten bei der Berechnung des Geschiebehaushaltes ergeben sich durch den Anteil des Sandtransportes infolge vorhander Rippströmungen, die in Lage und Größe veränderlich sind.

Die Probleme, die sich auf die Beschreibung des Küstenprofiles und die Geometrie der Küste beziehen, werden in dieser Arbeit nicht angesprochen.

Zum Schluß sei noch bemerkt, daß GRASS, A. J. (Rep. No FL 29, University College, Civil Engng, London, 1981) die Gedanken über die Sedimentbewegung unter Welleneinwirkung sowie einer überlagerten Strömung, was in Gl. 7.45 angedeutet ist, aufgegriffen hat und empirisch an Meßwerte anpaßte. Das Ergebnis ist, daß der Gesamttransport Q_s als proportional zur Massentransportrate des Sediments Q_{sg} in einer stationären Strömung ausgedrückt werden kann:

$$Q_s = MQ_{sg} \qquad\qquad 7.76$$

Der Beiwert M wurde über die logarithmische Geschwindigkeitsverteilung abgeleitet als

$$M = \left(1 + \eta \frac{V^2}{7,5\, u_*^2}\right)^{3/2} \qquad\qquad 7.77$$

worin η ein Wirkungsgrad ist (empirisch $\eta \approx 0,6$), V ist der quadratische Mittelwert (RMS) der Geschwindigkeit an der Sohle [$= 2\,\pi/(T \sinh 2\,\pi h/\lambda)$] und u_* ist die Schubspannungsgeschwindigkeit der überlagerten Strömung.
Z. B. mit Meßwerten aus dem Gebiet von "Maplin Sands" in der äußeren Themse Mündung:
$V = 0,263$ m/s, $u_* = 0,0262$ m/s und mit $\eta = 0,6$ ergibt sich M = 27,3.

8 Kohäsive Sedimente

8.1 Einleitung und Schrifttumsübersicht

Viele Böden sind bindig, besonders die landwirtschaftlich ertragreichen
Böden und die in vielen Buchten und Flußmündungen, aber die Kenntnisse
über die Physik der Erosionsvorgänge von bindigen Böden sind sehr begrenzt.
Abgesehen von biologischen Einflüssen, entsteht die Kohäsivität der bindigen Böden durch die eingemischten Tonmineralien.

Die wichtigsten Gruppen der Tonminerale (Schichtgitter - Silikate) sind
die Zweischicht- oder 1 : 1 -Tonminerale (Kaolinit, u.a.), Dreischicht-
oder 2 : 1 -Tonminerale (Montmorillonit, Illit, u.a.) und Vierschicht oder
2 : 1 : 1 -Tonminerale (Chlorit). Schichtsilikate enthalten in ihrer
Kristall-Struktur zwei Typen von Einheiten, die Al, Fe oder Mg-O-OH-Einheit
und die Silicium-Sauerstoff-Einheit. Die erste besteht in oktaedrischer
Struktur von dichtgelagerten Sauerstoff- oder Hydroxyl-Atomen, worin Al,
Mg oder Fe eingelagert sind. Die Silicium-Sauerstoff-Einheiten haben eine
Tetraeder-Struktur. Unter Struktur der Ionengebilde der Tonminerale versteht man die Muster, die durch die Form und Anordnung der Ionen hergestellt werden. Diese Einzelheiten sind in den Lehrbüchern für Mineralogie
erörtert.

Die Tonböden weisen nicht - wie der Sand - eine Einzelkorn-Lagerung auf,
die aus Einzelkristallen zusammengestellt sind. Die Tonböden besitzen
eine Textur und Bodengefüge. Unter Textur (oder Bodenart bzw. Körnung)
versteht man die Verteilung der Größen der mineralischen Einzelbestand-
teile, unter Bodengefüge oder Bodenstruktur (Fabric) die räumliche Anordnung der festen Bodenbestandteile. Die bindigen Böden sind gewöhnlich
eine Mischung von verschiedenen Tonmineralien, Sand und anderem körnigen
Material. Öfters ist in den Forschungsberichten der Boden nur als Lehm
bezeichnet.

Eine weitere Einteilung der Böden ist nach dem pH-Wert (Reaktion : basisch
für pH-Werte größer als 7 und sauer für kleinere Werte. Der pH-Wert ist
ein Maß der Wasserstoffionen-Konzentration). Böden mit hohen pH-Werten
neigen bei hohen Na-Gehalten zur Dispergierung und bei hohen Ca-Gehalten
zum Flocken. Bei niedrigen pH-Werten (< 5 in Böden) beginnen die Al-Ionen
wieder eine flockende Wirkung zu haben. Der mobile oder dispergierte Zu-

stand in Böden ist etwa bei pH von 5 bis 7, aber reine Tonmineralien haben ihre eigenen Bereiche der pH-Werte, jedoch kleine Mengen von einer anderen Tonart können diese Grenzen beeinflussen, z.B. kleine Mengen von Montmorillonit in Kaolinit.

Im Folgenden ist die Aufmerksamkeit hauptsächlich auf Tonmineralien konzentriert, um zuerst das Verhalten der Tonmineralien zu verstehen. Danach muß man das Bild auf Mischungen von Tonmineralien erweitern. Daher gehen auch, z.B., die verwendeten pH-Werte weit darüber hinaus, was man in der Natur erwarten kann. Es wird hier nicht auf die allgemeinen Landböden oder die empirische "Universal Soil Loss Equation" eingegangen. Die Behandlung ist weiter auf Erosion durch eine Strömung beschränkt, die durch Regentropfen wird nicht behandelt.

Die Eigenschaften der bindigen Böden in Bezug auf die Erosion durch Wasser sind durch die mineraologische Zusammensetzung, die Chemie des Porenwassers und des erodierenden Wassers sowie auch durch die Zustände während der Konsolidierung bestimmt. Die Erosion hat man vorwiegend mit den Parametern der Bodenmechanik beschrieben, wie Schubfestigkeit, Flügelscherfestigkeit, Atterberg-Grenzen, welche man aber nicht durch Parameter der Bodenphysik und der Bodenchemie definieren kann. Die geläufigen Parameter sind <u>Korngröße, Dispersionsverhältnis, Tonanteil, Atterberg-Grenzen, Schub- und Zugfestigkeit</u> des Bodens, <u>Wassergehalt</u>, <u>Salzgehalt</u>, <u>Temperatur</u> und <u>Natrium Adsorptionsverhältnis</u>. Die Verwendung dieser Parameter hat zu keinen allgemein anwendbaren Resultaten geführt, und man ist gezwungen, auf Erfahrungswerte zurückzugreifen, wie sie z.B. von FORTIER und SCOBEY (1926) angegeben wurden.

In nicht-bindigen Böden hat die <u>Korngröße</u> einen dominierenden Einfluß, da das Gewicht im Verhältnis zur dritten Potenz des Durchmessers steht. Bei bindigen Böden ist das Gewicht des Teilchens dagegen ganz belanglos im Vergleich zu den elektrochemischen Kräften. Das Schrifttum über Aerosole zeigt, z.B., daß die Adhäsionskräfte umgekehrt proportional zu dem Durchmesser angenommen werden können.

O'NEILL (1968) z.B. zeigte, daß der Bewegungsbeginn, der durch das Gleichgewicht zwischen Schubkraft in der Grenzschicht, $F_D \propto \rho v^2 (u_* d/v)^2$, und der Adhäsionskraft, $F_A \propto d$, definiert ist,

$$\tau \propto d^{-1} \qquad\qquad\qquad 8.1$$

führt, wobei τ die Schubspannung, ρ die Dichte des Fluids, v die kinematische Zähigkeit, u_* die Schubspannungsgeschwindigkeit und d der Korndurchmesser ist. CLEAVER und YATES (1973) erhielten für die Auftriebskraft, F_L, in der Grenzschicht im Bereich niedriger REYNOLDS-Zahlen $F_L \propto \rho v (u_* d / v)^3$, woraus sich mit $F_A \propto d$

$$\tau \propto d^{-4/3} \qquad\qquad 8.2$$

ergibt. Meßwerte, die von CROAD (1981) aufgetragen wurden, zeigen die Tendenz (Abb. 8.1), die auch mit der Auftragung von SUNDBØRG (1956) (Abb. 8.2) in Einklang steht.

Das "U.S. BUREAU OF RECLAMATION" benutzte mit geringem Erfolg das Dispersionsverhältnis zur Bestimmung des Erosionsverhaltens von bindigen Böden. Das Verhältnis ermittelt sich aus den Tonanteilen (d < 5 µm) in der dispergierten (mechanische und chemische Dispersion) und der nicht dispergierten Probe. Abbildung 8.3 enthält einige Meßwerte. Dabei zeigt sich, wie zu erwarten, daß Böden, die leichter dispergieren, einen geringeren Erosionswiderstand aufweisen. Tonarten, die viel Natrium enthalten (z.B. Na = Montmorillonite), werden als dispersive Böden bezeichnet. Im allgemeinen sind Böden nicht dispersiv, wenn der Gesamtgehalt der Salze im Porenwasser weniger als 1,0 moal/l (milli-äquivalent) beträgt, jedoch schon kleine Mengen von bestimmten Salzen in dem erodierenden Wasser verringern die Dispersion. Kleine Werte des Dispersionsverhältnisses bedeuten nicht immer, daß der Boden in der Natur nicht dispersiv ist. Es ist noch wichtiger zu beachten, daß ein dispersiver Boden mit hohem Dispersionsverhältnis und niedriger kritischer Schubspannung nicht unbedingt hohe Erosionsraten aufweisen muß. Die Erosionsraten können - im Vergleich zum nicht dispersiven und mechanisch stärkeren Ton - sogar niedriger sein.

Mit wachsendem Tonanteil wächst auch die Plastizität des Bodenmaterials, das Ausmaß des Schrumpfens und Quellens, die Kompressibilität und die Kohäsion wachsen, während die Durchlässigkeit und der innere Reibungswinkel abnehmen. Im Vergleich zu anderen Mineralien besitzen Tonmineralien eine sehr starke Affinität oder Verbindungskraft zum Wasser, so daß näherungsweise von einer physikalischen Verbindung zwischen Wasser und Ton ausgegangen werden kann. Der Anteil von Ton, der nötig ist, um die Poren bei einem gegebenen Wassergehalt auszufüllen, so daß die Körner sich nicht berühren, ist ungefähr

$$c = 48,4 - 1,42 \, w \qquad\qquad 8.3$$

wobei w Gewichtsprozent Wasser (bezogen auf das Trockengewicht) angibt.

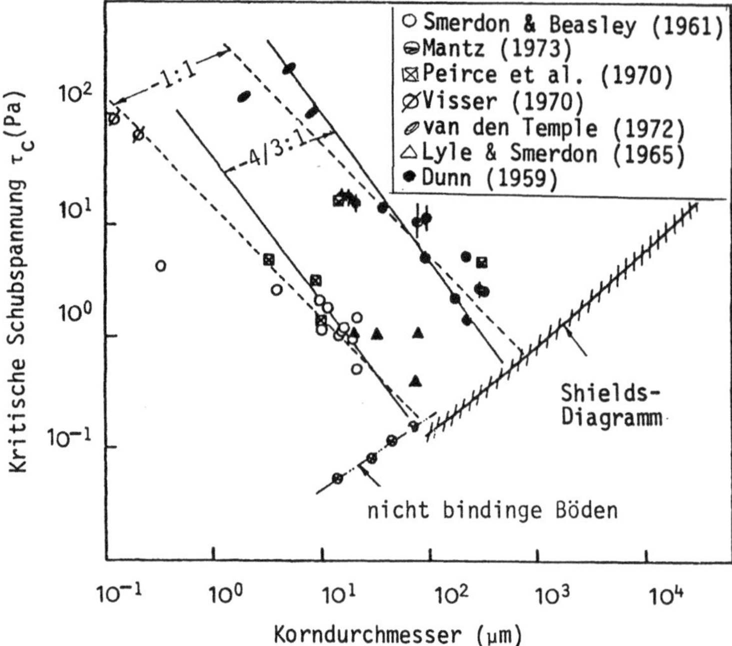

Abb. 8.1: Kritische Schubspannung gegen Korndurchmesser

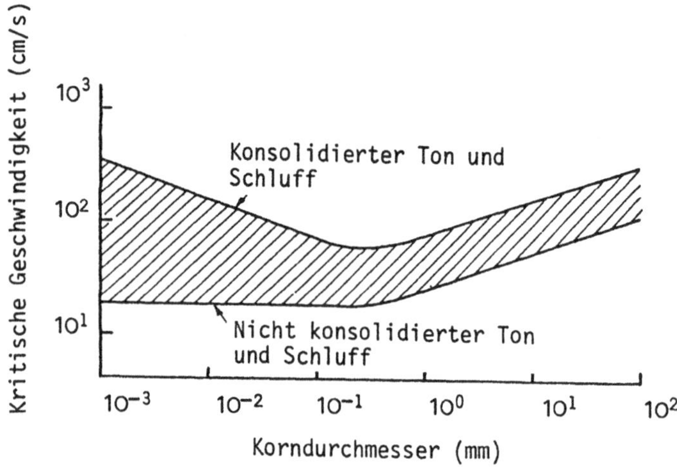

Abb. 8.2: Kritische Geschwindigkeit gegen Korndurchmesser nach SUNDBØRG (1956).

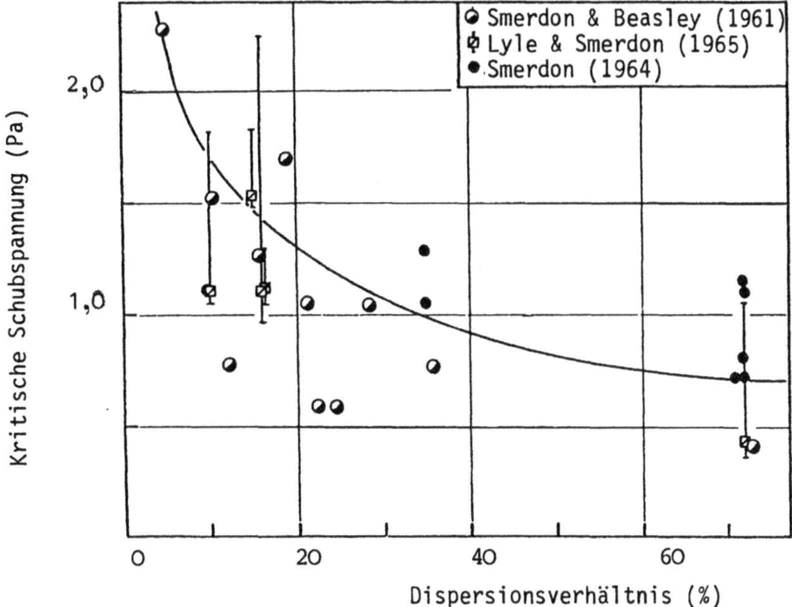

Abb. 8.3 : Kritische Schubspannung als eine Funktion des
Dispersionsverhältnisses

Die Gleichung zeigt, daß schon bei einem Wassergehalt von 30 %, der niedrig
ist, nur 6 % Ton nötig sind, oder umgekehrt, daß bereits 10 % Tongehalt
die Eigenschaften des Bodens fast völlig bestimmen. Für nicht-bindige Böden (d > 10 μm) ist die kritische Schubspannung ungefähr 0,1 Pa, aber
bei 10 % Tongehalt kann sie den dreißigfachen Wert erreichen (Abb. 8.4).

Die Atterberg-Grenzwerte hat man weitgehend als einen Maßstab für die Bestimmung des Erosionsbeginns verwendet. Aus Abbildung 8.5 bis 8.7 sieht
man, daß z.B. mit wachsendem Plastizitätsindex auch der Widerstand gegen
Erosion wächst. Die Meßwerte lassen jedoch keinen Zusammenhang erkennen.

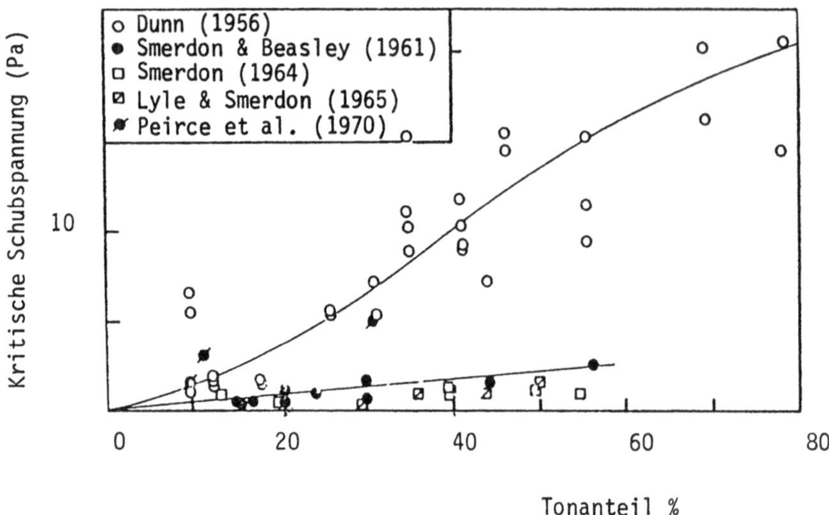

Abb. 8.4 : Kritische Schubspannung als eine Funktion des Tonanteiles

Die Festigkeit des Tones scheint ein logischer Wert für die Erosionsstabilität zu sein, sie findet daher auch in einer Anzahl von Veröffent-
lichungen Verwendung, wo für verschiedene Tonarten eine Beziehung zwischen Schubfestigkeit (kritischer Schubspannung) und dem Beginn der Erosion
hergestellt wird. Die Zusammenstellung von CROAD(1981)(Abb. 8.8) zeigt eindeutig, daß eine derartige direkte Beziehung nicht besteht. DUNN (1959)
und das TASK COMMITTEE (1968) ermittelten meßtechnisch die Flügelscherfestigkeit, die Werte von FLAXMAN (1963) sind Schubfestigkeiten, die aus
Druckversuchen mit unbehinderter Seitenausdehnung herrühren.

Einige Forscher haben die Erosion der Tonböden als Pflücken (Herauslösen)
von Tonstücken oder Aggregaten aus der Oberfläche - was durch Auftrieb
geschehen könnte - beschrieben. Für einen solchen Vorgang ist die Zugfestigkeit des Tones als maßgebend anzusehen, aber nur DASH (1968) hat
die Erosion als eine Funktion der Zugfestigkeit untersucht. Aus den Untersuchungen läßt sich lediglich folgern, daß eine größere Zugfestigkeit des
Bodenmaterials eine höhere Erosionsfestigkeit erwarten läßt.

Die kritische Schubspannung ist auch als eine Funktion des Wassergehaltes
untersucht worden. Auch hieraus kann nur die Aussage gewonnen werden, daß
mit steigendem Wassergehalt die kritische Schubspannung sinkt.

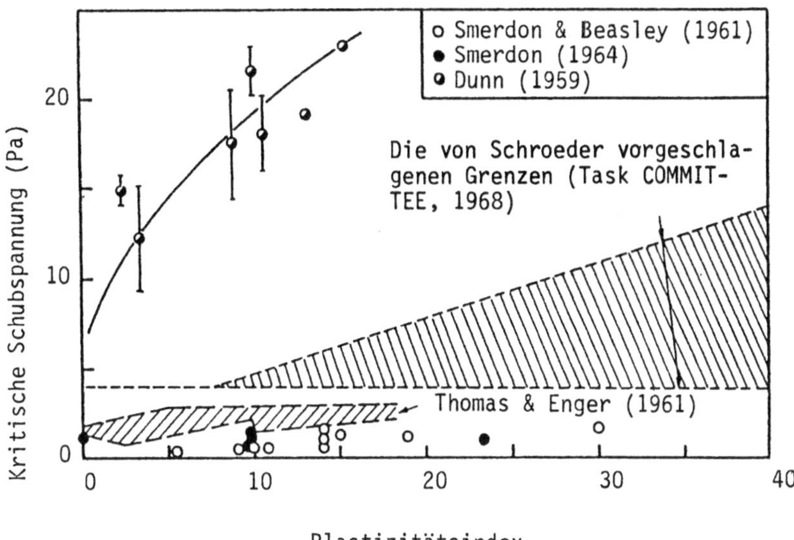

Abb. 8.5: Kritische Schubspannung als eine Funktion des Plastizitäts-
indexes.

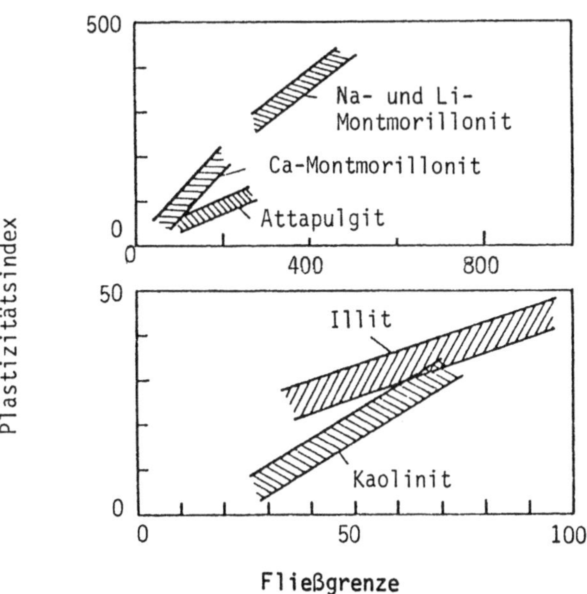

Abb. 8.6: Plastizitätsindex gegen Fließgrenze für Tonmineralien
(GRIM, 1962).

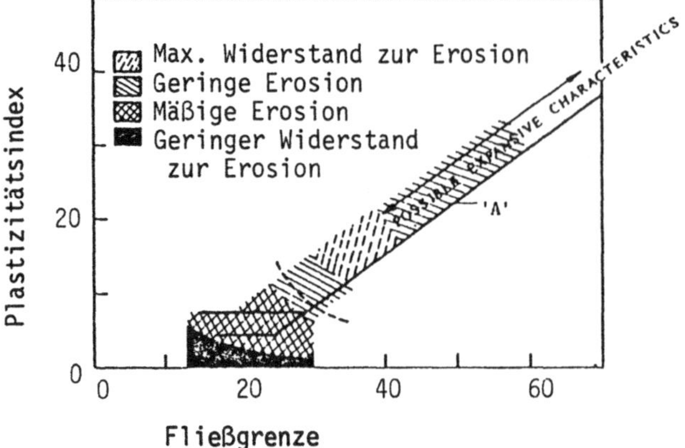

Abb. 8.7: Tendenzen für Erosionseigenschaften als Funktion des Plastizitätsindex und der Fließgrenze der bindigen Böden. "A" - Dispersive Eigenschaften möglich.

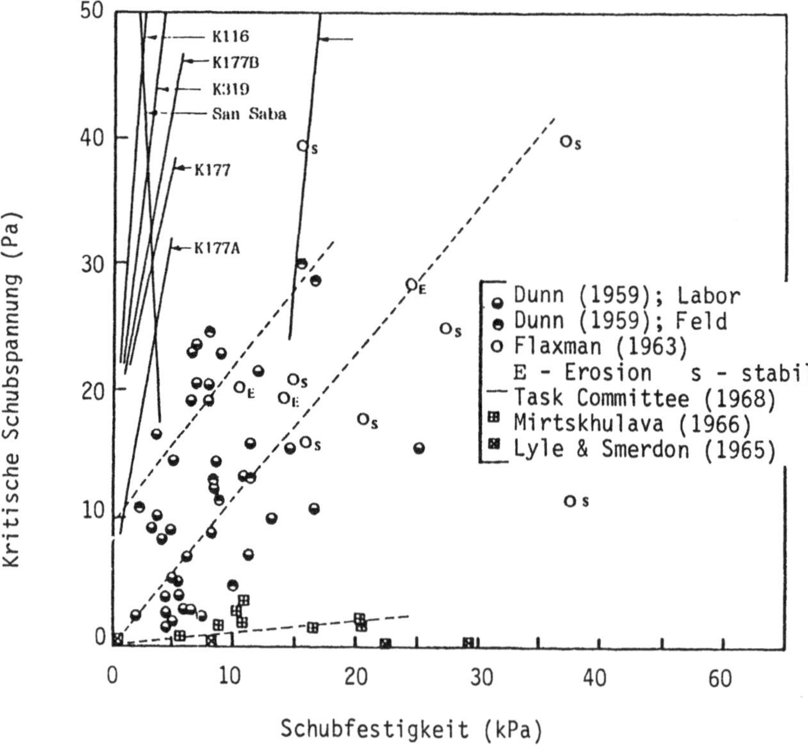

Abb. 8.8: Kritische Schubspannung als eine Funktion der Schubfestigkeit.

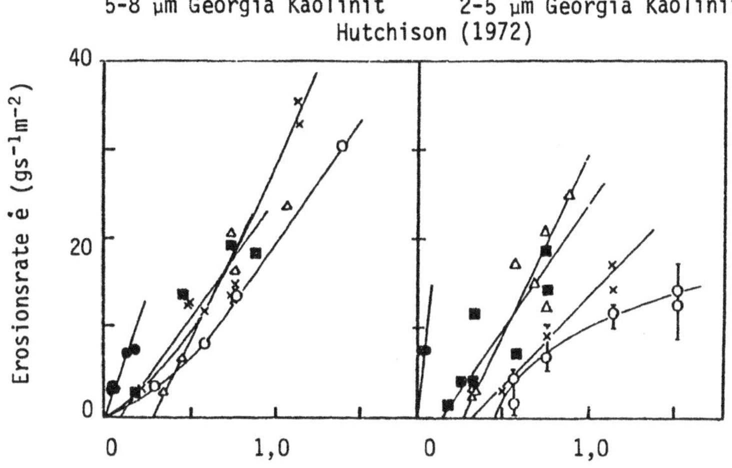

Erosionsrate als eine Funktion der Schubspannung. $\times$ -305⁰ K, 0,1 M $NaOH_3$ O -291 & 294⁰ K(rechts) 0,01 M $NaNO_3$; $\triangle$ -300 & 305⁰ K(rechts) 0,005 M $NaNO_3$; ▦ -291 & 305⁰ K(rechts) 0,005 M $NaNO_3$; ● -297⁰ K entionisiertes Wasser.

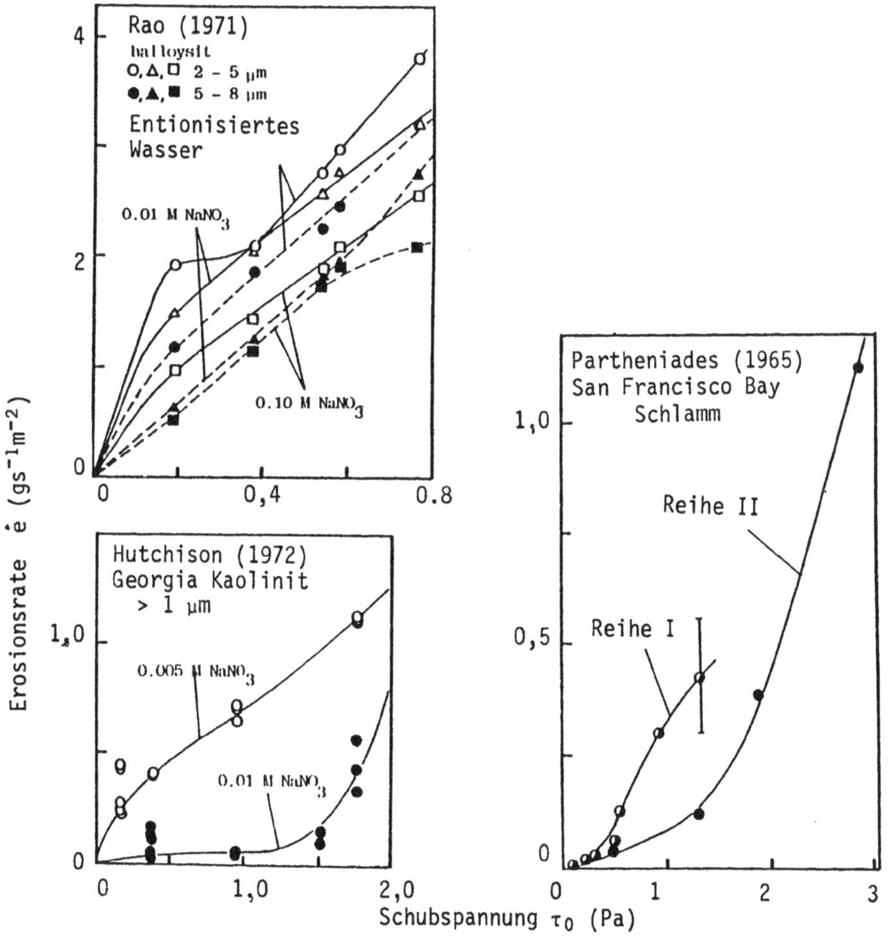

<u>Abb. 8.9:</u>   Erosionsrate als eine Funktion der Schubspannung.

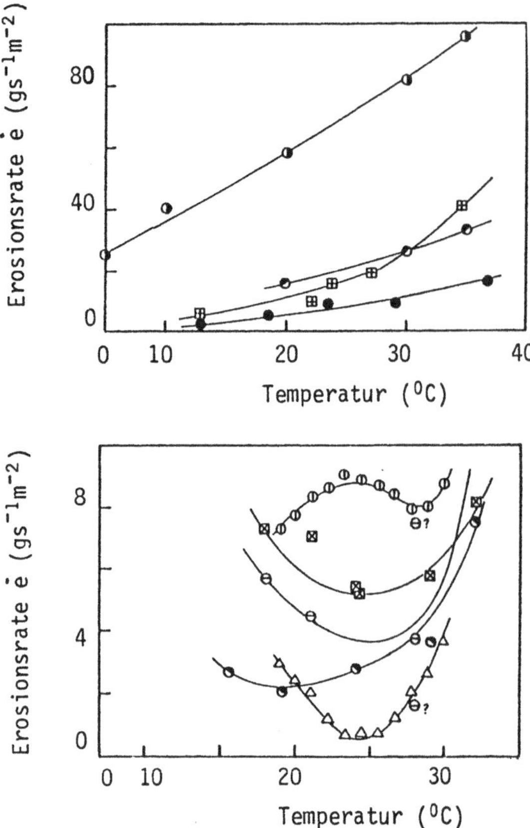

		Ton	Elektrolyt (mol/1)	τ_0 (Pa)
Grissinger (1966)	◐ ◓	Grenada Schluff mit Tonanteil		
		- " - +20% Kaolinit		
Christensen & Das (1973)	⊞ ●	Kaolinit Grundit		0,56 0,49
Hutchison (1972)	◐ ⊠ ⊖	5-8 μm Kaolinit 2-5 μm Kaolinit 2-5 μm Kaolinit	0.005 M NaNO₃	0,06 0,06 0,71
Rao (1971)	△ ⏀	2-5 μm Halloysit 2-5 μm Halloysit	0.1 M NaNO₃	0,78 0.78

Abb. 8.10:   Erosionsrate als eine Funktion der Temperatur.

Die Erosionsstabilität wächst aber schnell, wenn der Wassergehalt geringer als ein für die jeweilige Tonart bestimmter Wert wird. Die Festigkeit des Tones beruht auf dem Haftvermögen zwischen den Partikeln und auf der Zahl der Verbindungen (die Punkte, wo die elektro-chemischen Kräfte zwischen den Partikeln wirken). Mit wachsendem Wassergehalt nimmt die Zahl der Verbindungen ab und damit auch die Festigkeit des Tones. Der Wassergehalt bei der Konsolidierung übt auch einen starken Einfluß auf das Erosionsverhalten des Tones aus. GRISSINGER (1966) zeigte, daß "Proben mit einer nicht orientierten Struktur bei zunehmendem Anfangswassergehalt nach Konsolidation, für eine gegebene Schubspannung wachsende Erosionsraten und daß Proben mit nicht orientierter Struktur stark zunehmender Raten mit dem Anfangswassergehalt (antecedent water) aufwiesen".

Für gegebene Randbedingungen wächst die Erosionsrate, e, mit der Schubspannung, τ_0, aber die Meßwerte zeigen nicht, daß die Funktion e gegen τ_0 eine universelle Form aufweist (Abb. 8.9).

Die Beziehung zwischen der Erosionsrate und der Temperatur ist noch komplexer (Abb. 8.10). Im allgemeinen zeigen die Meßwerte, daß die Erosionsrate mit der Temperatur wächst, obwohl die Bodenschubspannung durch die abnehmende Zähigkeit kleiner wird. Die Abhängigkeit der kritischen Schubspannung von der Temperatur wurde für Bentonit von LIOU (1970), die der Erosionsrate von der Temperatur für Halloysit von RAO (1971) und für Kaolinit von RAUDKIVI und HUTCHISON (1974) untersucht. RAUDKIVI und HUTCHISON drückten die Erosionsrate, e, durch die Arrhenius-Gleichung

$$e = Ae^{-\Delta E/RT} \qquad\qquad 8.4$$

aus und MITCHELL (1976) hat diese Gleichung für die Deformationsgeschwindigkeit angewandt (Die Gleichung wird noch weiter behandelt werden). Sie argumentierten, daß die Erosionsrate erst abnimmt, bedingt durch die Abnahme der Schubspannung mit wachsender Temperatur und danach ansteigt, weil die Festigkeit des Tones mit der Temperatur abnimmt.

Eine Zunahme der Gehalte an bestimmten Salzen im Porenwasser führt zu einer Verringerung der Dicke der HELMHOLTZ-Doppelschicht und zu einer Abnahme der abstoßenden Kräfte, wodurch die Erosionsfestigkeit steigen sollte. Die verschiedenen Messungen der kritischen Schubspannung zeigen auch eine nahezu linear mit dem Salzghelat ansteigende kritische Schubspannung (Abb. 8.11). Die Menge des Salzes hängt von der Valenz des Kations ab.

138

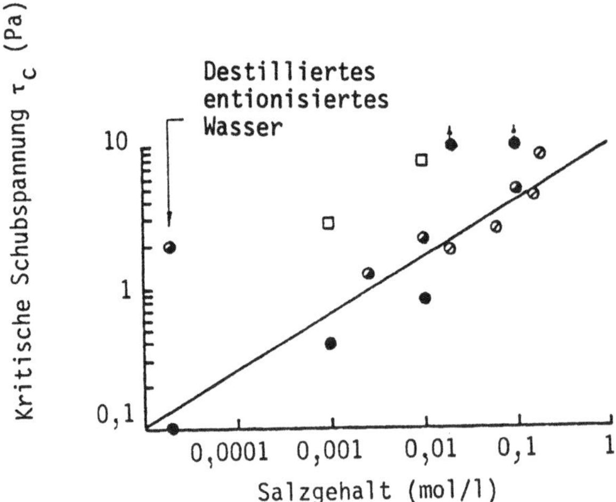

Yolo Lehm, SAR = 5.   Riley & Arulanandan (1972)
Yolo Lehm, SAR = 35.   Arulanandan et al. (1975)
Yolo Lehm, SAR = variabel, Sargunam et al. (1973)
Bentonit, Liou (1970)

<u>Abb. 8.11</u> : Kritische Schubspannung als eine Funktion der
Salzkonzentration (Na Cl)

Bei 2-wertigen Kationen, wie z.B. in $CaCl_2$-Lösung, erreicht man mit weniger Salz denselben Effekt, wie mit einer NaCl-Lösung (Na-einwertig). Eine
Ausnahme im Erosionsverhalten bilden die Quellungskolloide. Das Natrium hat
einen besonders großen Einfluß auf Toneigenschaften. Eine Beziehung zwischen
den Konzentrationen der auf den Mineralien sorbierten Ionen und den Ionen
im umgebenden Wasser für den Gleichgewichtszustand gibt die GAPON Gleichung

$$\left[\frac{Na^+}{Ca^{++} + Mg^{+++}}\right]_T = K \left\{\frac{Na^+}{[(Ca^{++} + Mg^{++})/2]^{1/2}}\right\}_E \qquad 8.5$$

wobei K die Selektivitätskonstante ist und die Konzentration in Milli-
äquivalenten pro Liter angegeben wird, T bezieht sich auf Ton und E auf
den Gleichgewichtszustand.

Hierin ist

$$\frac{Na^+}{[(Ca^{++} + Mg^{++})/2]^{1/2}} = SAR \ (moal/1)^{1/2} \qquad\qquad 8.6$$

als Natrium Adsorptionsverhältnis (SAR) (sodium adsorption ratio) bekannt.
Allgemein ausgedrückt, sind die Verbindungen zwischen den Plättchen, aus
denen das Tonmineral besteht, stärker für die Ca- oder Mg-Tonarten, als
für Na- oder Li-Tonarten. Daher ist das Quellungspotential von Na- oder Li-
Montmorillonit höher als das von Ca- oder Mg-Montmorillonit, wo etwa 80 %
der Ionenaustauschkapazität mit Ionen im Kristallnetz befriedigt werden.
Bei Na- oder Li-Montmorillonit sind die Plättchen hauptsächlich über Ionen
verbunden.

Erosionsabhängigkeit der Quellungskolloide von SAR ist eine Funktion des
Verhältnisses zwischen der Salzkonzentration des Porenwassers und des erodierenden Wassers. Wenn der Salzgehalt in dem erodierenden Wasser kleiner
als in dem Porenwasser ist, treten Quellungserscheinungen auf, die Verbindungen in dem Ton werden geschwächt, z. B. während des Ebbestromes.

Die Ionisation von Silikatmineralien, wie Kaolinit, führt zu positiven La-
dungen auf den Rändern der Kaolinit-Teilchen und ist vom pH-Wert abhängig.
Niedrige pH-Werte führen zur Flockenstruktur (positive Rand- und negative
Flächenladung) und ergeben somit meistens einen höheren Erosionswiderstand.
Mit einem hohen pH-Wert und hohen SAR-Werten treten dispergierte Struktur
und niedrigere Erosionswiderstände auf.

Es gibt auch Versuche, bei denen die Kationenaustauschkapazität dem Erosionswiderstand gegenübergestellt war, die Meßwerte geben aber hauptsächlich die
Korn- oder Teilchenverteilung wieder, weil die Austauschkapazität unmittelbar mit der Größe der Gesamtoberfläche der Teilchen des Tones zusammenhängt.

Das elektrische Potential der Teilchenoberfläche (Zeta-Potential,ζ) ist
eine Funktion des Salzgehaltes und des pH-Wertes ; sie kann positive und negative Werte annehmen. RAUDKIVI (1976) argumentierte, daß der Erosionswiderstand größer sein müßte, wenn die pH-Werte höher liegen. Die Wassermoleküle,
die das Teilchen umgeben, haben zwei Pole und sie werden durch das elektrische Feld orientiert, wobei der Ordnungszustand mit dem pH-Wert steigt. Das
Wasser wird in seiner Konsistenz mehr eisähnlich (zäher) und der Erosionswiderstand sollte steigen. Das Problem ist jedoch nicht so einfach und das
Argument wird fragwürdig, wenn die Zugfestigkeit den Erosionswiderstand be-

stimmt. Aber auch die Ladung auf den Teilchen änderte sich mit dem
pH-Wert, z.B. ist für Kaolinit die Ladung positiv für pH-Werte kleiner als
drei, positiv an Rändern und negativ auf Flächen für pH-Werte zwischen
3 und 7, 5, und negativ Ladung für pH-Werte größer als 7, 5.

8.2   Ton-Wasser Elektrolytsystem

Es ist wichtig zu betonen, daß bindige Böden ein Ton-Wasser-Elektrolyt-
system bilden, in dem die Wechselwirkung zwischen den Tonmineralien und
dem Elektrolyt die Eigenschaften des Bodens bestimmen und die mechanischen
Kräfte, wie z.B. das Gewicht des Teilchens, von sehr geringer Bedeutung sind.
In Abbildung 8.9 ist z.B. dargestellt wie stark sich die Erosionsrate eines
grobkörnigen Kaolinits mit einer Eigenschaft des Elektrolyts, hier Salzgehalt, ändert. Die Wechselwirkung beeinflußt die Eigenschaften des Tones
in allen Phasen der Entstehung, die Struktur des Tones ist z.B. stark von
den chemischen Eigenschaften des Wassers während der Sedimentierung beeinflußt, und die Konsolidierung ist **von den**   Eigenschaften und Konzentration der Ionen in dem Porenwasser abhängig. In diesem Zusammenhang üben
auch die Moleküle der organischen Substanzen einen großen Einfluß aus.

Mit der Entfernung von der Oberfläche der Tonmineral-Partikel ändert sich
die Verteilung der Ionen in dem Elektrolyt, und es bildet sich eine sogenannte elektrische Doppelschicht (Abb. 8.12). Zwischen zwei Phasen aller
Substanzen in Berührung entsteht ein inneres oder galvanisches Potential,
ϕ, das in zwei Potentiale zerlegt werden kann, in das Volta-Potential,
ψ, das durch die Ladungen auf der Fläche und in das Chi-Potential, χ,
das durch die Dipole an der Fläche entsteht, d.h.

$$\phi = \psi + \chi \qquad\qquad\qquad 8.7$$

Der Unterschied im elektrischen Potential zwischen zwei Phasen 1 und 2
ist

$$\phi = \phi_1 - \phi_2 = \Delta\psi + \Delta\chi \qquad\qquad\qquad 8.8$$

Die Fläche des Kristalles besitzt ein elektrisches Potential, ϕ_F. Die Fläche durch die Mitte der adsorbierten dehydratisierten Ionen wird als innere HELMHOLTZ-Ebene oder GRAHAME-Schicht, und die Fläche durch die Mitte
der hydratisierten Ionen in der nähesten Lage zum Kristall wird als äußere
HELMHOLTZ-Ebene (Stern- oder Gouy-Schicht) bezeichnet. Das Potential in

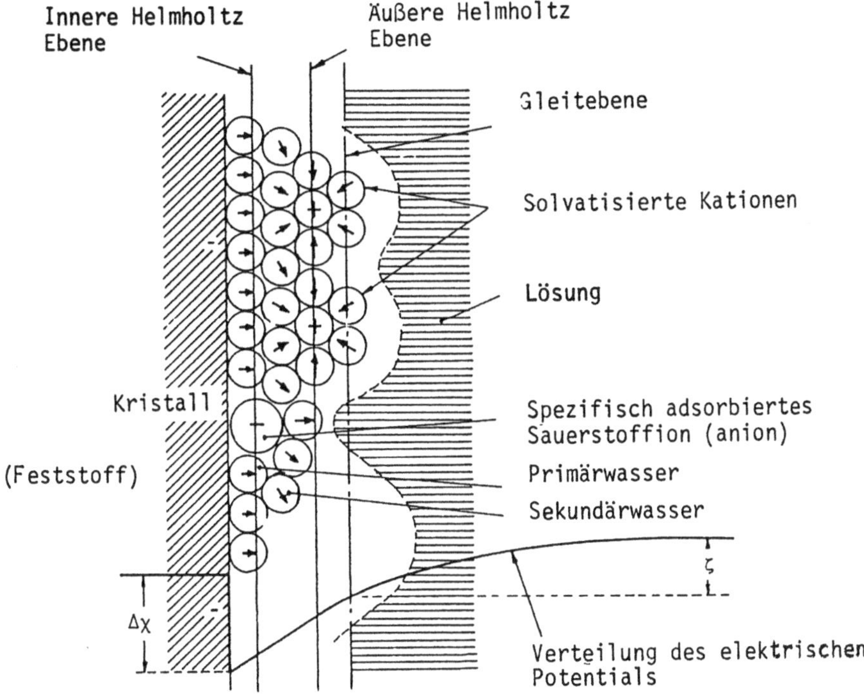

Abb. 8.12 : Schematische Darstellung von einer geladenen Kristallfläche und der elektrischen Doppelschicht

der Ebene, in der die Ionen in den Elektrolyt über die anhaftenden Ionen gleiten, liegt noch etwas weiter von der Kristalloberfläche und ist als das Zeta-Potential, ζ, bekannt.

Wenn die Ladungsdichte auf dem Kristall (der Phase) zu Null wird, ist $\Delta\psi = 0$ und $\Delta\phi = \Delta\phi_0 = \Delta\chi$, wobei $\Delta\phi_0$ das Potential bei der Null-Ladung auch als das LIPPMAN-Potential oder als iep-Wert (isoelectric point) bekannt ist.

Es gibt zwei Hauptursachen für eine Ladung auf den Tonmineralien :

1. Die isomorphe Substitution. Dabei wird durch die Substitution z.B. von Al^{3+} für Si^{4+} oder Mg^{2+} für Al^{3+} im Kristallnetz eine negative Netto-ladung erzeugt, die über die negative Flächenladung dominiert.

2. Die mineralogischen Oxyde führen durch die Ionisierungen der gebrochenen

Verbindungsflächen zu Netzladungen, z.B.,

$$M] - OH + H_2O \rightleftharpoons M] - O + H_3O^+ \qquad\qquad 8.9$$

$$M] - OH + H_3O^+ \rightleftharpoons M] - OH_2^+ + H_2O \qquad\qquad 8.10$$

wobei M] das Oberflächenmetall (z.B. Al, Mg) ist. Die Reaktion nach
Gl. 8.9 führt zur negativen Ladung in dem Kristallnetz und nach Gl. 8.10
zur positiven Ladung. In Tonmineralien verhalten sich die Ränder der Netzstruktur wie die Flächen der gebrochenen Verbindungen der einfachen Oxyde,
aber die Flächen der Netzstruktur sind gewöhnlich nicht ähnlich reaktiv.

Unter gewissen Verhältnissen von Temperatur und pH-Wert zeigen die Tonmineralien eine Ionen-Austauschkapazität, wodurch Ionen aus dem Porenwasser
mit Ionen an der Fläche oder dem Kristallnetz die Positionen wechseln. Die
primären Austauschvorgänge sind :

1. Die Adsorption von Kationen, um die negative Ladung der gebrochenen
Verbindungen auszugleichen.
2. Die Adsorption, um die Ladung, die durch isomorphe Substitution entstand,
auszugleichen.
3. Der Austausch von Kationen mit dem Wasserstoff von freigesetzten Hydroxy-
den.

Die isomorphen Substitutionen finden hauptsächlich auf den kristallinen
Spaltflächen statt. Für Montmorillonit und Vermikulit (vermiculite) ist
dies etwa 80 % der Substitutionskapazität : da die Kationen ihre Hülle
von orientierten Wassermolekülen nicht ablegen, haben diese Tonarten ein
hohes Quellungsvermögen.

Die verschiedenen Ladungen der Teilchen führen zu gegenseitigen Einwirkun-
gen zwischen den Teilchen. In Kaolinit, z.B., wenn der pH-Wert kleiner als
der iep-Wert der Randflächen ist, sind diese positiv geladen und das
elektrostatische Potential zwischen den Rand- und Flächen führt dann zu
einer "Kartenhaus"-Struktur. Für pH-Werte entsprechend der iep-Werte
der Randflächen sind die Rand-Rand-Verbindungen bevorzugt, die durch die
van der Waals-Kräfte entstehen, während die Abstoßungskräfte ein Minimum
haben.

Zusätzlich zu den Kräften, die durch die elektrische Ladung verursacht
werden, sind noch die van der Waals-Kräfte wichtig, die zwischen den
Atomen der Teilchen wirksam werden, wenn diese sich einander nähern.

8.3 Modelle für die Erosion durch Wasser

Es scheint, daß das Modell von PARTHENIADES (1965) als erstes eine bestimmte Erosionsrate eines bindigen Bodens als eine Funktion der Sohlschubspannung angibt. Das Erosionsmodell für die Sohle eines ausgeflock-
ten Tones in einem lockeren Zustand ist schematisch auf Abb.8.13 dargestellt.

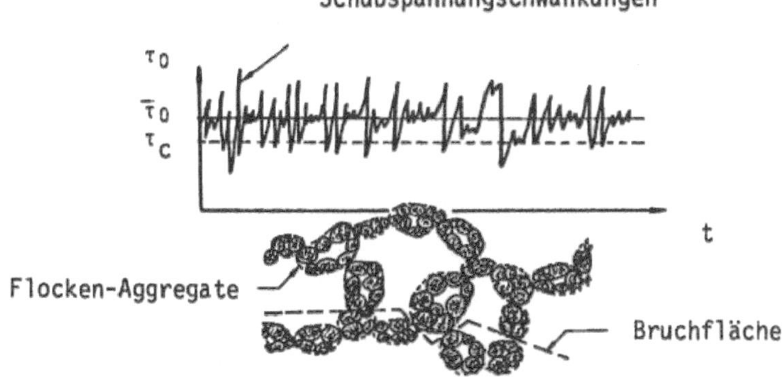

Abb. 8.13 : Schematische Darstellung des Erosionsmodells von
PARTHENIADES (1965)

Die Sohle ist einer willkürlich veränderlichen Schubspannung ausgesetzt.
Es ist angenommen, daß die maximale Spannung zwischen den Teilchen, σ_m,
der Sohlschubspannung, τ_0, proportional ist, und daß die Haftspannung
zwischen den Teilchen, σ_p, der makroskopischen Schubfestigkeit,c, proportional ist. Die Erosionsrate, $\dot{e}$ ($gs^{-1}\,m^{-2}$), wurde durch

$$\dot{e} = (\rho_f \alpha_v d_f^3)\,(\frac{1}{\alpha_a d_f^2})\,(\frac{1}{\bar{t}_i})\,\text{Prob.}\{\sigma_m > \sigma_p\} \qquad 8.11$$

ausgedrückt. Das erste Glied in Klammern ist die Masse eines erodierenden
Stückchens (Aggregat), ρ_f ist die Trockendichte des Stückchens, d_f ist sein
Äquivalent-Durchmesser, α_v ist ein volumetrischer Formbeiwert (ungefähr
gleich $\pi/6$ oder 0,5). Das zweite Glied gibt die Zahl der Klumpen pro Flächeneinheit an, wobei α_a ein flächenhafter Formbeiwert ist (ungefähr gleich
$\pi/4$ oder 0,8). Das dritte Glied gibt die Erosionsfrequenz an, worin $\bar{t}_i$
die mittlere Zeit für die Wirkung der Kräfte, die den Klumpen lösen, ist.

144

Das letzte Glied ist die Wahrscheinlichkeit (Prob.), daß für ein Aggregat
(Stückchen) die erodierenden Kräfte die Widerstandskräfte übersteigen.
PARTHENIADES benutzte hierfür die Gaußverteilung

$$f(r) = \frac{1}{S\sqrt{2\pi}} \exp\left[- \frac{(r')^2}{2S^2}\right] \qquad 8.12$$

wobei $r' = \tau_0'/\bar{\tau}_0 = \tau_0/\bar{\tau}_0 - 1$ die normalisierten Schubspannungsschwankungen angibt ($\tau_0 = \bar{\tau}_0 + \tau_0'$) und S beschreibt die Standardabweichung der
Schwankungen

$$S = \left[\overline{(\tau_0')^2}\right]^{0,5}/\bar{\tau}_0 \qquad 8.13$$

Die Wahrscheinlichkeit ($\sigma_m > \sigma_p$), d.h. Prob. ($\sigma_m > \sigma_p$), wird als das
Ereignis mit

$$\frac{\sigma_m}{\sigma_p} = \frac{k\tau_0}{c} > 1 \qquad 8.14$$

angenommen, worin k ein Proportionalitätsbeiwert ist. Für positive Werte [+])
momentaner Schubspannungen führt dies zu

$$\text{Prob.}\{\sigma_m > \sigma_p\} = 1 - \frac{1}{S\sqrt{2\pi}} \int\limits_{-\left[(c/k\tau_0)+1\right]}^{\left[(c/k\bar{\tau}_0)+1\right]} \exp\left[- (r')^2/2S^2\right] dr \qquad 8.15$$

und zu der Erosionsrate

$$\dot{e} = \frac{\alpha d_f \rho_f}{\bar{t}_i} \left\{1 - \frac{1}{\sqrt{2\pi}} \int\limits_{-\left[(c/k\bar{\tau}_0)+1\right]/S}^{\left[(c/k\bar{\tau}_0)+1\right]/S} \exp\left(- \frac{t^2}{2}\right) dt\right\} \qquad 8.16$$

worin α ein Proportionalitätsbeiwert, gleich $\alpha_v/\alpha_a \approx 2/3$, und $t = r'/S$
ist. Das Integral ist in mathematischen Handbüchern tabelliert, d_f, ρ_f,
$\bar{t}_i$ und k sind dagegen unbekannt. Wenn Meßwerte vorliegen, kann man die als
$\log \dot{e}$ gegen $\log \bar{\tau}_0/c$ auftragen und die Gleichung

$$\dot{e}(\bar{t}_i/\alpha d_f \rho_f) = f(k\bar{\tau}_0/c) \qquad 8.17$$

graphisch anpassen.

+) Diese Annahme kann durch eine Änderung der Grenzen zu
$[(c/k\tau_0) - 1]/S$ und $- \infty$ vermieden werden.

Die Gl. 8.16 führt für $c/k\tau_o < 1$, durch die Änderung des Vorzeichens zu $\dot{e} > \alpha d_f \rho_f / \bar{t}_i$, was bedeutet, daß die Erosionsrate der Klumpen höher als die Frequenz der erodierenden Kräfte, $\bar{t}_i$, ist und unwahrscheinlich ist. Auch das Ergebnis, daß die Erosionsrate einem konstanten Wert zustrebt, wenn $k\bar{\tau}_o/c$ groß wird, kann durch Beobachtungen nicht bestätigt werden (Abb. 8.14).

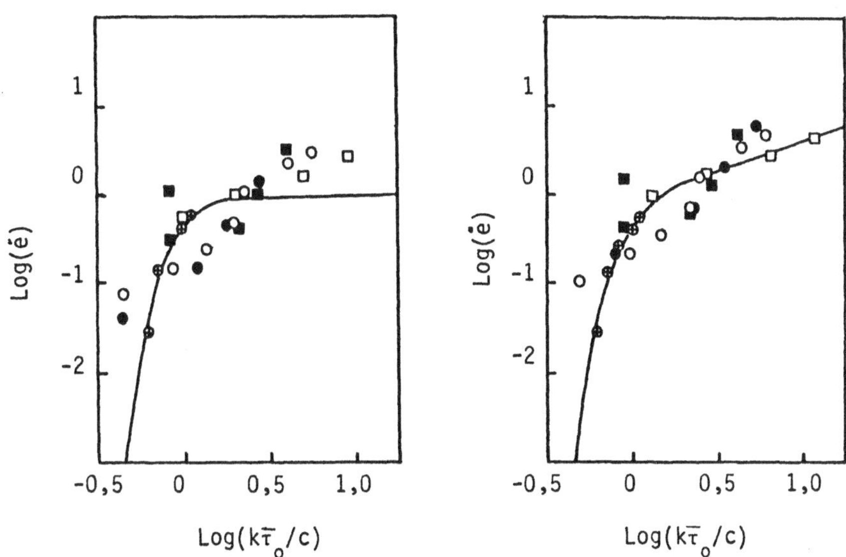

Abb. 8.14 : Versuchswerte nach Gl. 8.16 (links) und Gl. 8.21 (rechts)

     ○ -, ◐ - PARTHENIADES, Versuchsreihe I und II

     □ -, ⊠ - HUTCHISON, Kaolinit d < 1 μm

     ⊕ - SARGUNAM, Yolo Lehm

Um die Schwierigkeit bei der Bestimmung der mittleren Zeit $\bar{t}_i$ zu vermeiden, benutzte CROAD (1981) die Periode der Schubspannungsschwankungen $\bar{t}_*$, mit der Annahme, daß $\bar{t}_i < \bar{t}_*$ ist. Man kann die Frequenz der Schubspannungsschwankungen $\bar{t}_*$ und die Frequenz der Turbulenzstöße T_B in der Grenzschicht gleich setzen. Es ist bekannt, daß

$$\frac{U_o \bar{T}_B}{\delta} \approx 5 \qquad\qquad 8.18$$

ist, wobei U_o die maximale Geschwindigkeit des Stromes und δ die Dicke der Grenzschicht ist, die gleich der Tiefe des Stromes, für eine ausgebildete turbulente Strömung angenommen werden kann. Aus

$$\frac{\tau_o}{\rho U_o^2} = 0,0128 \left(\frac{U_o \delta}{\nu}\right)^{-1/4} \qquad 8.19$$

folgt mit δ = konstant, daß

$$\bar{t}_* \propto \bar{\tau}_o^{-4/7} \qquad 8.20$$

ist, womit sich

$$\dot{e} = \beta_{d_f} \rho_f \bar{\tau}_o^{4/7} \left\{1 - \frac{1}{\sqrt{2\pi}} \int_{-\infty}^{[(c/k\tau_o)-1]/S} \exp\left(-\frac{t^2}{2}\right) dt \right\} \qquad 8.21$$

ergibt, worin β eine Proportionalitätskonstante ist, die eine Funktion der Tiefe ist. Nach dieser Gleichung wächst die Erosionsrate mit der Schubspannung (Abb. 8.14).

MIRTSKHULAVA (1966) entwickelte ein Modell, das den Bewegungsbeginn in Anlehnung an Betrachtungen für nicht-bindige Böden beschreibt.

LAMBERMONT und LEBON (1978) bildeten ein Modell auf der Analogie zwischen Erosion und Diffusion. Die Anwendung des Modells wird aber durch die veränderlichen und von Boden zu Boden verschiedenen Beiwerte erschwert.

8.4 Erosionsvorgang

Das Schrifttum enthält nur wenige Beschreibungen des eigentlichen Erosionsvorganges der bindigen Böden. Einer der Gründe ist die schnelle Trübung des Wassers durch die Erosionsprodukte, so daß der Erosionsvorgang nicht beobachtet werden kann. Daher sind die meisten Betrachtungen über den Erosionsvorgang auf die Merkmale der Oberfläche nach dem Versuch bezogen. MOORE und MASCH (1962) und MASCH et al. (1963) beschreiben "das Waschen der Oberfläche des Tones bei niedrigen Schubspannungen, wobei ein Abblättern von Teilchen stattfindet. Dieses konnte bis zu einer kritischen Schubspannung beobachtet werden, bei der sich größere Mengen des Sediments lösten und das Wasser trübten". Der Ton in diesen Versuchen könnte als spröde bezeichnet werden, da die Bilder der erodierten Oberfläche scharfe Winkel zeigen.

PARTHENAIDES (1965) schrieb,"daß im allgemeinen keine sichtbaren Tonteilchen von dem Boden erodiert wurden und daß das Wasser einfach trüb
wurde". Dagegen schrieb KARASEV (1964) "daß die Erosion des Tones Aggregat für Aggregat vorangeht", ein Vorgang, der auch von MIRTSKHULAVA (1966)
beschrieben wird. Auch HUTCHISON (1972) schreibt, daß der Bewegungsbeginn durch ein Pflücken von Tonanggregaten gekennzeichnet ist, und zeigt
Elektronenmikroskopbilder von den Aggregaten, die er aus dem Wasser sam-
melte. ALLEN (1969) beschrieb Kämme, die in Längsrichtung verlaufen, V-förmige
Spuren und kleine Fragmente, die von den Kämmen abgerissen wurden. Auch
KARCZ und SHANMUGAM (1974) berichteten über Erosion bei kleinen Ton-
stückchen. MIGNIOT (1968) berichtete von "kleinen Falten, die Zerreiß-
muster zeigten, und von denen kleine Fragmente abgerissen und in das
Wasser zerstreut wurden". Dagegen schrieb SOUTHARD et al. (1971), daß der
Bewegungsbeginn des Bodenmaterials in Böen anfängt. Auch HEWITT (Disser-
tation Univ. of Auckland, 1977, nicht veröffentlicht) beschrieb das Böen-
phänomen und zeigte Bilder, die die Sohle mit kleinen Wirbeln wie kleine
Wirbelstürme zeigen, die den Feinsand in seinen Versuchen von der Sohle
aufsaugten.

Es ist selbstverständlich, daß der Bewegungsbeginn und der Erosionsvorgang von der Tonart und dem Zustand der Konsolidierung abhängen, sowie
auch von dem Elektrolyt. Jedoch führten die Beobachtungen dazu, daß die
Erosion Tonaggregat für Tonaggregat und sprunghaft abläuft und daß dabei
Energieschranken überwunden werden müssen, um die Verbindungen zu brechen,
ein Vorgang, der als eine Analogie zur "rate process" Theorie, beschrieben
werden kann (RAUDKIVI und HUTCHISON, 1974). Das Ziel für die Anwendung der
Analogie ist die Beschreibung des Erosionsvorganges mit Hilfe von Parametern,
die eine physikalische-chemische Bedeutung haben.

Die rate process Theorie wird in der Chemie für die Beschreibung des Vorganges der chemischen Reaktionen benutzt und beruht auf einer empirischen
Gleichung, der Arrhenius Gleichung

$$\dot{e} = A \exp(-\Delta E/RT) \qquad\qquad 8.22$$

wobei $\dot{e}$ die Reaktionsrate (Erosionsrate), A ein Beiwert, ΔE die Aktivisierungsenergie, R die universale Gaskonstante und T die absolute Temperatur sind.

Es liegt nahe, bei der Anwendung auf den Erosionsvorgang zu hoffen, daß
A und ΔE von der Temperatur unabhängig sind. Dann ist

$$\Delta E = RT^2 \frac{d \ln \dot{e}}{dT} \qquad\qquad 8.23$$

Die Meßwerte, in Gl. 8.23 eingeführt, gaben aber für eine Tonart und ziemlich geringe Temperaturspannen eine außerordentliche große Spannweite von ΔE-Werten. Dies ist ein Zeichen, daß in

$$RT^2 \frac{\partial \ln \dot{e}}{\partial T} = RT^2 \frac{\partial \ln A}{\partial T} + \Delta E - T \frac{\partial \Delta E}{\partial T} \quad 8.24$$

die Glieder $\partial \ln A/\partial T$ und $\partial \Delta E/\partial T$ nicht vernachlässigt werden können. Wenn A konstant ist, werden die Änderungen des Gliedes auf der linken Seite nur durch ΔE verursacht und somit

$$\Delta E = - RT \ln(\dot{e}/A) \qquad\qquad 8.25$$

Für ein Rheogel Na-Bentonit in destilliertem und entionisiertem Wasser hat CROAD (1981) für eine Temperaturspanne von 10,5 bis 51° C eine Variation von ΔE von 25 bis 28 kJ mol^{-1} errechnet, mit A = 33110 gs^{-1}m^{-2}, wogegen die Gl. 8.23 Werte von - 36 bis + 116 kJ mol^{-1} lieferte.

Die Reaktionsanalyse ist vielleicht am besten als

$$\dot{e} = k \, [S] \, [F] \qquad\qquad 8.26$$

beschrieben, worin $[S]$ die Konzentration von Bodenmodulen und $[F]$ die des Wassers bedeuten, die sich mit einer Rate k verbinden, um Erosionsprodukte zu erzeugen.

CROAD (1981) drückte das Bodenmodul $[S]$ als

$$[S] = \rho_s a \, (1 - v)^{-1} \qquad\qquad 8.27$$

aus, worin ρ_s die Dichte des Minerals, v die Porenziffer und a die Dimension des Aggregates bezeichnet. Die a-Dimension liegt senkrecht zur Erosionsebene. Die Größe des Erosionsaggregates ist mit der Flächenausdehnung einer Niederdruckspitze der Druckschwankungen in der Grenzschicht verbunden. In einer ersten Näherung ist

$$a \simeq 35 \, v/u_* \qquad\qquad 8.28$$

Unter dem Wassermodul $[F]$ werden die negativen Spitzen der Druckschwankungen an der Erosionsfläche verstanden, die durch die turbulenten Anstöße in der Grenzschicht (turbulent bursts) entstehen (Abb. 8.15). Für einen Augenblick ist die Konzentration

$$[F] = \frac{\xi_1 \, \xi_3}{\lambda_1 \, \lambda_3} \qquad\qquad 8.29$$

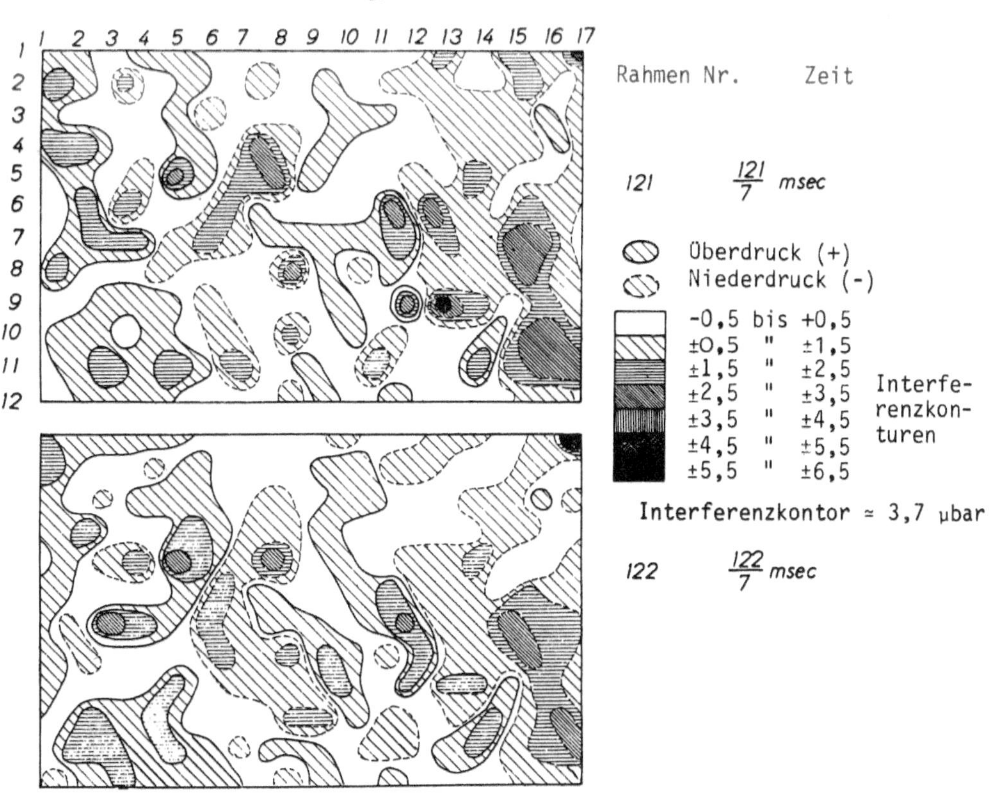

Abb. 8.15a :   Augenblickliche Verteilung des Druckes auf der Grenzfläche, nach EMMERLING (1973).

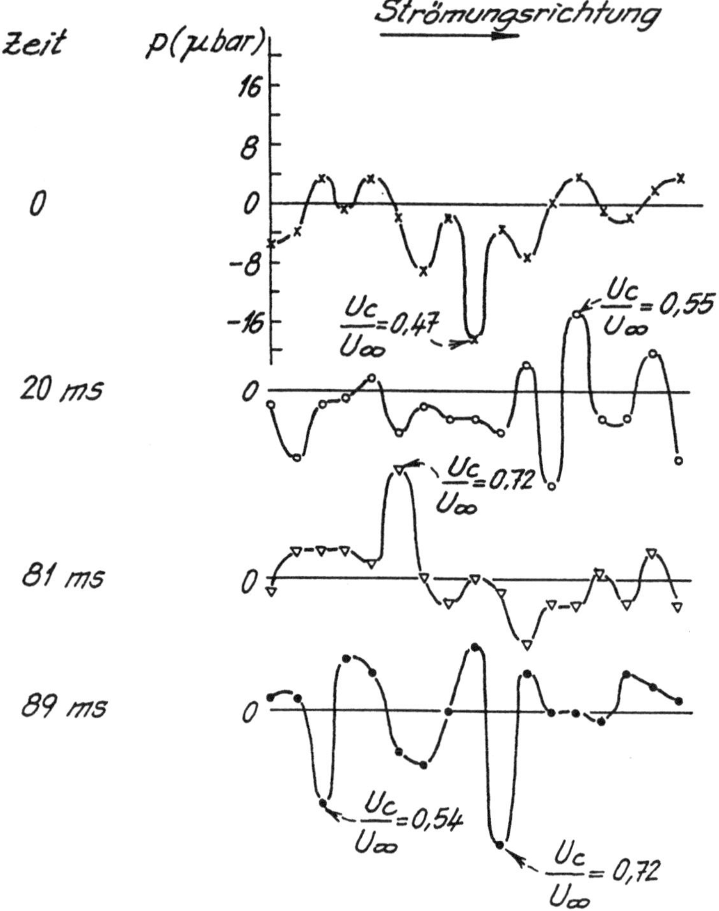

Abb. 8.15 b: Druckschwankungen an der Grenzfläche, nach EMMERLING (1973)

ξ_1 und ξ_3 geben die Abmessungen der Niederdruckspitzen in Strömungsrichtung und im Querschnitt an und λ_1 und λ_3 die Abstände der Spitzen in diese Richtungen. Die Meßwerte von λ_1, die in den Forschungsberichten angegeben sind, normalisiert mit v/u_*, sind von der Größenordnung 440 bis 640, d.h.

$$\lambda_1^+ = \lambda_1 \frac{u_*}{v} \simeq 500 \qquad 8.30$$

und für λ_3^+ (72 bis 200) ergibt sich

$$\lambda_3^+ \simeq 100 \qquad 8.31$$

als Modalwert.

Die Spanne von ξ_1- und ξ_3-Werten ist größer (EMMERLING, 1973 ; KIM et al., 1971 ; WILLMARTH und LU, 1972), aber die Durchschnittswerte sind ungefähr

$$\xi_1^+ \simeq 20 \; v/u_* \qquad 8.32$$

und

$$\xi_3^+ \simeq 30 \; v/u_* \qquad 8.33$$

Mit diesen Werten wird

$$[F] \simeq 0,01 \qquad 8.34$$

Es ist nicht schwierig, das Konzept der aktivierten Substanz aus der Reaktionstheorie auf den Erosionsvorgang zu übertragen. Unter der Wirkung der Druckschwankungen kann einem Tonaggregat in der Oberfläche genügend Energie zugeführt werden, um die Haftkräfte, die das Aggregat mit anderen Aggregaten verbinden, zu überschreiten. In dem Augenblick haben die Boden- und Wassermodule einen aktivierten Zustand erreicht, der zur Erosion führt, d.h.

$$[S] + [F] \rightarrow [SF] \rightarrow \text{Erosionsprodukte}$$

oder

$$\frac{[SF]}{[S] \cdot [F]} = K \qquad 8.35$$

und

$$[SF] = [S][F] \frac{Z_{SF}}{Z_S Z_F} \exp\left[-\frac{\Delta E}{RT}\right] \qquad 8.36$$

In der Schreibweise der Reaktionstheorie ist K eine Konstante für den
Gleichgewichtszustand und Z eine Zerteilungsfunktion (partition functions
per unit volume) der Substanzen. Diese Substitution für K ist von der
Quantenmechanik abgeleitet (MOORE, 1972). Eine alternative Schreibweise
ist

$$\dot{e} = f^* \, [SF] \qquad\qquad 8.37$$

worin f^* die Frequenz Z angibt, mit der der aktivierte Zustand die Ener-
giegrenze, die zum Abreißen des Tonklumpen führt, überschreitet, d.h. die
Frequenz der turbulenten Stöße in der Grenzschicht

$$T_B^{-1} = f^* \qquad\qquad 8.38$$

Ein Vergleich der Gl. 8.26 und 8.35 bis 8.38 zeigt, daß

$$k = f^* K \qquad\qquad 8.39$$

oder

$$k = \bar{T}_B^{-1} \, P \, \exp\left(- \frac{\Delta E}{RT}\right) \qquad\qquad 8.40$$

worin $P = Z_{SF}/Z_S Z_F$ darstellt, d.h. immer noch eine Zerteilungsfunktion.

Die Energiespitze, die überschritten werden muß, um Erosion zu verursachen,
ist schematisch auf Abb. 8.16 dargestellt.

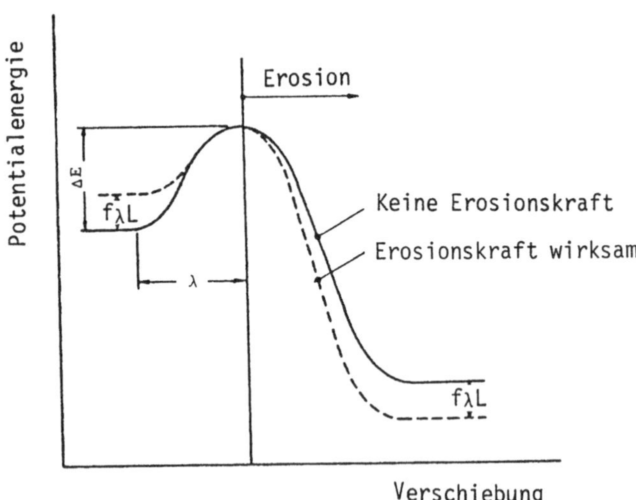

Abb. 8.16 : Schematisches Profil der Potentialenergie für Erosion

Die Niederdruckspitze verformt das Profil der Potentialenergie bei $f\lambda L$ ($J\ mol^{-1}$), wobei f die Haftkraft je Verbindung zwischen den Tonteilchen und λ die Verrückung zwischen den Teilchen beschreibt und L die Avogadroszahl bezeichnet. Unter Beachtung der Formänderungsarbeit wird Gl. 8.40

$$k = \bar{T}_B^{-1}\ P\ \exp\left(-\frac{\Delta E}{RT}\right)\exp\left(\frac{f\lambda L}{RT}\right) \qquad 8.41$$

worin $\lambda = d_1 - d_0$ ausgedrückt werden kann, d_1 ist darin der Abstand in einer Verbindung, wenn die gegenseitige Verbindungs- oder Haftkraft ein Maximum hat und d_0 der Abstand während maximaler Annäherung. FIRTH und HUNTER (1976) schätzten $d_1 = (7 \pm 3)\cdot 10^{-10}(m)$. Der Wert d_0 wird auftreten, wenn die Abstoßungskräfte zwischen den Atomen der Teilchen in der Verbindung wirksam werden. Es scheint, daß λ in der Größenordnung $\lambda \approx 3 \times 10^{-10}(m)$ liegt, eine Entfernung, die ungefähr dieselbe wie die zwischen den Sauerstoffatomen in der Oberfläche der Silikatmineralien ist.

Wenn p'die Druckabsenkung und n_B die Zahl der Verbindungen pro Flächeneinheit ist, dann ist die Kraft pro Verbindung

$$f = \frac{(\pi/4)\,a^2 p'}{(\pi/2)\,a^2 n_B} = \frac{1}{2}\ \frac{p'}{n_B} \qquad 8.42$$

worin a die Dimension des Aggregates und $\frac{1}{2}\pi a^2$ die Oberfläche einer Halbkugel, worauf die Kraft f wirksam ist, bezeichnet. Der quadratische Mittelwert (rms) der Druckschwankungen ist von der Größenordnung 3 τ_0, mit Spitzen von $p' \approx 18\ \bar{\tau}_0$, wobei $\bar{\tau}_0$ den Mittelwert der Sohlschubspannung darstellt.

Wenn die Teilchen als Kugel vom Durchmesser d angenommen werden, ergibt sich für eine kubisch raumzentrierte Anordnung die Zahl der Verbindungen je Flächeneinheit zu

$$n_B = \frac{4}{(1 + v)^{2/3} d^2} \qquad 8.43$$

wobei v die Porenziffer ist.

Mit der Annahme, daß für die Abtrennung der Aggregate von der Oberfläche $p' = 18\ \bar{\tau}_0$, und mit Gl. 8.18 ; 8.26 ; 8.27 ; 8.28 ; 8.34 ; 8.38 und 8.42 wird die Erosionsrate gleich

$$\dot{e} = \frac{70\rho_s v}{(1 + v)u_*}\ \frac{U_0}{\delta}\ P\ \exp\left[-\frac{\Delta E}{RT}\right]\exp\left[\frac{9\bar{\tau}_0\lambda}{n_B RT}\right] \qquad 8.44$$

154

Hierin ist $\dot{e}$ in $g\ s^{-1}\ m^{-2}$, die Glieder sind an der rechten Seite in kg, m, s $^\circ K$ und Mol gemessen.

Der Erosionsvorgang ist weiter mit den thermodynamischen Parametern durch die Gibbs-Energie, ΔG, und K verbunden als

$$\Delta G = RT \ln K \qquad\qquad 8.45$$

und mit der Enthalpie, ΔH, und Entropie, ΔS, als

$$\Delta G = \Delta H - T\Delta S \qquad\qquad 8.46$$

Diese in Gl. 8.39, mit der Gl. 8.18 und 8.39, eingeführt, ergeben

$$k = (\frac{U_o}{5\delta})\ \exp(\frac{\Delta S}{R})\ \exp(-\frac{\Delta H}{RT}) \qquad\qquad 8.47$$

und von Gl. 8.26 ergibt sich

$$\boxed{\dot{e} = \frac{70\ \rho_s \nu}{(1+\nu)u_*}\ \frac{U_o}{\delta}\ \exp\left[\frac{\Delta S}{R}\right]\ \exp\left[-\frac{\Delta H}{RT}\right]} \qquad\qquad 8.48$$

Ein Vergleich der Gl. 8.48 mit Gl. 8.44 zeigt, daß

$$P = \exp(\Delta S/R) \qquad\qquad 8.49$$

und

$$-\Delta H = -\Delta E + \frac{9\bar{\tau}_o \lambda L}{n_B RT} = -\Delta E + \beta\bar{\tau}_o \qquad\qquad 8.50$$

$$\beta = \frac{9\ \lambda L}{n_B RT} \qquad\qquad 8.51$$

Für den Spezialfall, daß die Temperatur konstant ist, ergibt sich

$$\dot{e} = \alpha\ \frac{U_o}{\delta u_*}\ \exp(\beta\bar{\tau}_o) \qquad\qquad 8.52$$

worin

$$\alpha = \frac{70\ \rho_s \nu}{1+\nu}\ \exp(\frac{\Delta S}{R})\ \exp(-\frac{\Delta E}{RT}) \qquad\qquad 8.53$$

eine Konstante ist. Die Gl. 8.52 zeigt, daß die $\dot{e}$-$\bar{\tau}_o$-Funktion von der Form der Beziehung zwischen $\bar{\tau}_o$ und U_o abhängt. Im allgemeinen kann Gl. 8.52 als

$$\dot{e} \propto u_*^n\ \exp(\beta\rho u_*^2) \qquad\qquad 8.54$$

ausgedrückt werden (n hat eine Größenordnung zwischen 0,14 bis 0,25).

Für kleine Werte von $\bar{\tau}_0$ oder β, wenn $\exp(\beta\bar{\tau}_0) \simeq 1$ ist, hat die $\dot{e}$-τ_0-Funktion eine nach oben konvexe und für große Werte eine konkave Form (Abb. 8.17 bis 8.20).

Die <u>Abhängigkeit</u> der Erosionsrate <u>von der Temperatur</u> kann man aus der Gl. 8.44 sehen, die in der Form

$$\dot{e} = \gamma\left[\frac{U_0 \, \nu}{\delta u_*}\right] \exp\left[-\frac{\Delta E}{RT}\right] \exp\left(\frac{b\bar{\tau}_0}{T}\right) \qquad 8.55$$

geschrieben werden kann, worin

$$\gamma = \frac{70 \, \rho_s}{(1+\nu)} \, \exp\left(\frac{\Delta S}{R}\right) \qquad 8.56$$

und

$$b = \frac{9 \, \lambda L}{n_B R} = \beta T \qquad 8.57$$

ist, und in der wieder die $\dot{e}$-T-Funktion, Gl. 8.55, von der Form der $c_f = 2\,\tau_0/\rho U_0^2$ gegen $Re = U_0\,\delta_M/\nu$ Beziehung abhängig ist, und wo δ_M die Impulsdicke der Grenzschicht bezeichnet (Abb. 8.21 bis 8.22).

Für einen gegebenen Boden und gegebene Randbedingungen ist β konstant und kann aus der Beziehung

$$\beta = \frac{d}{d\bar{\tau}_0} \left[\ell n\left(\frac{e \, \delta u_*}{U_0}\right)\right] \qquad 8.58$$

ermittelt werden.

Die <u>Zahl der Verbindungen</u> n_B, kann aus der Gleichung

$$n_B = \frac{9 \, \lambda L}{\beta \, RT} \qquad 8.59$$

errechnet werden. Die aus Meßwerten errechneten n_B-Zahlen deuten darauf hin, daß die höchsten n_B-Werte in Böden mit alkalischen Verhältnissen vorkommen und daß n_B mit dem pH-Wert bei hohen Na-Gehalten wächst. Bis jetzt ist aber keine einfache Beziehung oder Trend für die n_B-Mol-Salzkonzentration-Funktion bekannt. Große n_B-Zahlen bedeuten auch eine konvexe $\dot{e}$-$\bar{\tau}_0$-Funktion, und umgekehrt. Die n_B-Zahl steigt auch etwas mit dem Konsolidierungsdruck. Grundsätzlich ist die n_B-Zahl eine Funktion von der Rand- und Flächenladung der Tonteilchen, der Eigenschaft und Konzentration von Ionen oder Kationen und dem Gefüge des Tones, das von den Zuständen während der Konsolidierung abhängt.

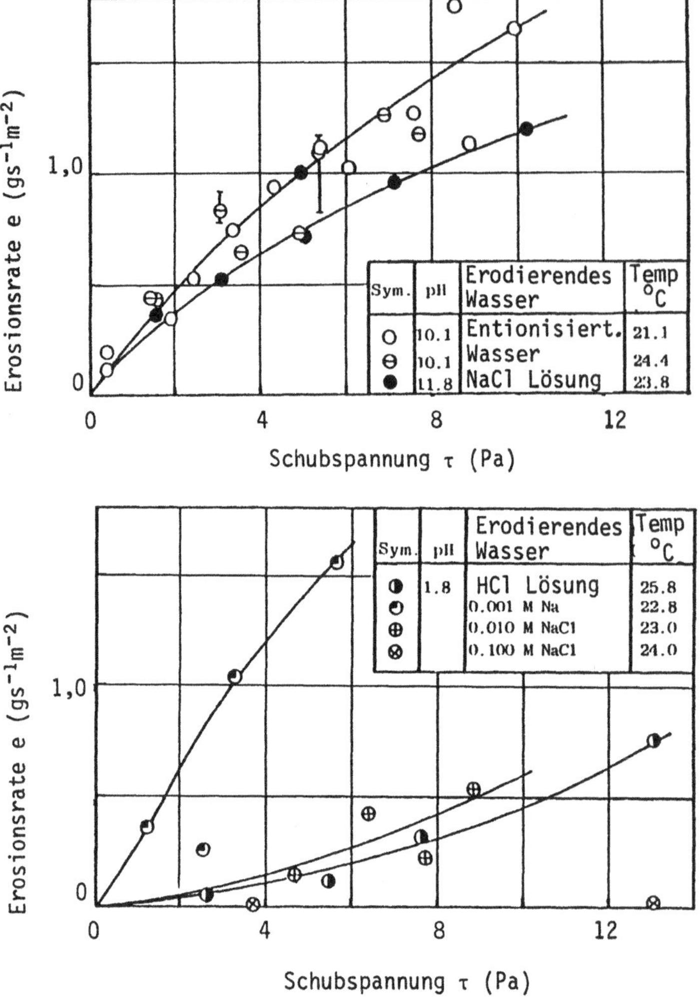

Abb. 8.17: Erosionsrate des Rheogel Na-Bentonites als eine Funktion der Schubspannung.

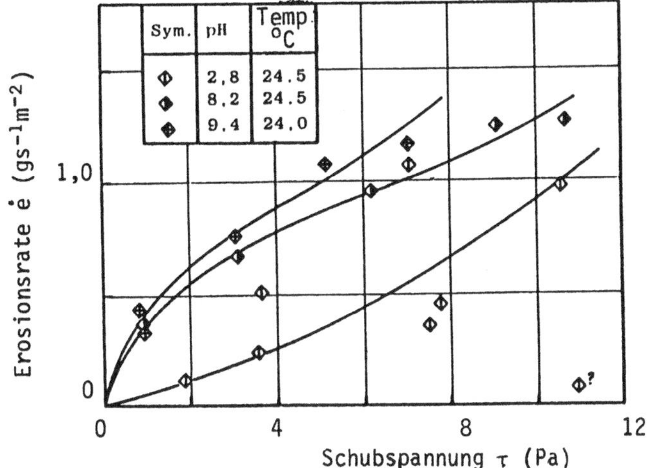

Abb. 8.18: Erosionsrate des Wyoming Na-Bentonites in HCl-Lösung (⟡) und in destilliertem und entionisiertem Wasser

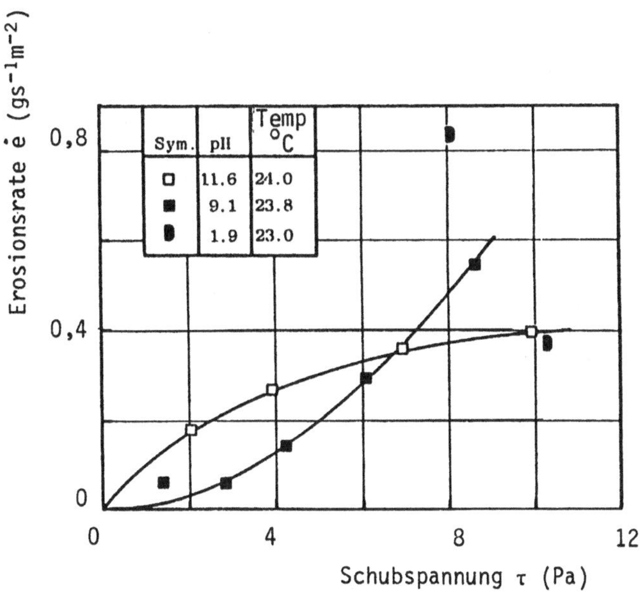

Abb. 8.19: Erosionsrate des Panther Creek Ca-Bentonites in NaOh (□) - und HCl (▌) - Lösung, und in destilliertem und entionisiertem Wasser.

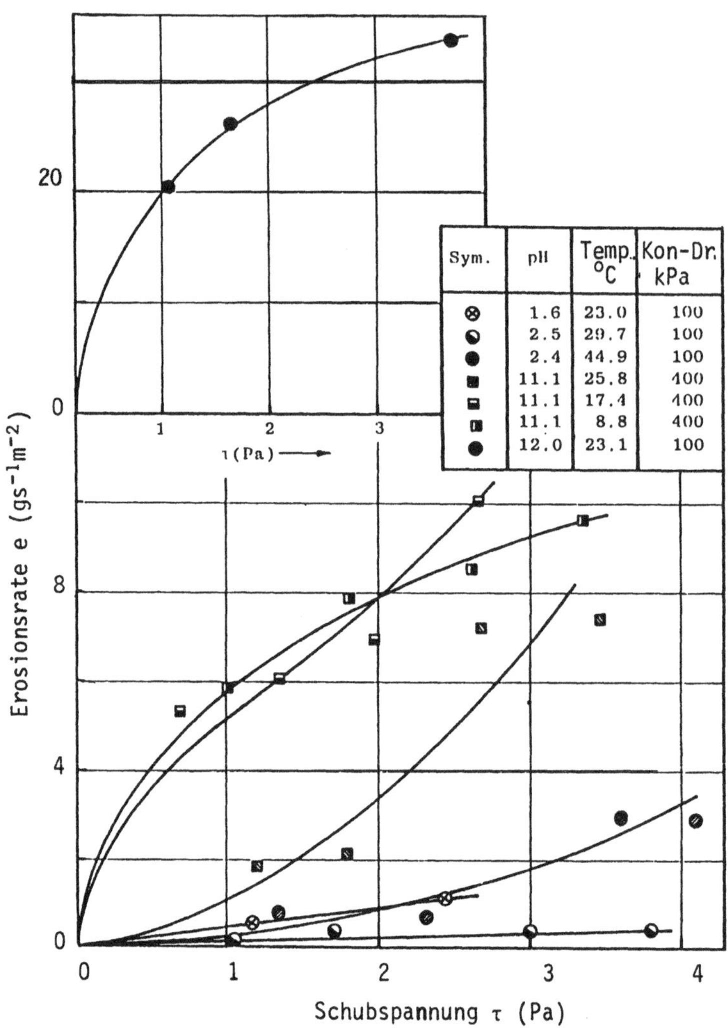

Abb. 8.20: Erosionsrate des Georgia Kaolinites, in HCl und NaOH - Lösung, als eine Funktion der Schubspannung.

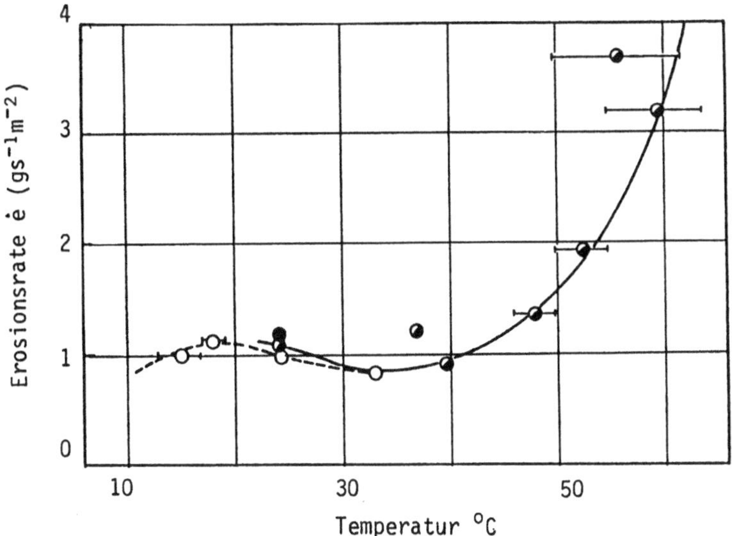

Abb. 8.21: Erosionsrate des Wyoming Na-Bentonites in destilliertem und entionisiertem Wasser (pH = 8,2) als eine Funktion der Temperatur.

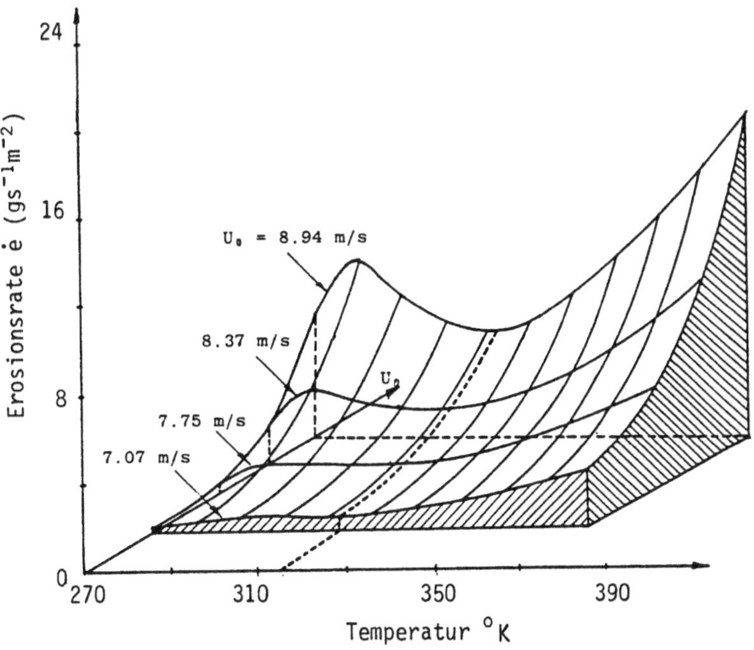

Abb. 8.22: Erosionsrate als eine Funktion der Temperatur nach Gl. 8.55 worin $\Delta E = 50$ kJmol^{-1}, $b = 100$, $\gamma = 2 \cdot 10^8$ gm^{-2}.

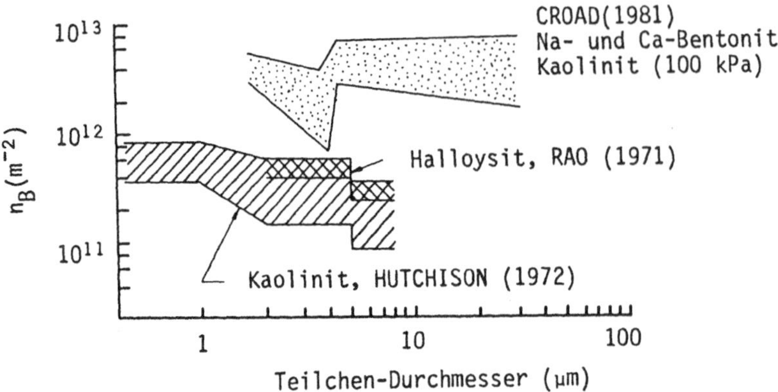

Abb. 8.23: Die Zahl der Verbindungen als eine Funktion des Teilchen-Durchmessers.

Der Natur der n_B-Zahl nach sind beachtliche Schwankungen in dem errechneten n_B-Wert zu erwarten, wie auf Abb. 8.23 zu sehen ist.

Eine Methode der Analyse des Bodens, die Information über die Teilchenkontakte und Bodengefüge liefert, wurde von **LAFEBER** (1963) entwickelt. Es ist eine Beschreibung des Bodens durch dimensionslose relative Frequenzen und Prozente, die unabhängig von Größe, Form und Chemie sind. Diese Veränderlichen werden den Anfangszustand, d.h. die Gefüge des Bodens bestimmen und müssen noch in die Bestimmung der n_B-Zahlen einbezogen werden.

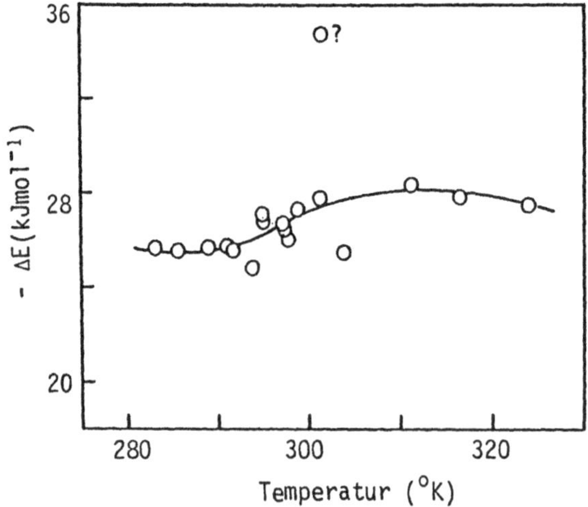

Abb. 8.24: Aktivisierungsenergie für Erosion von Rheogel-Na-Bentonit in destilliertem und entionisiertem Wasser als eine Funktion der Temperatur.

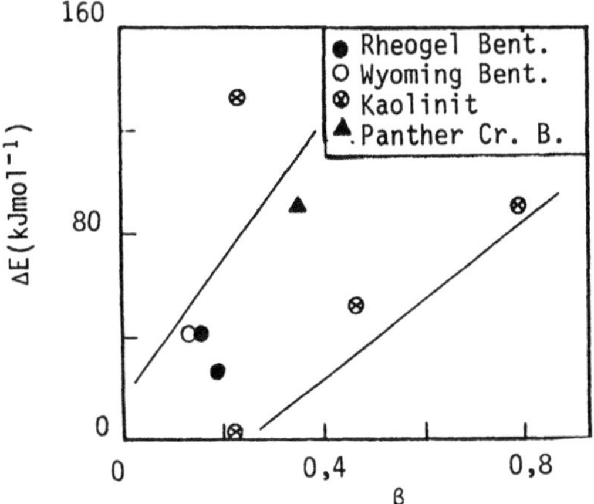

Abb. 8.25: Aktivisierungsenergie als eine Funktion des Parameters β.

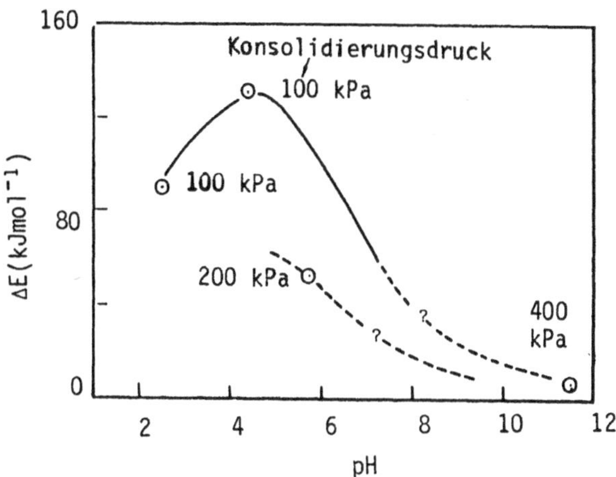

Abb. 8.26: Aktivisierungsenergie als eine Funktion des pH-Wertes.

Die <u>Aktivierungsenergie</u>

$$\Delta E = - R \frac{d}{dT^{-1}} \left[\ln(e\delta U_o^{-1}\nu^{-1}u_*) - b\bar{\tau}_o T^{-1} \right] \qquad 8.60$$

ist durch die Neigung der Funktion $[\ln (\dot{e}\, \delta U_o^{-1}\, \nu^{-1}u_*) - b\bar{\tau}_o T^{-1}]$ gegen T^{-1} mit R multipliziert gegeben. Abbildung 8.24 zeigt ΔE als eine Funktion der Temperatur für Na-Bentonite und in Abbildung 8.25 ist E als eine Funktion von β dargestellt. Einige Meßwerte sind in der Tabelle aufgeführt:

162

Ton	Elektrolyt	pH	Kons.-Druck (Pa)	Wasser-gehalt %	Poren-ziffer	ρ_S kgm^{-3}	γ G1.8.56 gm^{-3}	ΔE kJmol^{-1}	ΔS Jmol^{-1}K^{-1}	°C
Rheog.Na-Bent.	Ention. H$_2$O	10,1	-	333	8,89	2670	$9,26\cdot10^6$	$27,8\pm5,5$	51,5	21,1
dto.	NaOH-Lös.	11,8	-	333	8,89	2670	$2,34\cdot10^9$	$41,5\pm11,4$	97,5	23,8
Wyom.Na-Bent.	Ention. H$_2$O	8,2	-	333	8,89	2670	$3,61\cdot10^9$	$41,7\pm4,2$	101,1	24,5
Panth.Cr. Ca-Bent.	"	9,1	10^5	42	1,12	2670	$3,36\cdot10^{16}$	$90,6\pm17,4$	221,7	23,8
Georgia Kaolinit	HCl-Lös.	2,5	10^5	43	1,09	2530	$5,03\cdot10^{16}$	$90,7\pm19,9$	225,4	29,7
"	Ention. H$_2$O	4,4	10^5	43	1,09	2530	$3,30\cdot10^{25}$	$132,2\pm21,7$	394,2	24,2
"	"	5,7	$2\cdot10^5$	41	1,04	2530	$1,10\cdot10^{11}$	$50,6\pm12,1$	116,8	46,8
"	NaOH-Lös.	11,1	$4\cdot10^5$	33	0,84	2530	$1,35\cdot10^5$	$11,5\pm2,9$	2,8	8,8

Der Schnittpunkt der Auftragung nach Gl. 8.60 gibt $\ln\gamma$, die mit der Gl. 8.56 <u>die Entropie</u> ΔS ergibt. Die oben aufgeführten Werte sind gut mit der Gleichung

$$\Delta E = 12700 + 319,5\ \Delta S \qquad\qquad 8.61$$

beschrieben (Korrelationskoeffizient $r = 0,99$), worin der Schnittpunktwert 12700 als die Gibbs-Energie (Gibbs free energy) bezeichnet werden kann.

Die Hauptschwierigkeit zur Zeit liegt darin, daß ΔE und n_B, für eine gegebene Tonart, Funktionen des Salzgehaltes, pH-Wertes und Konsolidierungsdruckes sind. Die Bestimmung der funktionalen Zusammenhänge für die verschiedenen Tonarten und deren Mischungen verlangt viel und experimentell schwierige Arbeit.

Der Einfluß des Konsolidierungsdruckes auf die Aktivisierungsenergie ΔE ist für Kaolinit in Abb. 8.26 gezeigt. Ein ähnliches Bild für Na-Bentonit ergibt den Maximalwert von ΔE bei einem pH-Wert von ungefähr neun. Die Erosionsraten sind aber auch von pH-Werten abhängig. Bei niedrigen pH-Werten waren die Erosionsraten von Kaolinit kaum von dem Konsolidierungsdruck abhängig, aber bei hohen pH-Werten nahm die Erosionsrate mit wachsendem Konsolidierungsdruck stark ab. Dieses Verhältnis läßt sich mit der Struktur erklären. Bei niedrigen pH-Werten liegen vorwiegend Rand-Flächen-Verbindungen in einer Anordnung vor, die sich wenig mit dem Konsolidierungsdruck ändert, wogegen bei hohen pH-Werten Fläche-Fläche-Verbindungen vorherrschen. Hier sind die van der Waals Kräfte wichtig, die sich stark mit sehr kleinen Änderungen der Teilchenabstände ändern, d.h. kleinere Abstände ergeben größere Kräfte und kleinere Erosionsraten.

Die Wirkung von pH-Werten auf die Erosion ist schwer von der rate-process-Analogie abzuleiten. Meßwerte deuten daraufhin, daß die é-pH-Funktion von der Form der Funktion Zeta Potential/pH-Werte abhängt. Kaolinit zeigt ein Minimum der Erosionsrate bei einem pH-Wert von ungefähr drei, der dem iep-Wert für die Basisflächen entspricht. Die höchsten Erosionsraten wurden bei hohen pH-Werten gemessen und stehen mit dem Verhalten der BINGHAM-Fließspannung τ_B im Einvernehmen (Abb. 8.27). (τ_B stellt den Schnittwert auf der τ-Ordinate dar, wenn die konvexe Funktion von Schubspannung τ gegen die Schubspannungsgeschwindigkeit oder Rate extrapoliert wird).

164

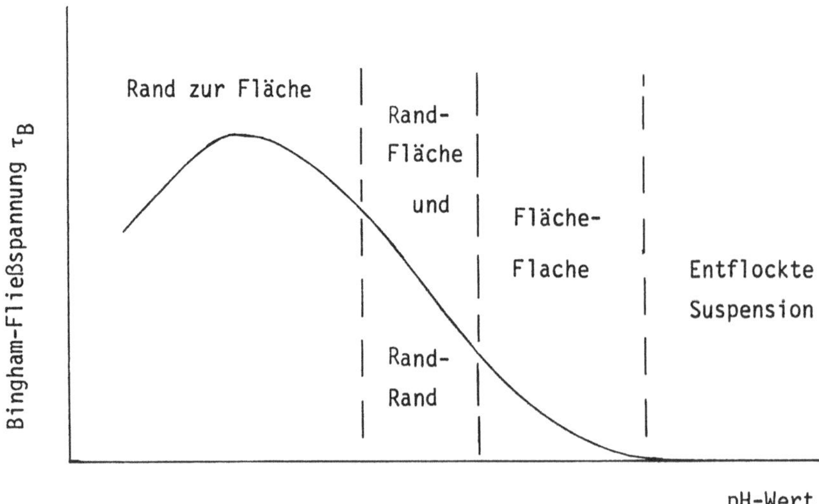

Abb. 8.27 : Schematische Darstellung der τ_B-pH-Funktion für eine
Kaolinitsuspension, mit Bezug auf Teilchenverbindungen

Die Na-Bentonite zeigten eine sehr starke Abhängigkeit der Erosionsrate
von dem pH-Wert, wogegen die ζ-pH-Abhängigkeit schwach ist, und die Mini-
mumsrate entsprach dem Minimum von τ_B. Kein Trend war wahrzunehmen für
Ca-Bentonit.

Für alle Tonarten, die untersucht wurden, nahm die Erosionsrate mit wachsender Salzkonzentration ab.

Obwohl das Modell auf der Loslösung von Stückchen oder Aggregaten aufgebaut ist, verlieren die Argumente ihre Gültigkeit nicht, wenn man es mit lok-
keren Ablagerungen oder schwach konsolidierten Böden zu tun hat. Die Erosion von sehr losem Schlamm scheint einer Diffusion oder Suspendierung mehr
zu ähneln als einem Abreißen von Aggregaten, aber das bedeutet nur, daß
die Aggregate (Bodenmodule [S]) ihre feste Form nicht beibehalten. Die Erosion oder Suspendierung wird aber immernoch durch die turbulenten Anstöße in der Grenzschicht (Wassermodule [F]) verursacht, d.h. die Zungen,
die sich von der Fläche loslösen, und die Wirbel, die mit diesen Vorgängen
verbunden sind, sind die Ursache. Was sich ändert, sind die Zahl der Verbindungen n_B und die ΔE-ΔS-Beziehungen. Eine Veränderung des Vorganges tritt
ein, wenn der Schlamm so flüssig ist, daß interne Wellen an der Schlamm-
Wasser-Grenzfläche entstehen, und wenn diese Wellen brechen.

Es scheint, daß das Modell, das auf der rate-process-Theorie aufgebaut ist, eine Möglichkeit bietet, den Erosionsvorgang mit Parametern, die von den physikalisch-chemischen Eigenschaften des Tones abhängen, zu beschreiben, obwohl die Beschreibung der Parameter noch viel Arbeit verlangen wird.

Es scheint, daß das Modell, das auf der rate-process-Theorie aufgebaut ist, eine Möglichkeit bietet, den Erosionsvorgang mit Parametern, die von den physikalisch-chemischen Eigenschaften des Tones abhängen, zu beschreiben, obwohl die Beschreibung der Parameter noch viel Arbeit verlangen wird.

9 Kolk am Brückenpfeiler

Durch eine Änderung des Transportvermögens können in Flüssen Auskolkungen
und Ablagerungen auftreten. Kolkbildungs- und Ablagerungsphänomene sind besonders ausgeprägt bei alluvialen Flußsohlen, die schnell auf Änderungen und
Schwankungen des Fließzustandes reagieren. Künstliche Änderungen des Strö-
mungsbildes werden durch Brücken über Flüsse hervorgerufen, dabei ist es
wichtig, daß die Pfeiler und Widerlager tief genug gegründet sind, um die
Standsicherheit der Brücke zu gewährleisten. Die wissenschaftlichen Grundlagen - im Hinblick auf die statische Berechnung einer Brücke - sind heute
hoch entwickelt, dagegen gibt es noch keine befriedigende Methode bzw.
Grundlagen, die eine ebenso sichere Berechnung der zu erwartenden Kolktiefe
an den Pfeilern ermöglicht. Dafür gibt es viele Gründe, wie z. B. die sehr
komplizierten Wechselwirkungen zwischen Fließzustand des Wassers und dem
Sediment, sowie durch die Geometrie des Flußbettes und der Brücke bedingte
komplexe Strömungsvorgänge, oder vorhandene inhomogene Sedimente, usw. Die
Tiefe des Kolkes hängt daher einerseits von den Eigenschaften der Strömung
und des Sedimentes (Korngröße und Verteilung - bindig oder nicht bindig -
homogen oder geschichtet, usw.) und andererseits von der Geometrie der Pfeiler bzw. Widerlager der Brücke und des Flusses ab. Es ist daher nicht er-
staunlich, daß die verschiedenen Formeln für gegebene Verhältnisse von
einander abweichende Kolktiefen liefern, die z.T. um 400 bis 500 % **voneinander**
abweichen.

Die unterschiedlichen Kolkarten lassen sich wie folgt klassieren :

1. *Allgemeine Kolkungen* im Fluß (general scour), ohne Rücksicht darauf,
   ob die Brücke vorhanden ist oder nicht.

2. *Bauwerksbedingte Kolkungen* (localized scour), die im Fluß hauptsächlich
   durch eine Verengung des Strömungsquerschnittes hervorgerufen werden,
   z.B. durch Einengung des Fließquerschnittes durch Bahn- oder Straßen-
   dämme als seitliche Begrenzung des Brückenbauwerkes im Bereich des
   Hochwasserquerschnittes.

3. *Lokale Kolkungen*, die im Fluß durch die Einwirkung der Pfeiler und Widerlager auf die Strömung auftreten. Diese Kolkform kann auch in Verbindung mit allgemeinen und bauwerksbedingten Kolken in einer Überlagerung
   angetroffen werden. Um die unterschiedlichen Strömungsarten zu berücksichtigen, ist es erforderlich, zwischen <u>Kolken am Pfeiler</u> und <u>Kolken
   am Widerlager</u> zu unterscheiden.

Beide, sowohl der lokale als auch der bauwerksbedingte Kolk, können als
Reinwasserkolk (clear water scour) und als Kolk mit beweglicher Sohle
(live bed scour) auftreten.

Der lokale Reinwasserkolk entsteht, wenn die Sohlschubspannung im Strom
dem kritischen Wert τ_c nicht überschreitet, d.h. es herrscht kein allgemeiner Sedimenttransport vor, abgesehen von Schwebstoffen. Der Kolk entwickelt
sich relativ langsam und erreicht einen Gleichgewichtszustand, wenn die
Strömung nicht mehr in der Lage ist, Sedimente aus dem Kolk zu entfernen.

Kölke, während eines natürlich vorhandenen Sedimenttransportes, bilden sich
viel schneller aus als der Reinwasserkolk ; sie erreichen einen Gleichgewichtszustand, wenn die Menge der Sedimente, die durch Strömung aus dem
Kolk entfernt wird, gleich der Menge ist, die infolge des natürlichen Sedimenttransportes dem Kolk zugeführt wird. Die charakteristischen Eigenschaften, die zur Entwicklung der zwei Kolkarten führen, sind auf Abbildung 9.1
schematisch dargestellt.

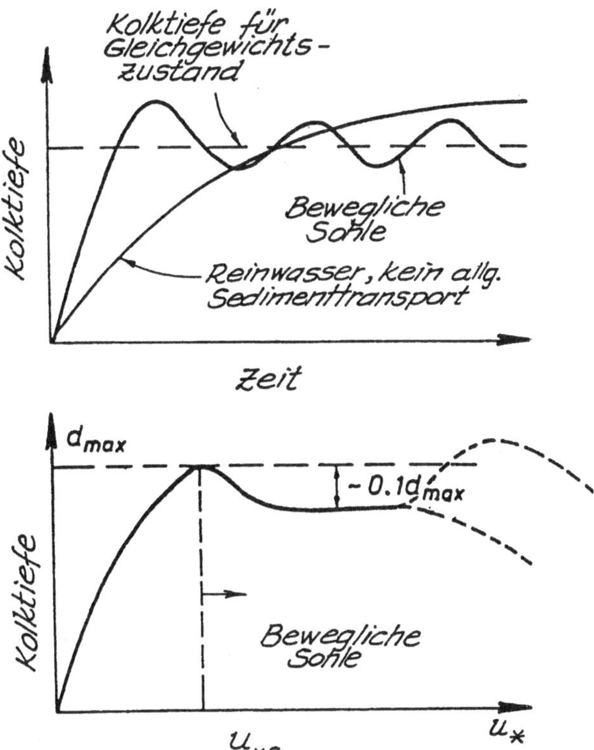

Abb. 9.1 : Die Kolktiefe an einem Brückenpfeiler als eine Funktion
der Zeit und Sohlschubspannung

Schon bei dieser Darstellung gibt es Widersprüche. Im Schrifttum folgen nicht alle Autoren der Auffassung, daß der Maximalwert der Kolktiefe gleich der Reinwasserkolktiefe ist; es wird vielmehr angenommen, daß die Kolktiefe stetig mit der Sohlschubspannung zunimmt. Laborversuche des Verfassers haben im Riffel- und Dünenbereich ein Anwachsen der Kolktiefe nicht bestätigen können. Die Versuche wurden an einem durchsichtigen Zylinder, der mit einer Schicht von gefärbtem Sand umgeben war, durchgeführt, wobei die Lage der ungestörten umgebenden Schicht durch das Innere des Zylinders gut beobachtet werden konnte.Es ist jedoch plausibel, daß sich auf der flachen Sohle mit Feinsand im Übergangsbereich von Dünen zu Antidünen Zustände einstellen können, bei denen der Hufeisenwirbel stark genug ist, um den zugeführten Sand in dem Kolk in Suspension zu versetzen, daß dann die Kolktiefe mit der Wirbelstärke weiter anwächst bis die Antidünen wirksam werden. Ein derartiger Zustand muß noch eingehend untersucht werden. Es ist dabei auch wichtig, die Sohllage korrekt zu ermitteln, so daß z.B. auch nicht die Tiefe infolge des allgemeinen und/oder des bauwerkbedingten Kolkes nicht der Tiefe infolge lokalen Kolkes hinzugerechnet wird. In einem Kiesbett tritt ein derartiger Zustand nicht auf. Bei einer Strömung mit hoher FROUDE-Zahl kann die Kolktiefe sogar negativ werden, d.h. es bildet sich am Pfahl eine Art von Bugwelle aus Kiesmaterial.

Die Anzahl der Formeln zur Berechnung der Kolktiefe ist groß. Eine Besprechung hierzu wurde von BREUSERS et al. (1977) veröffentlicht, darüber hinaus behandelten RAUDKIVI und SUTHERLAND (1981) die Problematik von Kolken an Brückenpfeilern und an Widerlagern in einer umfangreichen Arbeit.

Wenn d_s die Kolktiefe bezogen auf die unbewegliche oder ursprüngliche Sohle, D der Pfeilerdurchmesser und b die Breite des Pfeilers senkrecht zur Strömung sind sowie U und y_0 die Strömungsgeschwindigkeit und Tiefe, d die Korngröße, ρ_s die Sedimentdichte,ρ und ν die Wasserdichte und kinematische Zähigkeit $S_s = \rho_s/\rho$, $u_* = \sqrt{gy_0 S_0}$ die Schubspannungsgeschwindigkeit und S_0 die Sohlneigung (gleich Energiegefälle) herangezogen werden, dann kann folgende Beziehung aufgestellt werden :

$$\frac{d_s}{b} = f\left(\frac{Ub}{\nu} , \frac{U^2}{gb} , \frac{y_0}{b} , \frac{d}{b} , \frac{\rho_s - \rho}{\rho}\right)$$

oder

$$\frac{d_s}{b} = f\left(\frac{u_* d}{\nu} , \frac{u_*^2}{g(S_s - 1)} , \frac{\rho_s - \rho}{\rho} , \frac{y_0}{b} , \frac{d}{b}\right) \qquad\qquad 9.1$$

Das Schrifttum hierzu zeigt, daß die FROUDE-Zahl dabei der am häufigsten verwendete Parameter ist.

9.1 Zusammenfassung der bekannten Formeln

Die bekannten Formeln zur Beschreibung und Erfassung der Kolkbildung können ihrer Form nach in fünf Gruppen aufgeteilt werden :

$$\underline{\text{Gruppe I}} \quad : \quad \frac{d_s}{y_0} = C_1 \left(\frac{b}{y_0}\right)^n$$

$$\underline{\text{Gruppe II}} \quad : \quad \frac{d_s}{y_0} = C_2 \, Fr^m \left(\frac{b}{y_0}\right)^n \text{ oder } \frac{d_s}{b} = C_2 \, Fr^m$$

$$\underline{\text{Gruppe III}} \quad : \quad \frac{d_s}{y_0} = C_3 \, Fr^m \left(\frac{b}{y_0}\right)^n - 1$$

$$\underline{\text{Gruppe IV}} \quad : \quad \frac{d_s}{y_0} = C_4 \, Fr^2 - C_5 \left(\frac{d}{y_0}\right)$$

$$\underline{\text{Gruppe V}} \quad : \quad \text{Alle übrigen Formeln, die nicht in Gruppe I - IV eingeord-}$$
net werden können,

wobei C_i, m, n jeweils Konstanten sind und $Fr = U/\sqrt{gy_0}$ oder $Fr = U/\sqrt{gb}$ die FROUDE-Zahl angeben. Wenn nachfolgend nicht anders angegeben, wird jeweils die erstgenannte Definition der FROUDE-Zahl verwendet. Der Ausdruck " - 1" in der Gruppe III ist auf die Definition der Kolktiefe mit $D_s = y_0 + d_s$ zurückzuführen.
Es ist auch möglich, die bekannten Formeln auch auf Reinwassergegebenheiten und auf bewegliche Sohle aufzuteilen, obwohl in mehreren Formeln dieser Unterschied nicht berücksichtigt wird. Die Formeln, die der Gruppe IV zuzuordnen sind, und einige der Gruppe II deuten auf ein Anwachsen der Kolktiefe mit der Geschwindigkeit zu einer Potenz größer als Eins hin, was wiederum nicht mit Meßwerten übereinstimmt, so daß diese hier nicht aufgeführt werden. Die Formeln nach Zugehörigkeit sind in der Tabelle 9.1 aufgeführt.

Tabelle 9.1 :   KOLKFORMEL NACH FORM UND ZUGEHÖRIGKEIT

A. KLARWASSERKOLK	GRUPPE	B. KOLK MIT BEWEGL. SOHLE	GRUPPE
Bonasoundas (1973)	V	Arunachalam [+] (1965)	III
Chitale (1960)	V	Blench (1966)	III
Hancu I (1971)	II	Bonasoundas (1973)	V
Inglis-Poona (1949)	III	Breusers (1965)	I
Laursen (1962, 1963)	V	Coleman (1971)	II
Laursen & Toch (1956)	I	Garde[+] (1961)	III
Shen I (1966, 1969)	V	Hancu II (1971)	II
Shen II(a) (1966, 1969)	II	Inglis-Lacey[+] (1949)	V
		Larras (1965)	I
		Laursen II (1958)	V
		Shen II (1966, 1969)	II

[+]Die Formel gilt den Zusammenhängen nach für den Kolk mit beweglicher Sohle,obwohl die Autoren den Unterschied nicht erwähnten.

Reinwasser-Kolkformeln :

Bonasoundas (1973)

$$\frac{d_s}{y_0} = a_i \left(\frac{D}{y_0} - 0{,}60\right)^{1/3} f_* \qquad\qquad 9.2$$

$$a_i = 4{,}65 - 2{,}55\, U_c/U \quad ; \quad 1 \leq U_c/U < 1{,}6$$

$$a_i = 2{,}55\, (U_c) U^{-10/3} \quad ; \quad 1{,}6 \leq U_c/U$$

$$\frac{U_c}{U} = \frac{(S_s - 1)^{1/2}}{Fr} \cdot \left(\frac{d}{y_0}\right)^{7/10}$$

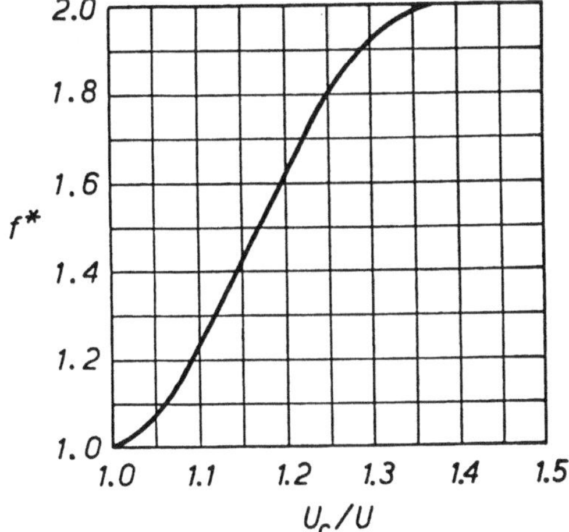

mit U_c als kritischer Geschwindigkeit für den Bewegungsbeginn.

<u>Chitale (1960)</u>

$$\frac{d_s}{y_0} = 6,65 \; Fr - 0,51 - 5,49 \; Fr^2 \; ; \; 0,16 \leqq d \leqq 1,51 \; mm \qquad 9.3$$

<u>Hancu (1971) Formel I</u>

$$\frac{d_s}{y_0} = 2,42 \; (\frac{2U_c}{U} - 1)Fr^{2/3} \; (\frac{b}{y_0})^{2/3} \qquad 9.4$$

<u>Inglis (1949)</u> (Inglis-Poona Formel)

$$\frac{d_s}{y_0} = 4,19 \; Fr^{0,52} \; (\frac{b}{y_0})^{0,22} - 1 \qquad 9.5$$

<u>Laursen (1962, 1963)</u> die Laursen III Formel

$$\frac{b}{y_0} = 5,5 \; \frac{d_s}{y_0} \left[\frac{d_s/ry_0 + 1}{(\tau_0'/\tau_c)^{1/2}} - 1 \right] \qquad 9.6$$

r = 11,5, τ_0'-Anteil der Sohlschubspannung, der der Kornrauhigkeit der Sohle zugeordnet ist.

$$\frac{\tau_0'}{\tau_0} = \frac{U^2}{36d^{2/3}y_0^{1/3}} \qquad 9.7$$

Laursen und Toch (1956)

$$\frac{d_s}{D} = 1{,}35 \left(\frac{y_0}{D}\right)^{0,3} \quad \text{oder} \quad \frac{d_s}{y_0} = 1{,}35 \left(\frac{D}{y_0}\right)^{0,7} \tag{9.8}$$

Shen et al. (1966, 1969)

Shen I

$$d_s = 0{,}000\ 223 \left(\frac{Ub}{\nu}\right)^{0,619} \quad \text{(m)} \tag{9.9}$$

Shen II a

$$\frac{d_s}{y_0} = 2\ Fr^{0,43} \left(\frac{b}{y_0}\right)^{0,645} \tag{9.10}$$

Die Formeln sind auf Abbildung 9.2 bis Abbildung 9.4 dargestellt.

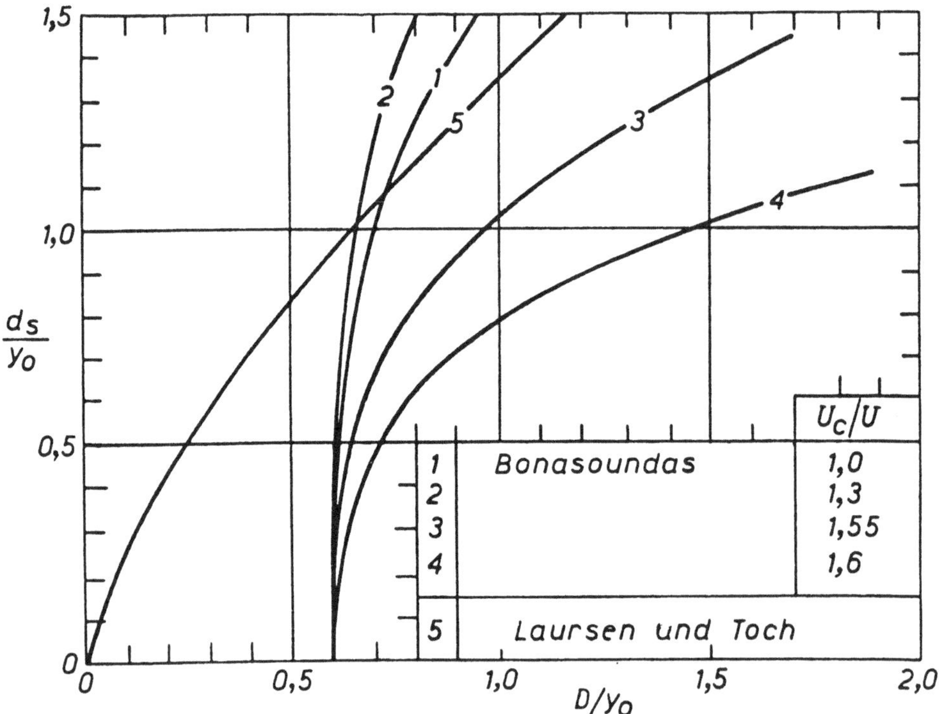

Abb. 9.2 : Vergleich der Formeln 9.2 und 9.8

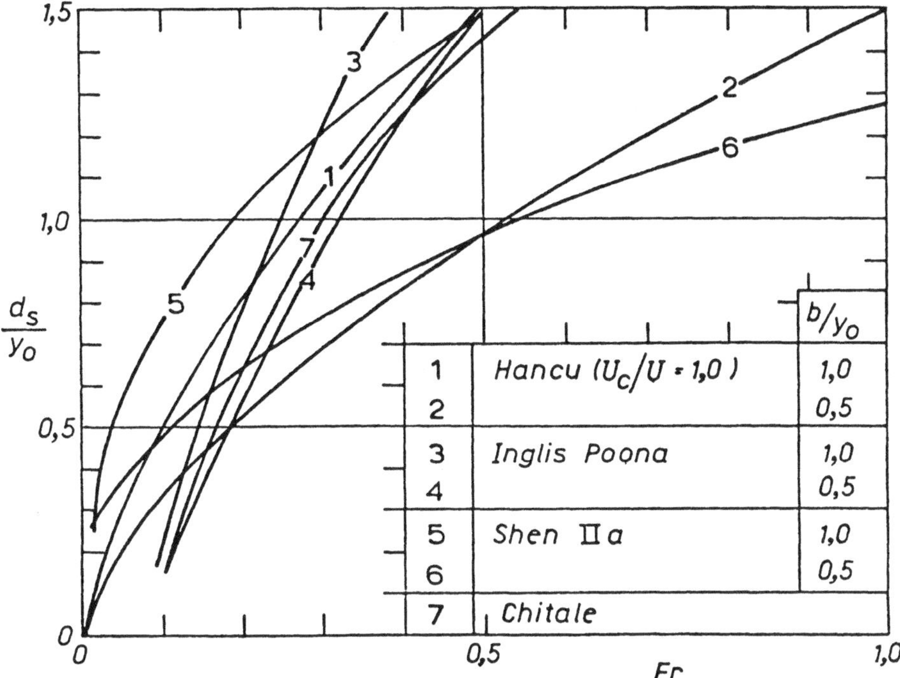

Abb. 9.3: Vergleich der Formeln 9.3; 9.4; 9.5 und 9.10

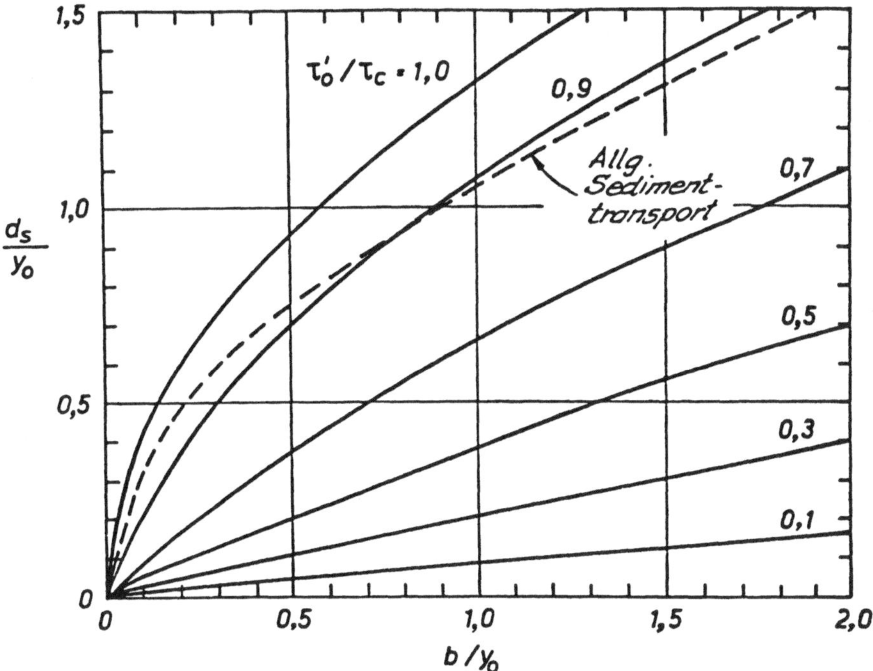

Abb. 9.4: Reinwasserkolk an einem zylindrischen Pfeiler nach LAURSEN (1963), Gl. 9.6.

174

<u>Formeln für bewegliche Sohle :</u>

<u>Arunachalam (1965)</u>

$$\frac{d_s}{y_o} = \frac{4,0}{d_{(mm)}^{0,139}} \ Fr^{0,55} \ (\frac{b}{y_o})^{0,16} - \frac{1,77}{d_{(mm)}^{0,16}} \ Fr^{0,67}$$
9.11

<u>Blench (1966)</u>

$$\frac{D_s}{y_r} = 1,8 \ (\frac{b}{y_r})^{1/4} \quad ; \quad y_r = 1,48 \ (y_o^2 \ U_o^2 \ / \ 1,9 \ \sqrt{d})^{1/3}$$

oder

$$\frac{d_s}{y_o} = \frac{3,64}{d_{(mm)}^{0,125}} \ Fr^{0,5} \ (\frac{b}{y_o})^{0,25} - 1$$
9.12

<u>Bonasoundas (1973)</u>

$$\frac{d_s}{y_o} = a_i \ (\frac{D}{y_o} - 0,30)^n \cdot f_*$$

$$a_i = 2,00 - 0,88 \ U_c/U \quad , \quad U_c/U < 1$$
$$n = \frac{1}{3} + \frac{2}{5} \cdot (\ 1- \ U_c/U)$$
$$f_* - \ Gl. \ 9.2$$

<u>Breusers (1965)</u>

$$\frac{d_s}{y_o} = 1,4 \quad (\frac{D}{y_o})$$
9.13

<u>Coleman (1971)</u>

$$\frac{d_s}{y_o} \ 1,39 \ Fr^{0,2} \ (\frac{b}{y_o})^{0,9}$$
9.14

<u>Garde (1961)</u>

$$\frac{d_s}{y_o} = (\frac{4,0 \ \eta_1 \ \eta_2 \ \eta_3}{\alpha}) Fr^n - 1$$
9.15

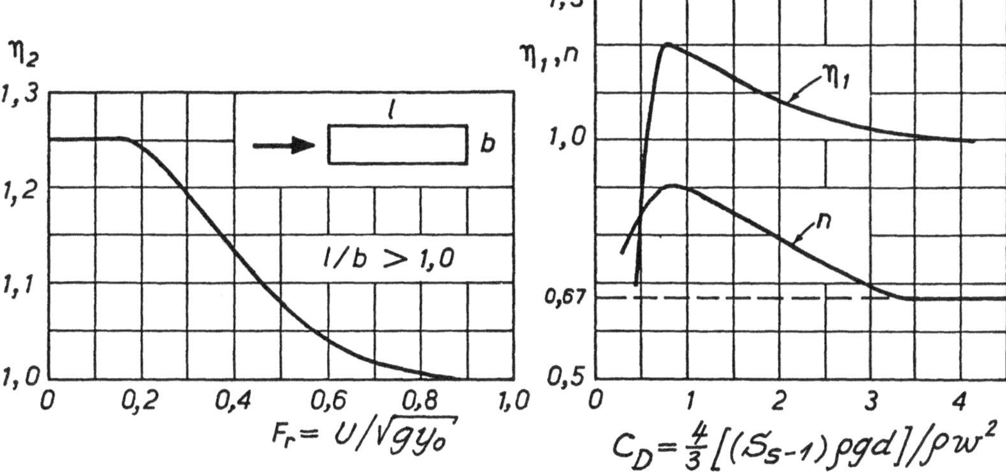

$\alpha = (B - b)/B$, B - Strombreite im Bereich der Brücke, w - Sinkgeschwindig-keit, $n_3 = 0{,}90$ für halbrunde, 0,80 bzw. 0,75 für elliptische (l/b = 2 bzw. 3) und 0,80 bzw. 0,70 für linsenförmige (l/b = 2 bzw. 3) Vorderkante des Pfeilers.

Hancu (1971)

$$\frac{d_s}{y_0} = 2{,}42 \; Fr_c^{2/3} \; \left(\frac{b}{y_0}\right)^{2/3} \; ; \; Fr_c = U_c \sqrt{gy_0} \qquad\qquad 9.16$$

Inglis - Lacey (1949)

$$D_s = y_0 + d_s = 0{,}946 \left(\frac{Q}{f}\right)^{1/3} \; ; \; f = 1{,}76 \sqrt{d_{mm}} \qquad\qquad 9.17$$

Q - Abfluß, $m^3 \, s^{-1}$

Larras (1963)

$$\frac{d_s}{y_0} = \left(\frac{1{,}05 \; K}{b^{0{,}25}}\right) \left(\frac{b}{y_0}\right) \qquad\qquad 9.18$$

K - Beiwert, mit dem die Form und der Winkel des Pfeilers zur Strömung berücksichtigt werden.

Laursen und Toch (1956)

$$d_s = 1.5 \ K \ b^{0,7} \ y_0^{0,3} \qquad\qquad 9.19$$

Laursen (1958), Laursen II

$$\frac{b}{y_0} = 5,5 \ \frac{d_s}{y_0} \cdot \left[(\frac{d_s}{r y_0} + 1)^{1,7} - 1 \right] \qquad\qquad 9.20$$

$$r \approx 11,5$$

Shen et al. (1966, 1969), Shen II

$$\frac{d_s}{y_0} = 3,4 \ Fr^{2/3} \ (\frac{b}{y_0})^{2/3} \qquad\qquad 9.21$$

Jain und Fischer (1980)

$$\frac{d_s}{b} = 1,86 (\frac{y_0}{b})^{0,5} (Fr - Fr_c)^{0,25} \qquad\qquad 9.22$$

$$Fr_c = U_c / (g y_0)^{1/2}, \ \text{oder mit 2,0 für 1,86.}$$

Bemerkung : Die Reinwasserkolktiefe geht auf Null. Der d_s-Wert
gibt die lokale und die bauwerksbedingte Kolktiefe an.

Abbildung 9.5 zeigt eine Gegenüberstellung der Gl. 9.11 ; 9.12 ; 9.14 und
9.15. Die Formeln sind mit einem Beiwert, der Form und Strömungsrichtung
Rechnung trägt, behaftet.

Wenn der Pfeiler aus einer Pfahlgruppe besteht, muß noch die gegenseitige
Beeinflussung, insbesondere die der Nachlaufwirbel, berücksichtigt werden.

Bei zwei hintereinander in Stromrichtung angeordneten Pfählen ist die Kolktiefe an dem ersten Pfahl, wenn der Abstand zwischen den Pfahlachsen etwa
drei Pfahldurchmesser ist, ungefähr 15 % größer als an einem Einzelpfahl.
Erst bei einem Abstand von ungefähr 15 Durchmessern verschwindet die zusätzliche Tiefe am vorderen Pfahl.

Wenn zwei Pfähle senkrecht zur Strömung angeordnet sind, nimmt die zusätzliche Kolktiefe an dieser Pfahlgruppe mit dem wachsenden Abstand der Pfahlachsen ab.

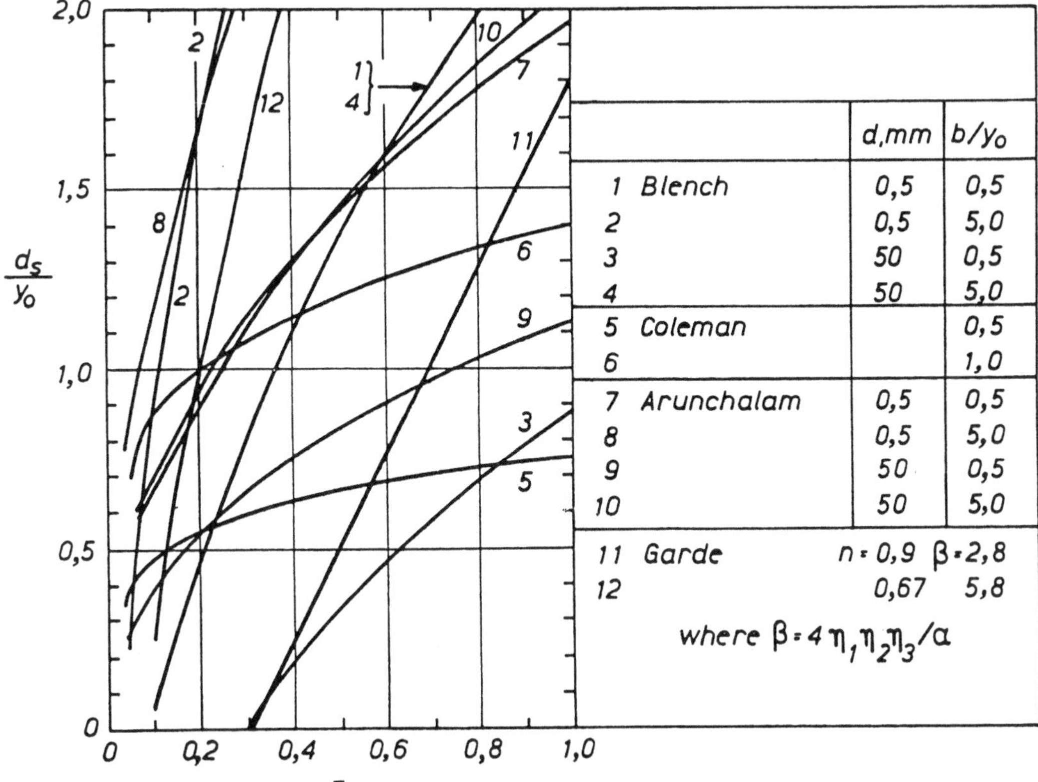

		d,mm	b/y_0
1	Blench	0,5	0,5
2		0,5	5,0
3		50	0,5
4		50	5,0
5	Coleman		0,5
6			1,0
7	Arunchalam	0,5	0,5
8		0,5	5,0
9		50	0,5
10		50	5,0
11	Garde	$n=0,9$	$\beta=2,8$
12		0,67	5,8

Abb. 9.5 : Vergleich ausgewählter Formeln für Kolk mit beweglicher Sohle

In einem Abstand entsprechend dem Pfahldurchmesser ist die Kolktiefe die
eines Pfahles mit dem Durchmesser 2 D, bei einem Abstand von 2 D übersteigt
die Kolktiefe die eines Einzelpfahles noch um das 1,2-fache. Erst bei einem Abstand, entsprechend ungefähr 10 D verschwindet erhöhte Vertiefung,
gegenüber dem Einzelpfahl. Wenn die Pfähle schräg zur Stromrichtung angeordnet sind (Abb. 9.6), kann eine größere Vertiefung an dem zweiten Pfahl
vorkommen, was auf den Einfluß des Nachlaufwirbels zurückzuführen ist. Laborversuche zeigten auch, daß hintereinander angeordnete Pfähle geringere
Kolktiefen hervorrufen als ein einzelner schräg zur Strömungsrichtung an-
geordneter Pfeiler (Abb. 9.7).

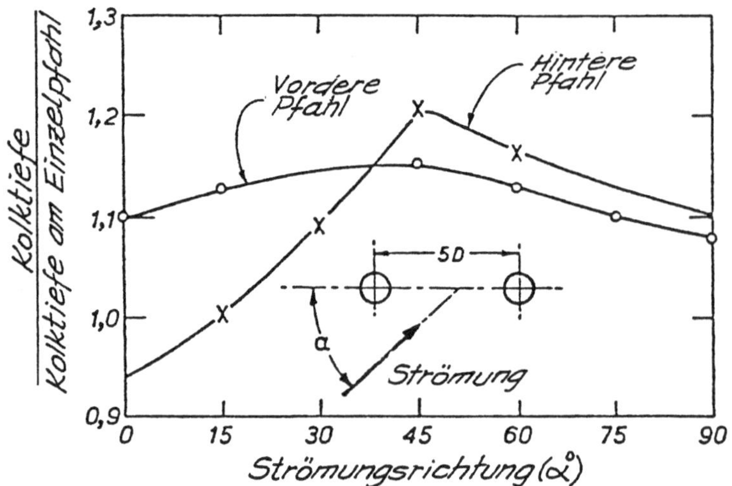

Abb. 9.6 : Kolktiefe an zwei Pfählen als eine Funktion der Strömungsrichtung

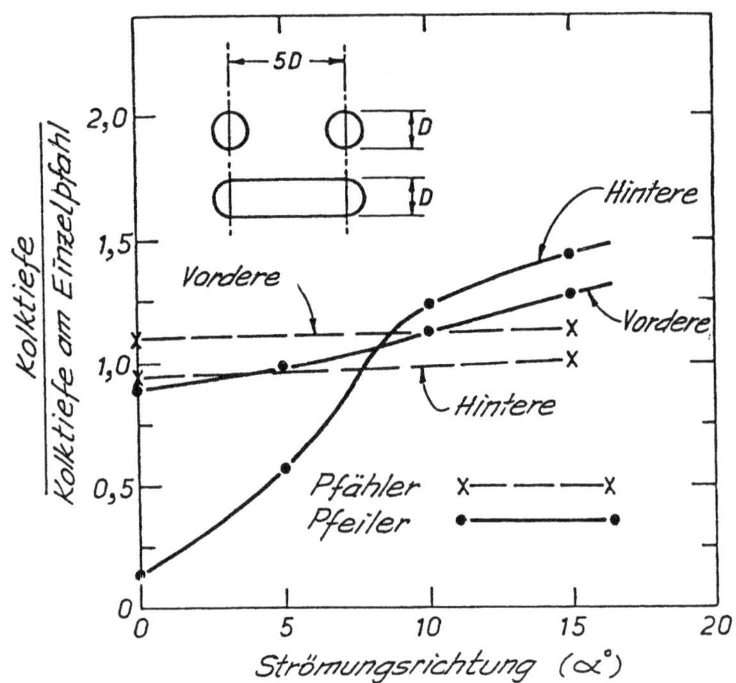

Abb. 9.7 : Vergleich der Kolktiefen an einem Pfeiler und zwei Pfählen

Das Problem von Kolken an Widerlagern und der bauwerkbedingten örtlich be-
grenzten Auskolkungen infolge einer Verengung des Stromes wurde von
LAURSEN (1958) untersucht. Für die örtliche Reinwasserkolktiefe, d_{S1},
in der Verengung wurde der vereinfachte Ausdruck

$$\frac{d_{S1}}{y_0} = \left(\frac{\tau'_0}{\tau_c}\right)^{3/7} \left(\frac{B_1}{B_2}\right)^{6/7} - 1 \qquad 9.23$$

abgeleitet, wobei B_1 und B_2 die Strombreiten sind und τ'_0 die Komponente
der Sohlschubspannung ist, die der Kornrauhigkeit der Sohle zugeordnet
ist. Gleichung 9.23 kann für den Grenzfall, bei dem die Kolke von
beiden Widerlagern in Strommitte aufeinandertreffen, wie folgt geschrieben werden :

$$\frac{a}{y_0} = 2{,}75 \frac{d_S}{y_0} \left[\frac{(d_S/ry_0) + 1}{(\tau'_0 / \tau_c)^{1/2}} - 1 \right] \qquad 9.24$$

mit a als die Verbauungslänge der Widerlager in das Strombett, d_S als der
Kolktiefe am Widerlager und $r = d_S/d_{S1}$ ($\approx$ 11,5).
Gl. 9.24 ist auf Abbildung 9.8 dargestellt. Für die bauwerkbedingte ört-
liche Kolktiefe mit Sedimentbewegung wurde die Beziehung

$$\frac{a}{y_0} = 2{,}75 \frac{d_S}{y_0} \left[\left(\frac{d_S}{ry_0} + 1\right)^{1{,}7} - 1 \right] \qquad 9.25$$

abgeleitet, die in Abbildung 9.9 gezeigt ist.

LIU et al. (1961) stellten die folgende Formel

$$\frac{d_S}{y_0} = 1{,}1 \left(\frac{a}{y_0}\right)^{0{,}4} Fr^{0{,}22} \qquad 9.26$$

für die Kolktiefe am Widerlager auf ; FIELD (1971) veröffentlichte dazu
die graphische Lösung (Abb. 9.10), die auf den Meßwerten von LIU et al.
aufgebaut ist. Die drei verwendeten Parameter sind (D_S/y_0) M, (a/y_0) M
und Fr $\sqrt{M}$, wobei D_S die Kolktiefe am Widerlager bezogen auf die Wasseroberfläche, M = B'/B, B' die Breite der Brückenöffnung, auf der Höhe $y_0/2$
gemessen und B die Oberflächenbreite des Stromes sind.

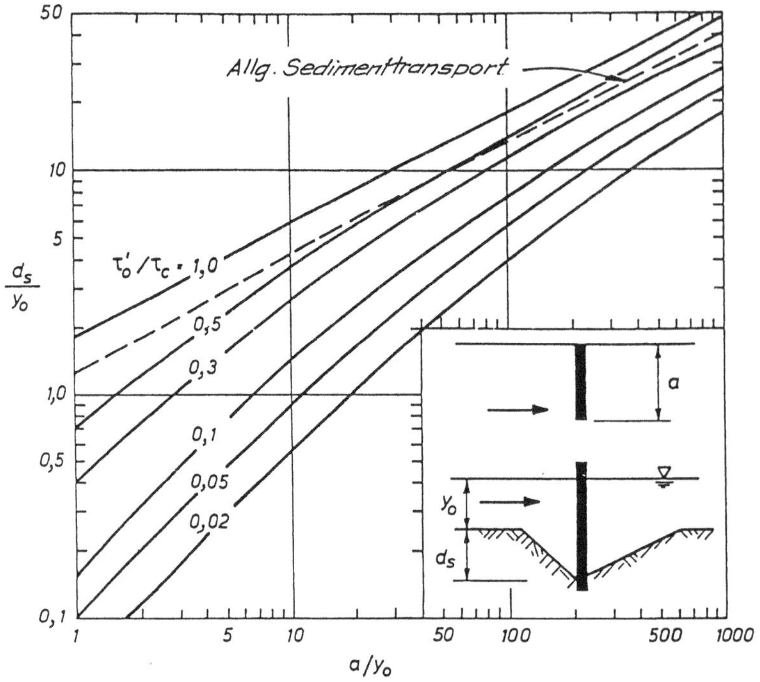

Abb. 9.8:   Reinwasserkolktiefe am Widerlager nach LAURSEN (1963), Gl. 2.24.

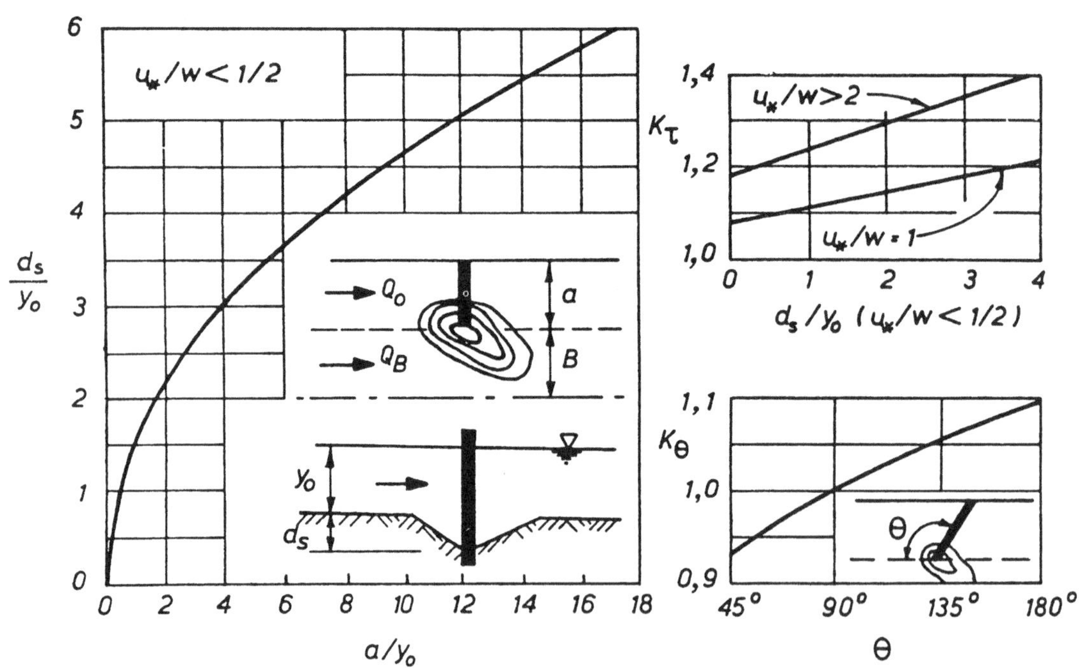

Abb. 9.9 : Kolktiefe am Widerlager (Gl. 9.25) und die Beiwerte K_τ und K_θ für den Sedimenttransport bzw. Strömungsrichtung

Für kurze Widerlager in verhältnismäßig tiefem Wasser kann das Widerlager auch als die Hälfte eines Pfeilers betrachtet werden, wobei nur ein Unterschied in der Einwirkung der Grenzschicht in der Symmetrie-Ebene besteht.

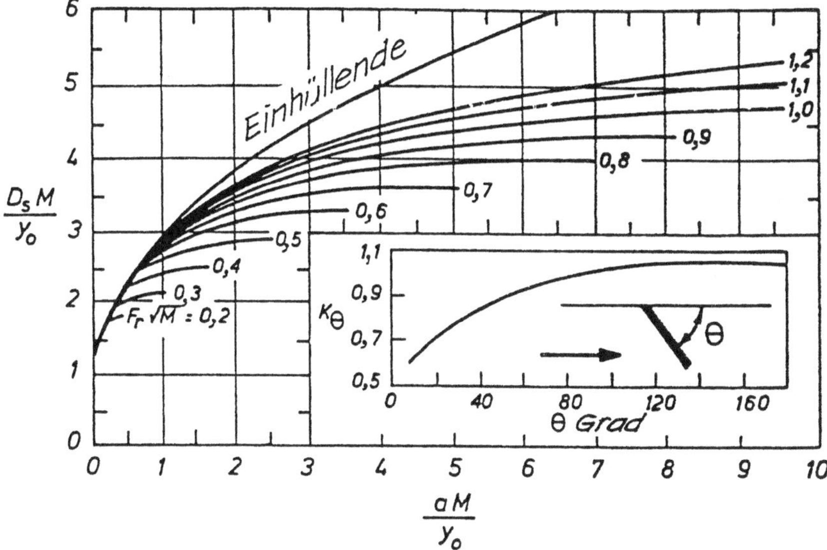

Abb. 9.10 : Kolktiefe am Widerlager, $D_s = y_0 + d_s$, nach FIELD (1971)

9.2 Umströmung eines Zylinders

Die Umströmung eines zylindrischen Pfeilers mit einem an der Sohle vorhandenen Kolk ist äußerst komplex. Sie wurde von MELVILLE (1975, MELVILLE und RAUDKIVI, 1977) untersucht. Die Umströmung kann wie folgt in Komponenten (Abb. 9.11) zerlegt werden :

- Vertikale Strömung vor dem Zylinder infolge der Anströmung
       (Staudruckstrahl)
- Grenzschicht und Hufeisenwirbel
- Ablösungswirbel und Nachlaufwirbel

Infolge der Anströmung des Zylinders bildet sich ein Staudruck, der infolge der mit der Tiefe abnehmenden Geschwindigkeit ein Druckgefälle und damit eine abwärts gerichtete, vertikale Strömung erzeugt. Abb. 9.12 zeigt Meßwerte von ETTEMA (1980). Daraus geht hervor, daß die Höchstwerte der auf den verschiedenen Höhenlagen vorkommenden, nach unten gerichteten

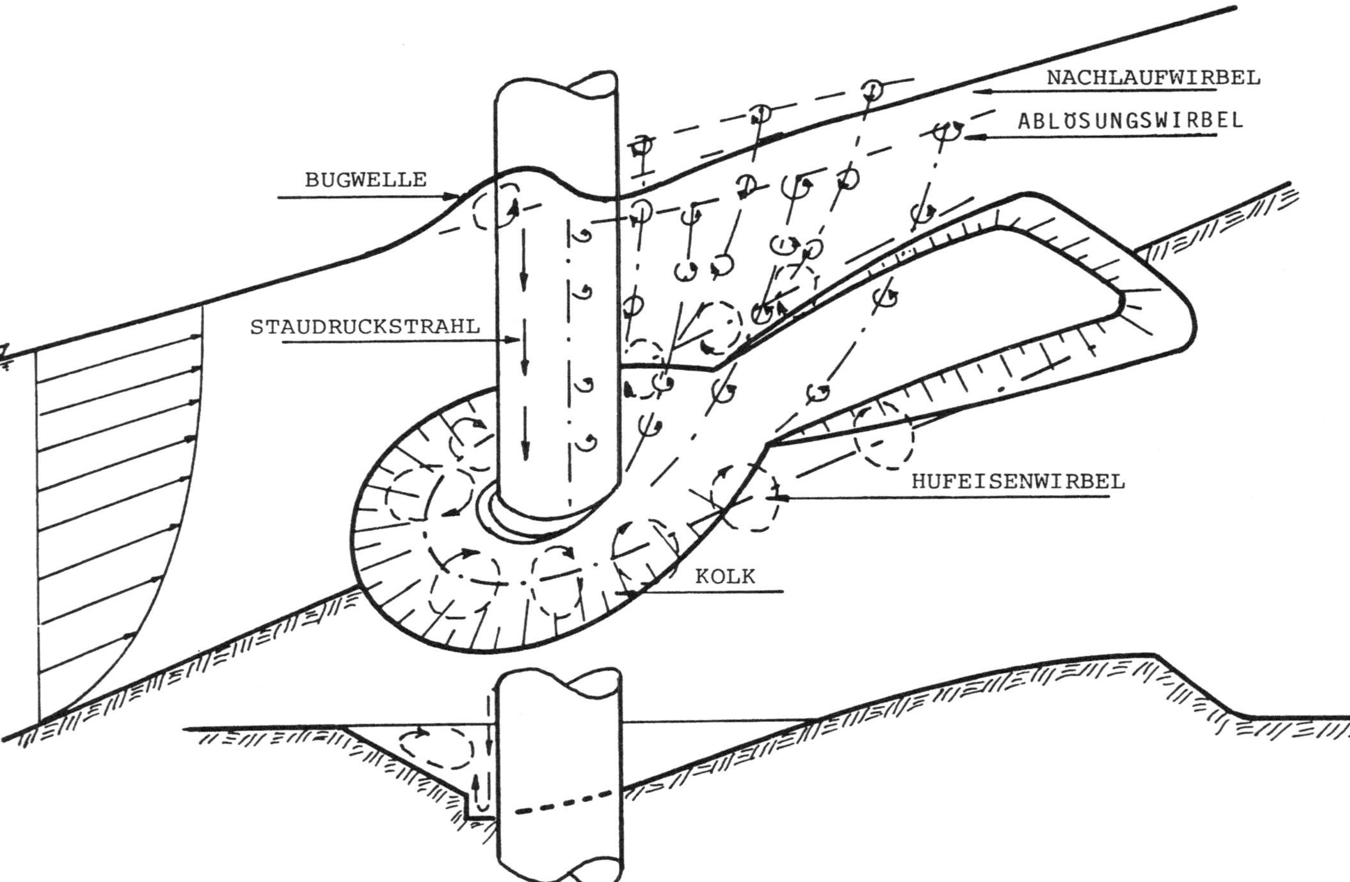

Abb. 9.11: Schematische Darstellung der Strömung um einen Zylinder mit einem Kolk an der Sohle.

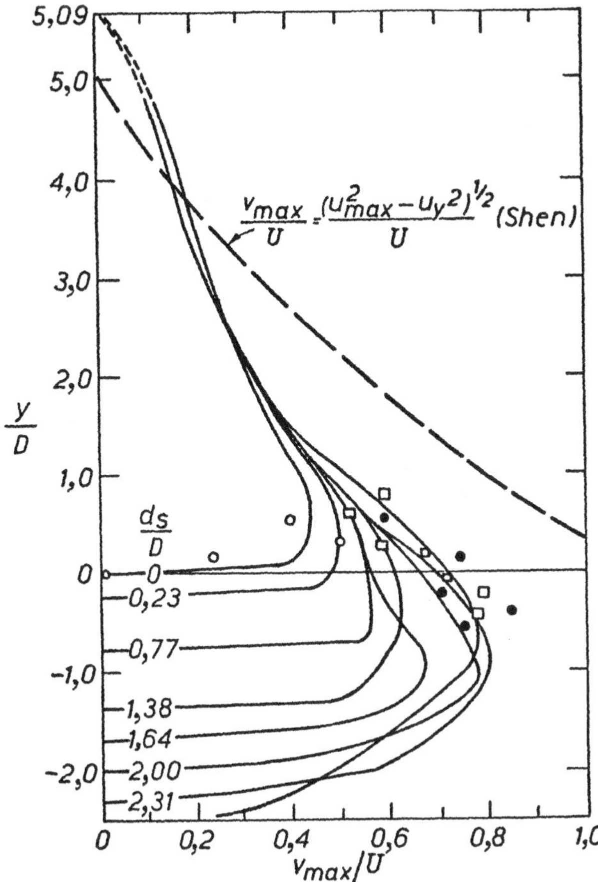

Abb. 9.12 : Höchstgeschwindigkeiten v_{max} in dem Staudruckstrahl vor einem Zylinder von D = 65 mm bei einer Luftgeschwindigkeit U = 12,2 m/s, Verteilung nach SHEN (1963). Meßwerte von MELVILLE in Wasser U = 0,25 m/s, D = 50,8 mm, d_s/D = 1,18 (▫)

Geschwindigkeitsmaxima jeweils etwas unterhalb der Sohllage auftreten. Dies gilt für Kolktiefen größer als ungefähr 0,5 D. Die v_{max}-Werte sind ungefähr 0,03 D von dem Zylinder entfernt. Dieser Staudruckstrahl bewirkt an der Stromseite einen Kolk in Form eines Grabens, dessen Breite zuerst etwa 0,1 D ist, jedoch bei d_s > D auf ungefähr das 0,2- bis 0,25-fache des Pfeilerdurchmessers anwächst. Der Staudruckstrahl wird an der Sohle des Grabens nach oben umgelenkt, wo er dann in den Hufeisenwirbel aufgenommen wird. Während aktiver Erosionsphase stellt sich eine fast senkrechte Böschung des Grabens ein, mit einer scharfen Kante am Übergang in **die** Böschung des Kolkes unter dem Hufeisenwirbel. Am Kolkhang gleiten "Lawinen" in den Graben, von wo das Sediment stromab transportiert wird.

Die dreidimensionale Grenzschicht, dort wo der Pfahl in die ursprünglich flache Sohle ragt, führt durch Abreißen der Strömung zu einem Hufeisenwirbel, der wie ein dickes Tau am Pfahl festgehalten wird, wobei sich dessen Enden stromab ausdehnen und sich dann im Strom auflösen. Die Entwicklung und das Anwachsen des Hufeisenwirbels ist auf Abbildung 9.13 dargestellt. Die Wirbel, die sich abwechselnd an den Flanken des Zylinders ablösen, werden entlang der Grenzfläche des Nachlaufwirbels stromab transportiert. Es besteht dort eine Wechselwirkung zwischen dem Hufeisenwirbel und dem Ablösungswirbel (cast-off vortices). Die Ablösungswirbel sind etwa vergleichbar kleinen Staubsaugern, die Sedimente von der Sohle aufsaugen.

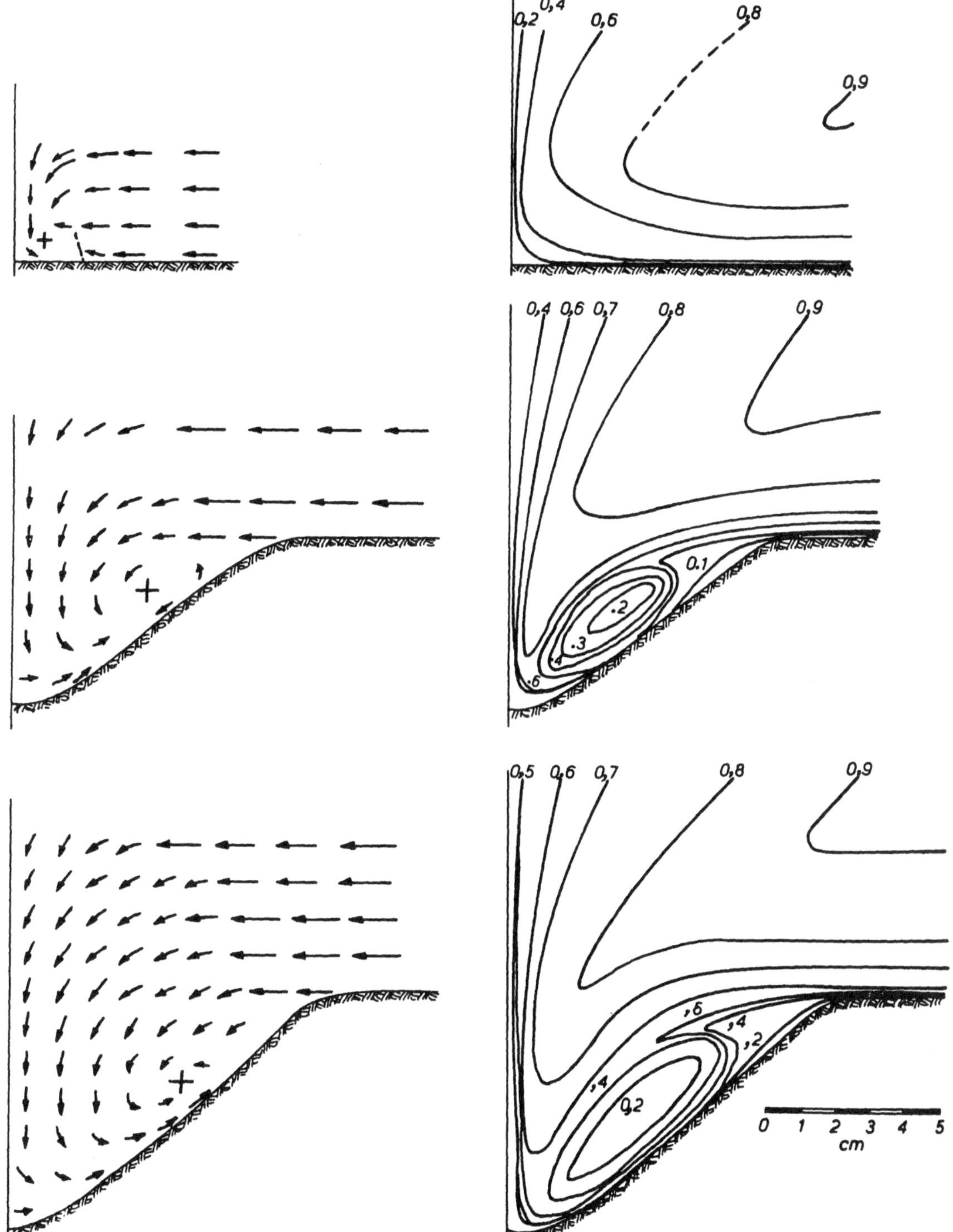

Abb. 9.13: Normalisierte mittlere Geschwindigkeiten und Richtungen bei einer Strömungsgeschwindigkeit U = 0,25 m/s in einer vertikalen Ebene parallel zur Strömung und durch die Achse des Zylinders für (a) ebene Sohle, (b) Übergangskolk, und (c) Endkolk.

9.3 Einfluß der Korngrößenverteilung auf die Kolktiefe

Eine Untersuchung der Voraussagen über Kolktiefen auf der Grundlage von
Daten aus älteren Arbeiten war verblüffend. Die Daten zeigten große Unterschiede in den Meßwerten, die in Versuchen mit anscheinend gleichen Verhältnissen gewonnen wurden. Es wurde vermutet, daß dies auf die Korngrößenverteilung zurückgeführt werden könnte, aber nur wenige Arbeiten gaben
Auskunft über die Korngrößenverteilung. Um den Einfluß des Sohlmaterials
näher zu untersuchen, wurde eine Versuchsreihe gefahren, in der die Kornverteilung systematisch geändert wurde. Die Versuche wurden in einer 1,5 m
breiten und 38 m langen Rinne bei 0,6 m Wassertiefe für Reinwasserverhältnisse ($u_* \approx 0,9$ bis $0,95\ u_{*c}$) an einem zylindrischen Pfeiler von 102 mm
Durchmesser durchgeführt (RAUDKIVI und ETTEMA, 1977).

Die Ergebnisse wurden als maximale Reinwasser-Kolktiefe in Abhängigkeit von
der Standardabweichung der Korngrößenverteilung aufgetragen (Abb. 9.14).

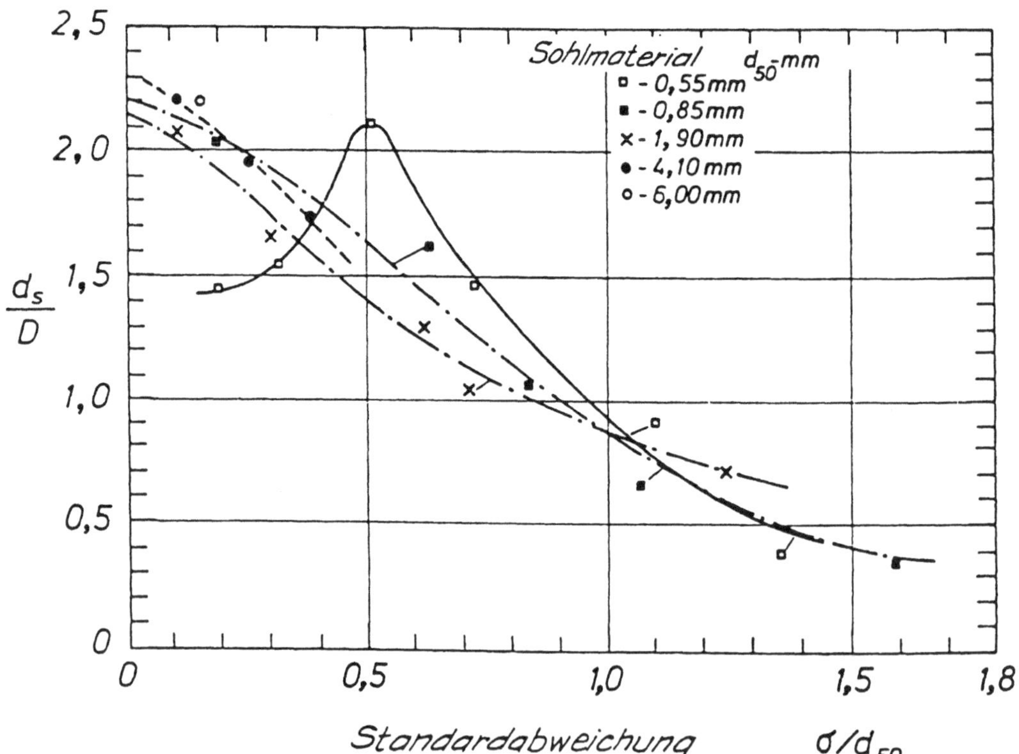

Abb. 9.14 : Maximale Reinwasserkolktiefe als eine Funktion der Korngrößenverteilung des Sohlmaterials

Es zeigte sich eindeutig, daß die Kolktiefe stark von der Korngrößenverteilung abhängt und auch daß sich gleichkörnige Sande (d < ~ 0,7 mm)
anders verhalten als grobkörnige Materialien. Der Grund ist darin zu su-
chen, daß es unmöglich ist, eine ebene Sandfläche gleichmäßiger Korngröße
beizubehalten, wenn $u_* - 0,95\ u_{*C}$ ist, da in diesem Falle bereits kleine
Riffel entstehen und es sich dann um den Zustand einer beweglichen Sohle,
d.h. Sandtransport handelt. Wenn die Sohlschubspannung soweit herabgemin-
dert wird, daß keine Riffel entstehen, dann ist entsprechend auch die Kolktiefe im Gleichgewichtszustand kleiner. Es gibt jedoch einen Zustand, etwa
um σ/d_{50} = 0,5, bei dem zwar größere Körner die Oberfläche der Sohle verfestigen, so daß keine Riffel entstehen, diese aber wiederum noch nicht groß
genug sind, um auch die Kolksohle zu verfestigen, wo ein höherer Turbulenzgrad vorherrscht.

Den Einfluß der Korngrößenverteilung kann man auch als einen Beiwert darstellen, in dem die maximale Kolktiefe den gleichmäßigen Korngrößen entspricht, d.h. $\sigma \approx 0$. Dies wird in Abbildung 9.15 für die geometrische
Standardabweichung σ_g dargestellt (lognormale Korngrößenverteilung).

Der maximale Wert der Reinwasser-Kolktiefe kann danach wie folgt ausgedrückt
werden :

$$\frac{d_{se}(\sigma)}{D} = K_\sigma \frac{d_{se}}{D} \qquad\qquad 9.27$$

Allgemein geht daraus auch hervor, daß fünf- bis sechsfache Unterschiede
in der Kolktiefe nur durch die Korngrößenverteilung des Sohlmaterials möglich sind.

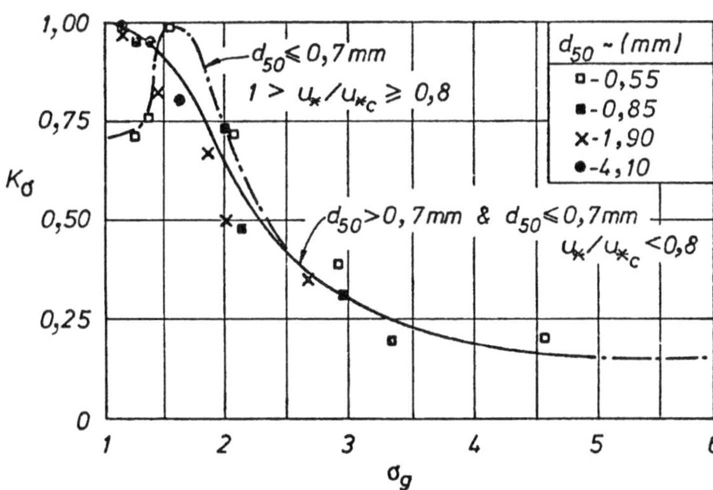

<u>Abb. 9.15</u> : Der Beiwert K_σ als eine Funktion der geometrischen Standard-
abweichung der Korngrößenverteilung

9.4 Zeitliche Entwicklung eines Kolkes

Abbildung 9.16 zeigt die zeitliche Entwicklung des Reinwasser-Kolkes. Abgesehen von der Anfangsphase (die nicht aufgetragen ist), definieren die Meßwerte drei Segmente. Die erste Gerade kennzeichnet die schnelle Ausgrabung durch den am Zylinder nach unten gerichteten Staudruckstrahl. Die zweite Gerade gehört in die Phase der Kolkentwicklung, wenn der Hufeisenwirbel in der Größe und Stärke zunimmt, wobei sich seine Achse gleichzeitig von dem Zylinder wegbewegt. Die dritte Gerade bezeichnet den Gleichgewichtszustand. Man sieht wieder, daß die Kolktiefe stark mit σ_g abnimmt, und daß Sande durch Riffelbildung diese Ordnung ein wenig stören. Mit wachsendem σ_g wird die Sohle des Kolkes verfestigt, wobei die Tiefe des Kolkes langsamer anwächst. Bei $\sigma_g > 3$ wird der lokale Kolk hauptsächlich durch die beschleunigte Strömung an den Flanken des Zylinders hervorgerufen.

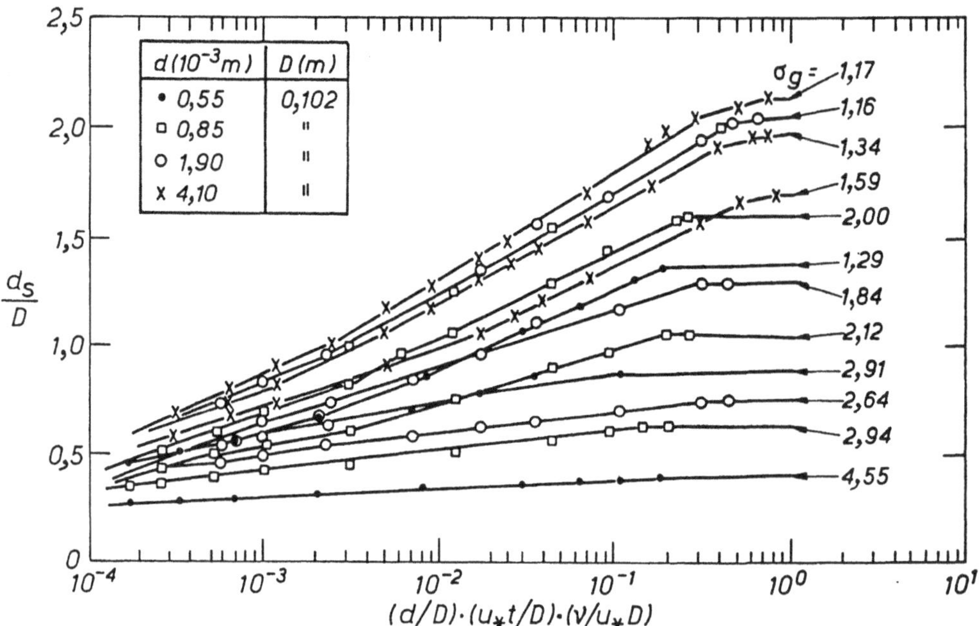

Abb. 9.16 : Reinwasser-Kolktiefe als eine Funktion der Zeit und Korngrößenverteilung ; t in Sekunden, $d = d_{50}$, $u_*/u_{*c} = 0,95$

9.5 Zusammenhänge zwischen der lokalen Kolktiefe, Wassertiefe sowie Pfeiler- und Korngröße

Die komplexe dreidimensionale Strömungsstruktur um einen Pfeiler und die damit verbundene Kolktiefe konnte bislang noch nicht analytisch erfaßt werden. Es ist aber aus Beobachtungen bekannt, daß bei geringer Wassertiefe die Kolktiefe mit der Wassertiefe bis zu einer Tiefe anwächst und danach von der Wassertiefe unabhängig wird. Der Tiefeneinfluß wurde meistens als eine Funktion von u_*/u_{*C} und y_0/D betrachtet. Man findet Aussagen, daß z.B. bei einem gegebenen Wert von u_*/u_{*C} der Tiefeneinfluß für Tiefen größer als das Ein-, Zwei- oder Dreifache des Pfeilerdurchmessers vernachlässigt werden kann. Versuchswerte, die auf Abbildung 9.17 zu sehen sind, unterstützen diese Aussagen. Mit Bezug auf die Größenordnung der Werte ist darauf hinzuweisen, daß BONASOUNDAS seine Kolktiefen nach zwei Stunden gemessen hat, d.h. dessen Meßwerte stellen nicht Maximalwerte für gegebene Verhältnisse dar. NEILL (1964) paßte die Gleichung

$$d_s = 1{,}5 \ D^{0{,}7} \ y_0^{\,0{,}3} \qquad\qquad 9.28$$

den Versuchswerten von LAURSEN und TOCH an.

Der Pfeiler verursacht einen Hufeisenwirbel an der Sohle und eine Bugwelle an der Oberfläche. Die zwei Wirbel rotieren in entgegengesetzten Richtungen. Wenn die Tiefe groß genug ist, so daß diese sich gegenseitig nicht beeinflussen, ist die Kolktiefe gegenüber einer Änderung der Wassertiefe unempfindlich. Mit abnehmender Wassertiefe nimmt der Oberflächenwirbel an Bedeutung zu und verdrängt schließlich den Hufeisenwirbel, d.h. der Wirbel an der Sohle ändert seine Rotationsrichtung. Der Staudruck wächst mit der Geschwindigkeit und bei einem konstanten u_*/u_{*C}-Verhältnis mit der Korngröße. Wenn die Oberflächenwalze die Strömung bis zu einer Tiefe, proportional der Staudruckhöhe H_i bestimmt, dann nimmt die Kolktiefe in einer Strömung mit geringer Tiefe ("shallow flow") mit gegebenen u_*/u_{*C}- und y_0/D-Werten mit der Korngröße ab.

Abb. 9.18 und 9.19 zeigen funktionelle Abhängigkeiten, die aus Versuchswerten abgeleitet wurden. Man sieht, daß bei feinkörnigen Sedimenten (D/d_{50} groß) der Tiefeneinfluß schon bei Tiefen $y_0 < D$ (Pfeildurchmesser) relativ gering ist, und umgekehrt kann dieser noch beim dreifachen Durchmesser nennenswert sein.

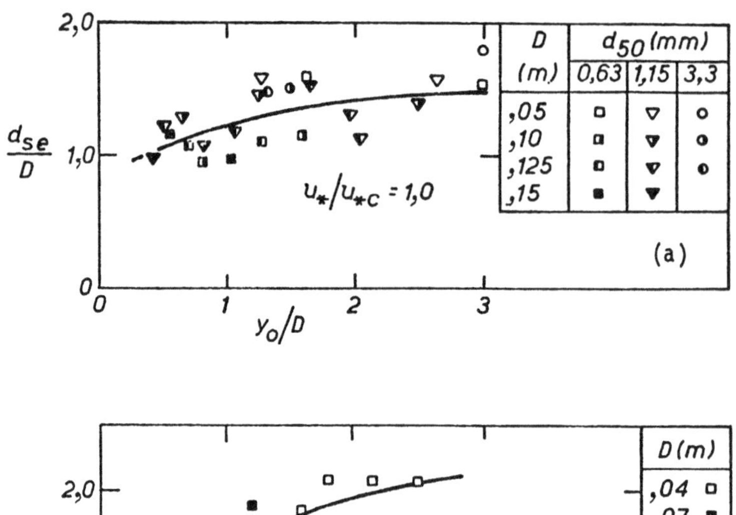

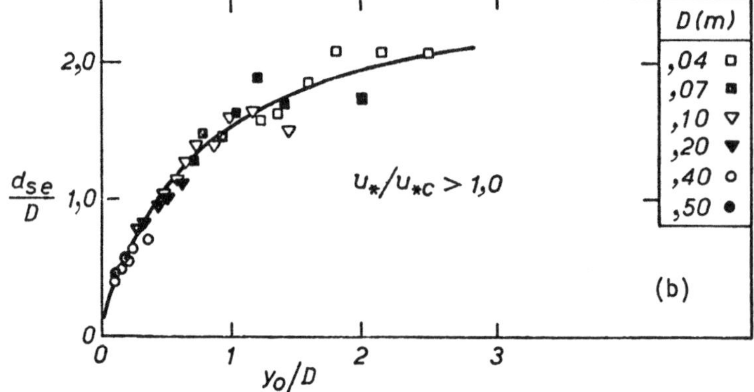

Abb. 9.17 : (a) Kolktiefe d_s/D als eine Funktion von y_0/D
nach 2 Stunden

(b) Kolktiefe d_s für den Gleichgewichtszustand als
eine Funktion von y_0/D, nach BASAK et al. (1975)

Abbildung 9.20 zeigt Meßwerte, die ETTEMA (1980) für sechs Pfeilergrößen und Sedimente von d_{50} = 0,24 mm bis zu 7,80 mm ermittelte. Wenn das Verhältnis D/d_{50} größer als 25 bis 30 ist, ist die maximale Reinwasser-Kolktiefe durch das Sediment nicht beeinflußt. Die Ergebnisse werden in vier Gruppen unterteilt :

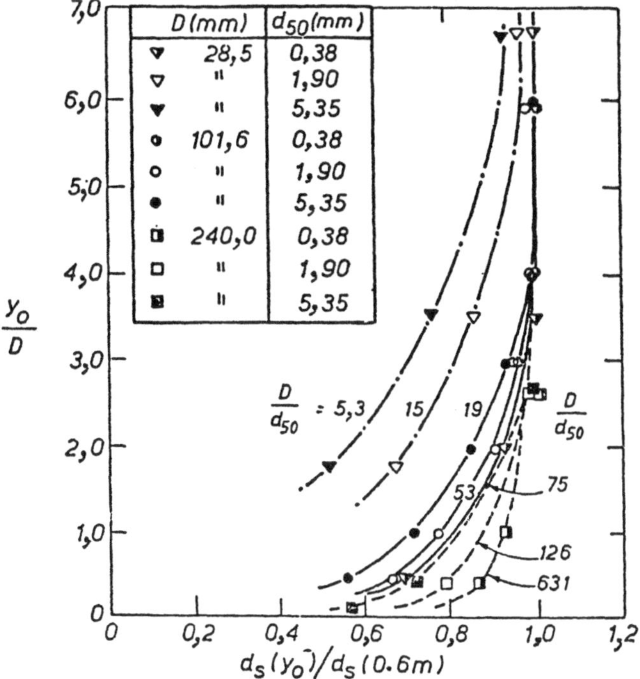

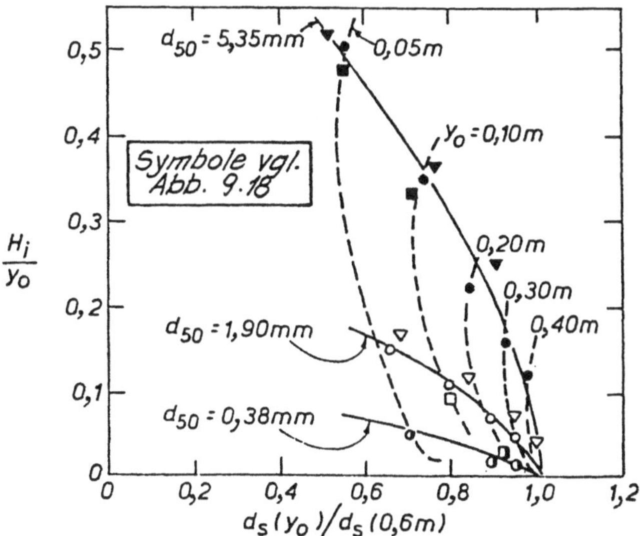

Abb. 9.18: Einfluß der Wassertiefe und der Korngröße auf die Endtiefe des Kolkes $d_s(y_0)$ an einem Zylinder mit dem Durchmesser D.

Abb. 9.19: Endtiefe des Kolkes als eine Funktion der Staudruckhöhe H_i, Wassertiefe y_0 und Korngröße d_{50}. (Symbole wie in Abb. 9.18).

192

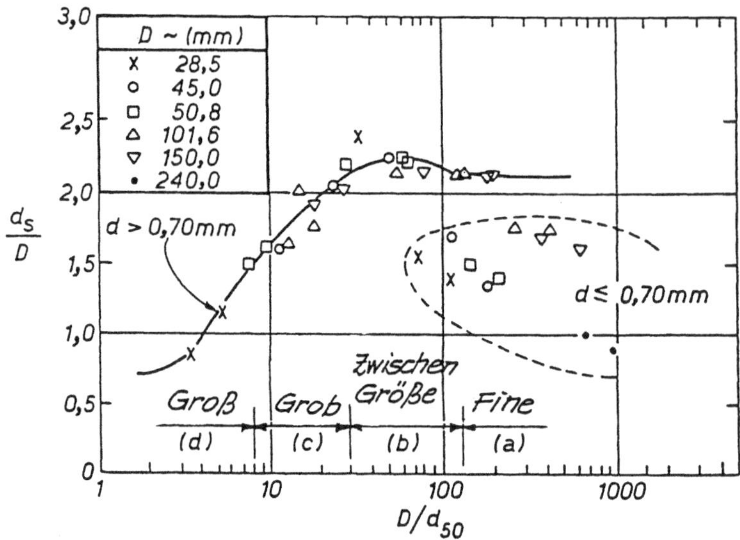

Abb. 9.20 : Endtiefe des Kolkes an einem zylindrischen Pfeiler als eine
Funktion von D/d für u_*/u_{*c} = 0,90

(1) D/d_{50} ≥ 130 - feines Sediment. Die Erosion wird durch den Staudruckstrahl in dem Graben und auf der Kolkneigung infolge des Hufeisenwirbels
bewirkt.

(2) 130 > D/d_{50} ≥ 30 - Übergangsbereich. Die Erosion ist vorwiegend auf
den Graben konzentriert, dem Sediment durch Hanglawinen zugeführt wird.

(3) 30 > D/d_{50} ≥ 8 - grobes Sediment. Energievernichtung innerhalb des
Grabens ist kennzeichnend.

(4) D/d_{50} < 8 - Ein Graben entwickelt sich nicht ; eine Kolkbildung tritt
hauptsächlich an den Flanken auf.

Der Durchmesser des Pfeilers beeinflußt auch die Zeit, die nötig ist, um
eine bestimmte Tiefe des Reinwasserkolkes zu erreichen. Der Kolk an der
Stromseite ist näherungsweise ein **stumpfer** Kegel, dessen Volumen mit D^3
wächst, d. h. $t \propto D^3$. In der Tat kann man eine Funktion der Form

$$\frac{d_s}{D} = A \ \ell n \left[(d_{50}/D)^3 \ t \right] + B \qquad\qquad 9.29$$

den Meßwerten anpassen.

Abbildung 9.21 zeigt, daß sich die Meßwerte für $D/d_{50} > 130$ auf näherungs-
weise eine Funktion reduzieren, mit Streuungen infolge der riffelbildenden
Sande, das gleiche gilt auch für $130 > D/d_{50} \geq 30$, aber nicht für $D/d_{50} < 30$
(Abb. 9.22).

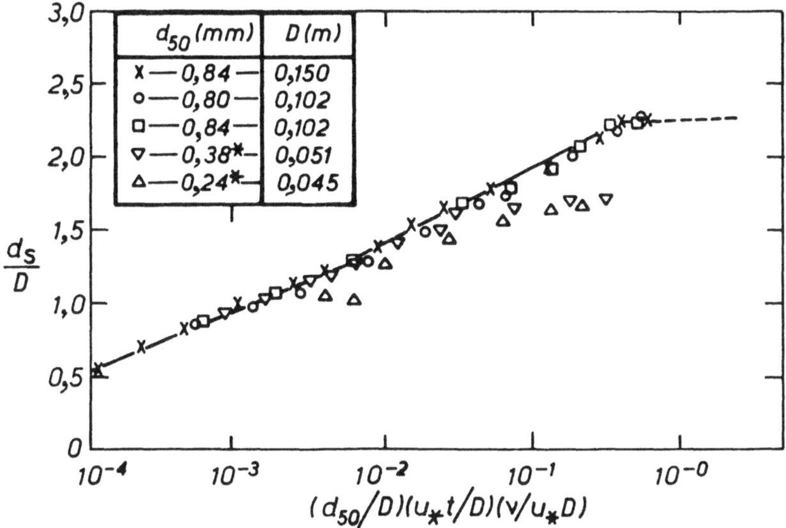

Abb. 9.21 : Entwicklung der Kolktiefe mit Zeit ; $u_*/u_{*C} = 0,95$;
$D/d > 130$; $\sigma_g < 1,5$; * Riffel bildende Sedimente

Die Diskussion der Auskolkung bezieht sich hier hauptsächlich auf den
Reinwasserkolk, der einen Teilbereich darstellt, aber wichtige Aufschlüsse
liefert. Versuchsreihen für Widerlager mit ähnlichen Untersuchungen, wie
hier für den Pfeiler beschrieben, und zum Verhalten eines Kolkes bei beweglicher Sohle, sind noch nicht abgeschlossen. Über diese Ergebnisse wird
in Kürze berichtet.

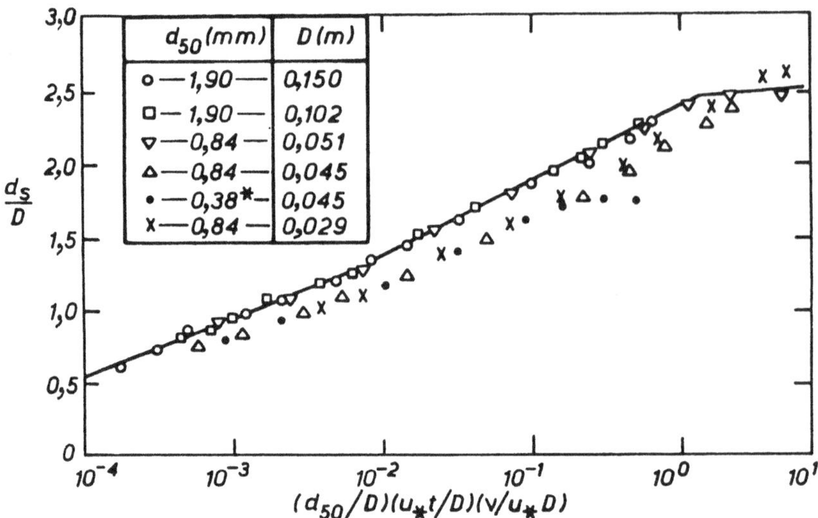

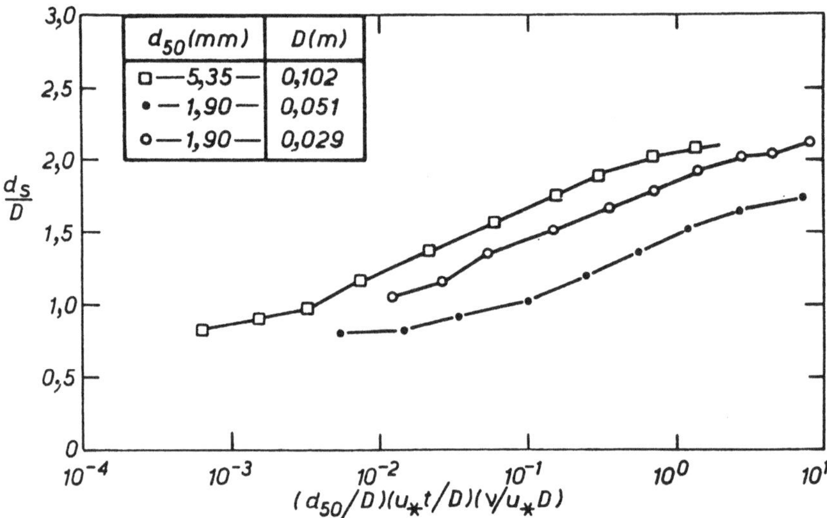

<u>Abb. 9.22</u> :Entwicklung der Kolktiefe in Abhängigkeit von der Zeit;
$u_*/u_{*c} = 0,95$; oben $130 > D/d \overset{\geq}{} 30$ unten
$D/d < 30$; $\sigma_g < 1,5$; $*$ Riffel bildende Sedimente

9.6 Geschichtete Sedimentablagerungen

Homogene Ablagerungen, die eine enge Korngrößenverteilung aufweisen, kommen in der Natur nicht allzu häufig vor. Meistens sind die Ablagerungen geschichtet. Im Hinblick auf die Kolkbildung ist der Fall von großem Interesse, bei dem eine Kiesschicht über Sand liegt. Als ein Grenzfall dazu ist ein Sedimentbett mit natürlicher Abpflasterung, die man als eine Schicht von einer Korndicke betrachten könnte, anzusehen. Wenn der Kolk am Brückenpfeiler die Schicht durchstößt, besteht die Frage, wie sich der Kolk weiterentwickeln wird. Die Untersuchungen von ETTEMA zeigten, daß das Verhalten des Kolkes in dieser Phase von den Korngrößen in den zwei Schichten abhängt, d.h. ob sich die größeren Körner einbetten oder ob diese bevorzugt über die kleineren hinweg transportiert werden.

Die Gl. 3.8 kann man als

$$\theta_{ci} d_1 = \theta_{c2} d_2 \qquad\qquad 9.30$$

schreiben, mit d_1 und d_2 als einheitliche Korngrößen in der oberen und unteren Schicht, θ als dimensionsloser Schubspannung und der Index i Werte bezeichnen, die auf das Einzelkorn der Größe d_1 bezogen sind. Man sieht, daß ein zur Strömung freigelegtes Korn sich über das Bett von d_2-Körnern hinwegbewegt, wenn

$$\theta_{ci} d_1 < \theta_{c2} d_2 \qquad\qquad 9.31$$

ist, oder mit dem Grenzwert $\theta_{ci} \approx 0{,}01$

$$d_1/d_2 < 1000 \cdot \theta_{c2} \qquad\qquad 9.32$$

Die kritischen Verhältnisse für den Bewegungsbeginn des freigelegten Kornes sind :

$$\frac{u_*}{u_{*1}} = \frac{u_{*i}}{u_{*1}} = \left(\frac{\theta_{ci}}{\theta_{c1}}\right)^{0,5} \qquad\qquad 9.33$$

mit u_* als Schubspannungsgeschwindigkeit, die der Strom an der Sohle ausübt. Für die d_2-Körner, auf denen das d_1-Korn liegt, werden die kritischen Zustände erreicht, wenn u_* gleich u_{*2} wird, oder

$$\frac{u_*}{u_{*1}} = \frac{u_{*2}}{u_{*1}} = \left(\frac{\theta_{c2}}{\theta_{c1}}\frac{d_2}{d_1}\right)^{0,5} \qquad\qquad 9.34$$

oder mit $\theta_c = 0{,}033$ bzw. $0{,}056$.

196

$$\frac{u_{*2}}{u_{*1}} = 1{,}30 \left(\frac{d_1}{d_2}\right)^{0,5} \quad \text{oder} \quad 0{,}77 \left(\frac{d_1}{d_2}\right)^{-0,5} \qquad\qquad 9.35$$

Das Argument ist auf Abbildung 9.23 als u_*/u_{*1} gegen d_1/d_2 dargestellt, wobei die (P/d_i ; θ_{ci}) Linien mit Hilfe der Funktion θ_c gegen P/d (Abb. 3.8) erhalten wurden ; z.B. bei P/d_1 = 0 wird $\theta_{c1} \simeq 0{,}13$, aus Gl. 9.33 ergibt sich $(0{,}13/0{,}056)^{0,5} = 1{,}52 = u_*/u_{*1}$; P/d_1 = 0,82, $\theta_{c1} \simeq 0{,}01$ und $u_*/u_{*1} = (0{,}01/0{,}056)^{0,5} = 0{,}42$. Dieser letzte Wert bezeichnet die untere Schubspannungsgrenze für den Bewegungsbeginn sowohl für Körner, die der Strömung voll ausgesetzt sind, wie auch die d_2-Körner, aus denen die Sohle besteht, und zwar in dem Bereich des Verhältnisses d_1/d_2 = 1 bis ungefähr 6. Außerhalb dieser Werte wurde die untere Grenzlinie nur als geschätzt eingezeichnet. Für d_1/d_2 > ~ 6 zeigten Laborversuche, daß sich bei etwa $d_1/d_2 \simeq 17$ das d_1-Korn schnell in das Bett einbettet. Bei d_1/d_2 < 1 ist es möglich, daß gelegentlich die kleineren d_1-Körner der Strömung ausgesetzt werden, die Tendenz zeigt aber, daß sie sich zwischen den größeren Körnern ablagern, von wo sie durch die Strömung aufgewirbelt werden können.

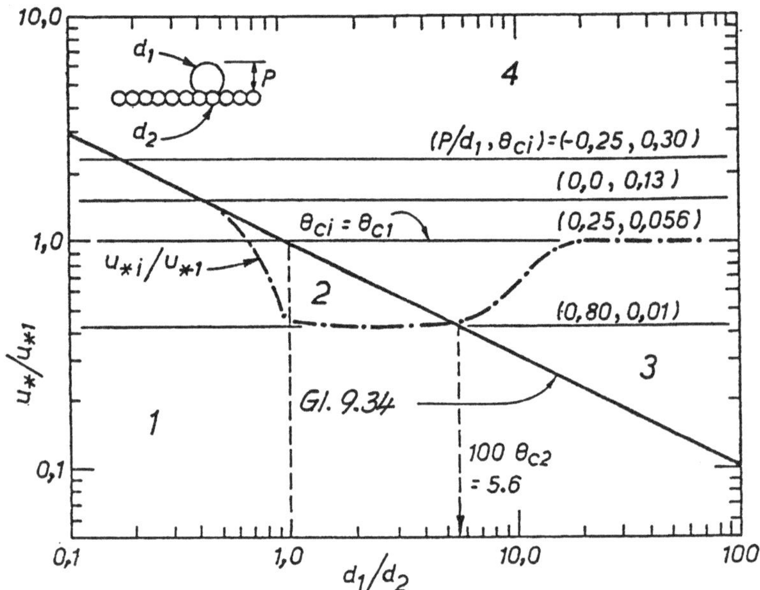

Abb. 9.23 : Der Bewegungsbeginn für ein Einzelkorn d_1 auf dem Bett
von d_2-Körnern (mit der Annahme $\theta_{c1} = \theta_{c2}$ = 0,056).
Die Strich-Punkt-Linie zeigt die untere Grenze für den
Bewegungsbeginn.

Im Bildbereich 1 (Abb. 9.23) ist keine Erosion, in 2 werden die größeren
Körner bevorzugt über die kleineren hinwegtransportiert, in 3 wird die
Sohle verfestigt durch die größeren Körner, die sich einbetten und Bild-
bereich 4 schließlich bezeichnet den Zustand der allgemeinen Erosion.

Man findet im Schrifttum Aussagen, daß das Korngemisch einen Mindestwert
von Ungleichmäßigkeit aufweisen muß, ehe eine Sohlenverfestigung stattfin-
den kann, z.B. $d_{90}/d_{50} > 2,5$, wobei d_{90} auch gleich die mittlere Korngröße der Abpflasterung angeben soll. Diese Bedingung, d.h. $d_1/d_2 = 2,5$
ist noch nicht für eine Verfestigung der Sohle ausreichend, da das Verhältnis immer noch dem "Überlauf"-Bereich zuzurechnen ist, der sich bis
etwa $d_1/d_2 = 6$ erstreckt (vgl. Abb. 9.23).

Dieser Überlaufbereich ist auch wichtig für den Zerfall der Deckschicht.
Das Problem der Auskolkung einer Sohle mit Deckschicht kann in vier Abschnit-
te aufgeteilt werden (Abb. 9.24) :

(1)   Die Deckschicht ist dicker als die Kolktiefe, dies entspricht dem
      allgemeinen Kolkproblem.

(2)   Der lokale Kolk durchstößt die Deckschicht und führt stromab und
      stromauf zum Zerfall der Deckschicht, so daß die untere Schicht die
      Kontrolle übernimmt, d.h. Kolkbildung in dem Sediment d_2 bei geänder-
      ten hydraulischen Verhältnissen

(3)   Die Deckschicht zerfällt nur stromab, und es bildet sich stromauf des
      Pfeilers eine Schwelle.

(4)   Die Deckschicht zerfällt nur über eine kurze Entfernung stromab,
      aber bleibt an den Seiten des lokalen Kolkes erhalten.

Laborversuche zeigen, daß der Fall (3) zur größten Kolktiefe führen kann.
Hier gibt es eigentlich zwei Zustände. Der eine ist dadurch gekennzeichnet,
daß sich die Schwelle genügend weit stromauf bildet, unmittelbar hinter
(stromab) der Schwelle kolkt die Sohle so tief aus bis ein Gleichgewichtszustand zwischen den Körnern d_2 und den Strömungsverhältnissen erreicht ist.
Der lokale Kolk bildet sich dann in dem d_2-Material entsprechend dem neuen
Strömungsverhältnis, d.h. der Fall (2). Der zweite Zustand entsteht, wenn
sich die Schwelle auf kurzer Entfernung von dem Pfeiler befestigt. Unterhalb der Schwelle, bestehend aus d_1-Körnern, bildet sich dann zuerst ein
zweidimensionaler Kolk, und der lokale Kolk am Pfeiler bildet sich in der
Sohle des zweidimensionalen Kolkes, entsprechend den Strömungsverhältnissen.

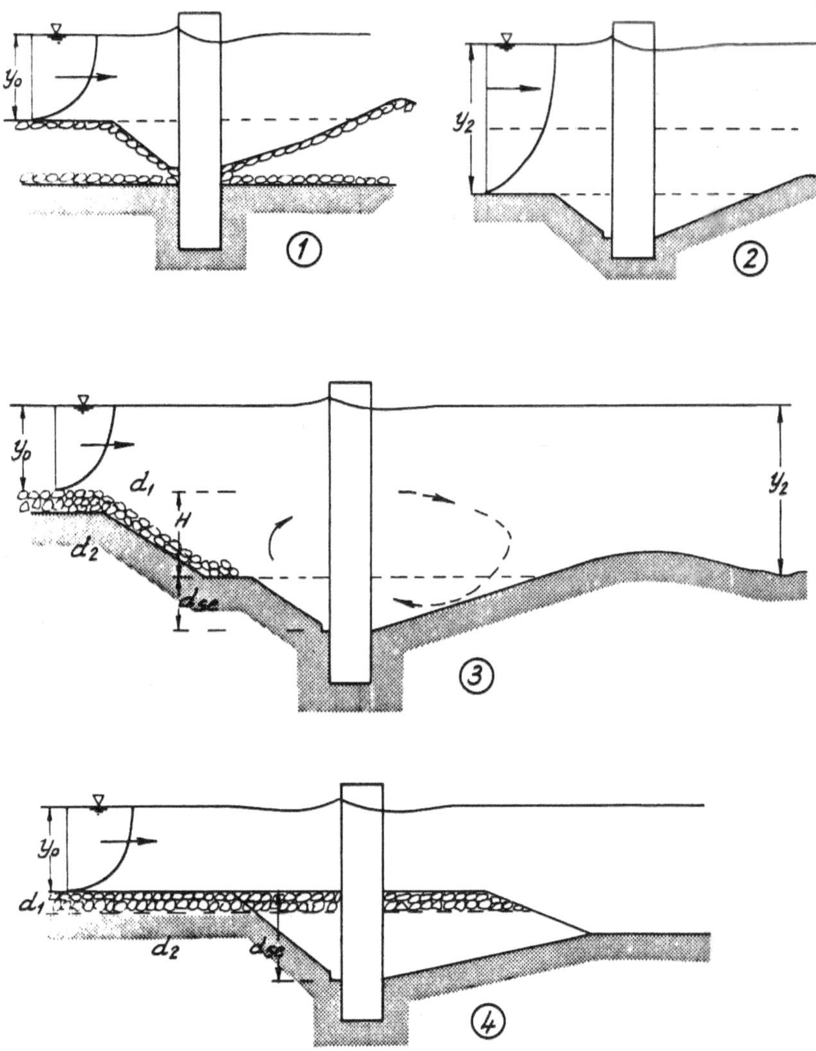

Abb. 9.24: Schematische Darstellung der Kolkformen in einer geschichteten Sohle.

Der Kolk für den Fall (4) ist auch tiefer, hauptsächlich deshalb, weil die Sohle stromab niedriger ist und dadurch das Sediment leichter aus dem Kolk herausgetragen werden kann. Ein Näherungswert ist $d_s/D \simeq 3$ für $\sigma_g < 1,5$. Die maximalen Kolktiefen treten wieder bei Korngrößen in dem "Überlaufbereich" auf. Außerhalb dieses Bereiches kann die Sohle von d_2-Material durch das Einbetten von d_1-Material verfestigt werden. Der Fall (2) ist ähnlich dem Fall (1), nur mit dem Unterschied, daß zuerst die Strömungsverhältnisse der Korngröße d_2 entsprechend berechnet werden müssen. Für den Fall (3) liegt die Schwierigkeit in der Bestimmung der Kolktiefe, H,. Näherungsweise kann man schreiben

$$H = K (y_2 - y_0) \qquad\qquad 9.36$$

für Sand, $d < 0,7\,\text{mm}$, $K \simeq 1$ und für Sedimente mit $d > 0,7$ mm, $K = 1,3$ bis 2,6, z.B. $K = 2,5$.

9.7 Kolkbildung unter Welleneinfluß

Unter der Einwirkung von Wellen ist die Kolkbildung mehreren Einflüssen ausgesetzt. Sie kann nur durch Wellen, d.h. durch die Orbitalgeschwindigkeiten ausgelöst werden, durch Wellen und eine überlagerte Strömung, durch Reflexion der Wellenenergie und durch den wellenerzeugten Bodendruck.

Durch Welleneinwirkung allein ist, wie von RAUDKIVI (1976, Seite 381) gezeigt wird, die Netto-Kolktiefe sehr klein, obwohl die momentane Tiefe unter langen Wellen bedeutend sein kann. Eine in der Richtung alternierende Strömung kann einmal durch kurze Windwellen oder zum anderen durch die Tideströmung hervorgerufen werden. ZANKE (1981) führte hierzu den Parameter A/D ein, wo A die Doppelamplitude der Orbitalbewegung an der Sohle und D der Durchmesser des Pfeilers ist. Damit werden die Wassertiefe, Periode der Welle und Größe des Pfahles oder Bauwerkes berücksichtigt. Bei A/D-Werten größer als 100 herrschen näherungsweise die Verhältnisse wie in einer gleichmäßigen Strömung vor. Mit abnehmenden A/D-Werten nimmt auch der Netto-Wert von d_s/D schnell ab und der Netto-Kolk verlagert sich an die Flanken des Pfeilers. Auch mit zunehmendem D nimmt die momentane Kolktiefe ab, da die Halbperiode zu kurz ist, um größere Sandmengen auszugraben. Die wechselnde Nachlaufströmung beeinflußt die Riffelbildung über einen Streifen von etwa 5 D in der Breite und 10 bis 15 Riffellängen in beiden Richtungen vor und hinter dem Pfeiler. Hier sind gewöhnlich keine Riffel anzutreffen und der Streifen ist leicht ausgekolkt.

Wenn eine Strömung den Wellen überlagert wird, nähert sich die Netto-Kolktiefe den Werten, wie sie bei gleichmäßiger Strömung mit beweglicher Sohle
zu erwarten sind, d.h. wenn die mittlere Sohlschubspannung durch Orbital-
geschwindigkeit $|u_{*S}|$ größer als u_{*C} ist, obwohl u_*, zur Strömung gehörig,
kleiner als u_{*C} ist. Laborversuche deuten daraufhin, daß ein u_* der Strömung entsprechend etwa einem Drittel u_{*C} ausreicht, um Verhältnisse entsprechend einer gleichmäßigen Strömung mit beweglicher Sohle zu erreichen.

Große feste Bauwerke auf ansteigender Sohle sind einer Auskolkung durch
die Reflexion der Wellenenergie ausgesetzt, die zur Abnahme der Sohlneigung führt. Der Vorgang läuft besonders schnell ab, wenn die Wellen
unter einem Winkel auf die Wand zulaufen.

Noch eine Art von Auskolkungserscheinung kann durch den wellenerzeugten
Bodendruck an auf der Sohle ruhenden Bauwerken auftreten. Der Druck, der
unter dem Wellenkamm sich unter dem Bauwerk ausbreitet, kann unter dem
Wellental dazu führen, daß Körner aus dem Boden herausgetragen werden. Zusätzlich ändert sich die Bodenbelastung durch diesen Druck periodisch, wodurch Strukturänderungen in dem Boden verursacht werden können.

10 Schlußwort

In den vorangegangenen Abschnitten wurde versucht, ein kurzes Bild über den
Stand der Kenntnisse und Unkenntnisse zu vermitteln. Es ist eine persönliche
Interpretation und der Leser mag wohl hier und da eine andere Auffassung ver-
treten. Wenn dies nicht der Fall wäre, könnten wir das Problem der Sedimentbewegung als "gelöst" betrachten. Jedoch, wenn der vorgestellte Abriß zur
Diskussion anregt, ist der angestrebte Zweck erfüllt. Es lohnt sich zur
Zeit nicht über empirische Einzelheiten zu argumentieren. Aufmerksamkeit hin-
gegen sollte vielmehr der Physik der Sedimentbewegung gewidmet werden, d.h.
der Grundlagenforschung oder was man in Englisch so zutreffend "what makes
it tick" nennt.

Sollte an dieser Stelle ein Teilproblem besonders herausgehoben werden,
könnte man Transportkörper und Suspension als Kernprobleme nennen. Die
Transportkörper, da ohne eine Lösung hierzu auch das Widerstandsproblem sowie auch die Einzelheiten des Strömungsvorganges ungelöst bleiben. Ähnlich
verhält es sich mit der Suspension. Ohne eine Lösung des Problemes der Sus-
pensionskapazität einer Strömung oder Wellenbewegung werden die Methoden und
Ansätze für die Berechnung des Sedimenttransportes, der Kolkung oder Ablagerung empirisch bleiben.

Zusätzlich gibt es eine Vielzahl von wichtigen Problemen wie z. B. der Einfluß der Korngrößenverteilung, die Erfassung der Kornform, das Verhalten von
geschichteten Ablagerungen, der bindigen Böden, die Probleme der Hydromechanik, besonders unter Wellenbewegung, und viele andere. Es bleibt nur zu hoffen, daß mehr Forscher sich der schwierigen Grundlagenforschung auf dem
Gebiet der Sedimentbewegung widmen.

11 Schrifttum

ALAM, A.M.Z. und KENNEDY, J,F. (1969) "Fiction factors for flow in sand
bed channels" *Proc. A.S.C.E.* Vol. 95; HY6, 1109-27

ALLEN, J.R.L. (1969) "Erosional Current Marks of Weakly Cohesive Mud Beds"
J. Sediment Petrol. Vol. 39 ; 607 - 623

ANDERSON, A. G. (1953) "The characteristics of sediment waves formed by
flow in open channels" *Proc. Third Midwestern Conf. in Fluid
Mechanics,* Minneapolis; 379 - 399

ANTSYFEROV, S.M. und KOSYAN, R. D. (1977). "Untersuchung der Bewegung von
suspendiertem elastischem Sediment auf dem oberen Schelf (in Russisch)
Okeanologiya Vol. 18, 3 ; 497 - 505

ARUNACHALAM, K. (1965) "Scour around bridge piers" J. *Indian Roads Congress,*
Paper No. 251

ARULANANDAN, K., LOGANATHAN, P. und KRONE, R. B. (1975) "Pore and eroding
fluid influences on surface erosion on soil", *Proc. A.S.C.E.*
Vol. 101, GT. 1; 51 - 66

BAGNOLD, R. A. (1941)*"The physics of blown sand and desert dunes"*
(2nd. Rev. Ed. 1954). Methuen

BAGNOLD, R. A. (1946) Motion of waves in shallow water ; interaction between
waves and sand bottoms. *Proc. Roy. Soc. London (A)* Vol. 187; 1-15

BAGNOLD, R. A. (1954) "Experiments on gravity-free dispersion of large
solid spheres in a Newtonian fluid under shear" *Proc. Roy. Soc.
London A 225 ;* 49 - 63

BAGNOLD, R. A. (1956) "The flow of cohesionless grains in fluids"
Phil. Trans. Roy. Soc. A 964 ; 243

BAGNOLD, R. A. (1962) "Auto-suspension of transported sediment ; turbidity
currents" *Proc. Roy. Soc. London A 265,* No. 1322

BAGNOLD, R. A. (1966) "An approach to the sediment transport problem from
general physics" *U.S.Geol. Survey Professional Paper* 422 - I

BAGNOLD, R.A. (1973) "The nature of saltation and of bed-load transport
   in water" *Proc. Roy. Soc. London A 332* ; 473 - 504

BAGNOLD, R. A. (1977) "Bed Load Transport by Natural Rivers"
   Water Resources Res. Vol. 13 ; 303 - 312

BAGNOLD, R. A. (1980) "An empirical correlation of bedload transport rates
   in flumes and natural rivers" *Proc. Roy. Soc. London,* A 372 ;
   453 - 473

BASAK, V., BASAMISLI, Y. und ERGUN, O. (1975) "Maximale Kolktiefen für recht-
   eckige Pfeiler" (türkisch) Devlet suisteri genel müdürlügü, Rep.
   Nr. 583, Ankara

BATHURST, J. C. (1977) "Resistance to flow in rivers with stony beds"
   Ph. D. Thesis, Univ. of East Anglia, U. K.

BHATTACHARYA, P. K. (1971)"Sediment suspension in shoaling waves",
   Ph. D. Thesis, University of Iowa

BIJKER, E. W. (1971) "Longshore Transport Computations"
   Proc. A.S.C.E., Vol. 97 WW 4 ; 687 - 701

BIJKER, E. W. ; KALKWIJK, J. P.Th. und PIETERS, T. (1974) "Mass transport
   in gravity waves on a sloping bottom" *Proc. 14 Coastal Engng. Conf.,*
   Copenhagen, Vol. 1 ; 447 - 465

BIJKER, E. W. ; HIJUM, E. und van VELLINGA, P. (1976) "Sand transported
   by waves", *Proc. 15 Coastal Engng. Conf.,* Honolulu, Vol. 2 ;
   1149 - 1167

BINNIE, A. M. und WILLIAMS, E.E. (1966) "Self-induced waves in a moving
   open channel", *J. Hydraul. Res.* Vol. 4; 17 - 35

BLENCH, T. (1957) *Regime behaviour of Canals and Rivers,* Butterworth,
   London

BLENCH, T. (1966) *Mobile-bed Fluviology,* University of Alberta, Edmonton,
   Canada

BOGARDI, J. L. (1965) "European concepts of sediment transportation"
   Proc. A.S.C.E. Vol. 91, HY 1; 29 - 54

BONASOUNDAS, N. (1973) "Strömungsvorgang und Kolkproblem", *Mitt. Oscar
   v. Miller Institut,* TU München, Nr. 28

BOSZAR-KARAKIEWICZ, B., BAGINSKA, M. und BONA, J. L. (1981) "Shallow
        Water Waves over Gradually Varying Bed Topographies" *J. Appl.
        Ocean Res.* (eingereicht)

BREUSERS, H. N. C. (1965) "Scour around drilling platforms"
        Hydraulic Research 1964 and 1965, I. A. H. R., Vol. 19, p. 276

BREUSERS, H. N. C., NICOLLETT, G. und SHEN, H. W. (1977) "Local scour
        around cylindrical piers" *J. Hydraul. Res.,* Vol. 15 ; 211 - 252

BROOKS, N. H. (1965) "Calculation of suspended load discharge from velocity
        and concentration parameters", *Proc. Federal Inter-Agency Sedimen-
        tation Conference, 1963.* Misc. Publ. No. 970, Agricult. Res. Service ;
        Calif. Inst. Techn. Publ. KH-P-16, 1965

BROWN, C. B. (1950, *"Engineering Hydraulics"* Edit. H. Rouse, p. 796, Wiley

CALLANDER, R. A. (1978),"River Meandering",*Ann. Rev. Fluid Mech.*
        Vol. 10 ; 129 - 158

CARSTENS, M. R., NEILSON, F. M. und ALTINBILEK, H. D. (1969) "Bed forms
        generated in the laboratory under oscillatory flow : analytical and
        experimental study", *U.S. Army Coastal Engng Res. Center,*
        TM 28, 105 S.

CARTER, V. G. und DALE, T. (1974),*"Topsoil and Civilization",* Rev. Edition,
        Univ. of Oklahoma Press.

CEBECI, T. und SMITH, A. M. O. (1974), *"Analysis of turbulent boundary layers"*
        Academic Press

CHEPIL, W. S. und WOODRUFF, N. F. (1963) "The physics of wind erosion and
        its control", *Advances in Agronomy,* Vol. 15 ; 211 - 302

CHITALE, W. S. (1960), Discussion "Scour at bridge crossings" by E. M. LAURSEN,
        Trans. A. S. C. E., Vol. 127, Pt. 1 ; 191 - 196

CHRISTENSEN, B. A. (1969), "Effective grain-size in sediment transport",
        Proc. 13 Congress I. A. H. R., Kyoto, Vol. 3; 223

CHRISTENSEN, R. W. und DAS, B. M. (1973), "Hydraulic Erosion of Remoulded
        Cohesive Soils", *Highway Res. Board,* Spec. Rep. Nr. 135; 8 - 19

CLEAVER, J. W. und YATES, B. (1973) "Mechanism of detachment of colloidal
particles from a flat substate in a turbulent flow",
J. Colloid Interface Sci., Vol. 44 ; 467 - 474

COLBY, B. R. und HEMBREE, C. H. (1955) "Computation of total sediment
discharge, Niobrara River near Cody, Nebraska", *U. S. Geol. Survey
Water-Supply Paper*, 1357

COLEBROOK, C. F. und WHITE, C. M. (1937) "Experiments with fluid friction
in roughened pipes", *Proc. Roy. Soc.*, London, A 161 ; 367 - 381

COLEMAN, N. L. (1967) "A theoretical and experimental study of drag and
lift forces acting on a hypothetical streambed", *Proc. 12 Congress
I. A. H. R.*, Vol. 3 ; 185 - 192, Fort Collins

COLEMAN, N. L. (1970) "Flume studies of the sediment transfer coefficient",
Water Resources Res. Vol. 6 ; 801 - 809

COLES, D. (1956) "The law of the wake in the turbulent boundary layer",
J. Fluid. Mech. Vol. 1 ; 191 - 226

CORINO, E. R. und BRODKEY, R. S. (1969) "A visual investigation of the
wall region in turbulent flow", *J. Fluid Mech.*, Vol. 37 ; 1 - 30

CROAD, R. N. (1981) "Physics of erosion of cohesive soils", *Univ. of Auckland,*
School of Engineering, Rep. No. 247, New Zealand

CUNHA, L. V. (1967), About the roughness in alluvial channels with com-
paratively coarse bed material, *Proc. 14th Congress I. A. H. R*
Vol. I ; 76 - 84

DASH, U. (1968) "Erosive Behaviour of Cohesive Soils", *Ph. D. Thesis,*
Purdue University, USA

DINGLER, J. R. (1974) "Wave formed ripples in nearshore sands",
Ph. D. Thesis, Univ. California, San Diego, 133 pp.

DINGLER, J. R. und INMAN, D. L. (1976) "Wave-formed ripples in nearshore
sands", *Proc. 15 Coastal Engng Conf.*, Honolulu, Vol. II ; 2109-2126

DUNN, I. S. (1959) "Tractive resistance of cohesive channels",
Proc. A.S.C.E, Vol. 85, SM 3 ; 1 - 24

EAGELSON, P. S., DEAN, R. G. und PERALTA, L. A. (1958) "The mechanics of
    the motion of discrete spherical bottom sediment particles due to
    shoaling waves", *U. S. Army, Beach Erosion Board*, TM 104, Proc.
    A.S.C.E. Vol. 85, HY 10 (1959), 53 - 79, Trans. Vol. 126, Pt 1;
    1162 - 89 (1961)

EAGELSON, P. S., GLENNE, B. und DRACUP, J. A. (1963) "Equilibrium charac-
    teristics of sand beaches", *Proc. A.S.C.E.*,Vol. 89, HY 1; 35 - 67

EGIAZAROFF, I. V. (1965) "Calculation of nonuniform sediment concentrations",
    Proc. A.S.C.E., Vol. 91, HY 4 ; 225 - 247

EINSTEIN, H. A. (1942) "Formulae for transportation of bed-load",
    Trans. A.S.C.E., Vol. 107 ; 561 - 577

EINSTEIN, H. A. (1950) "The Bed-load Function for Sediment Transportation
    in Open Channel Flows". Techn. Bull. No. 1026, Sept. 1950,
    U. S. Dept. of Agriculture, Soil Conservation Service, Washington, D.C.

EINSTEIN, H. A. und BARBAROSSA (1952) "River channel **roughness**",
    Proc. A.S.C.E., Vol. 92, HY 2 ; 315 - 326

EMMERLING, R. (1973) "The instantaneous structure of the wall pressure under
    a turbulent boundary layer flow", *Max-Planck-Institut für Strömungs-
    forschung,*Bericht Nr. 9

ENGELUND, F. (1966) "Hydraulic resistance of alluvial streams",
    Proc. A.S.C.E., Vol. 92, HY 2 ; 315 - 326

ENGELUND, F. (1967) "Closure and Discussion of Hydraulic resistance of
    alluvial streams", *Proc. A.S.C.E.*, Vol. 93, HY 4 ; 287 - 296

ENGELUND, F. (1970) "Instability of erodible beds", *J. Fluid Mech.*, Vol. 42,
    Pt 2 ; 225 - 244

ENGELUND, F. und FREDSØE, J. (1974) "Transition from dunes to plane bed
    in alluvial channels", *Inst. of Hydrodynamics and Hydraulic
    Engineering*, Techn. Univ. of Denmark, Series Paper Nr. 4

ENGELUND, F. (1974) "The development of oblique dunes", *Inst. of Hydro-
    dynamics and Hydr. Engng.* (ISVA),Techn. Univ. of Denmark, Progr. **Rep.**
    No.31,32,33 und 34 (JØRGEN u. FREDSØE), 35 (BRORSEN u. DEIGARD)

ERTEL, H. (1966) "Kinematik und Dynamik formbeständig wandernder Transver-
saldünen", *Monatsberichte der Deutschen Akademie der Wissenschaften
zu Berlin*, Band 8, Heft 10

ETTEMA, R. (1980),"Scour at Bridge Piers", *University of Auckland,
School of Engineering,* Report No 216.

EXNER, F. M. (1920) "Zur Physik der Dünen", *Sitzungsberichte der Akademie
der Wissenschaften in Wien,* Abt. II a, Band 129

EXNER, F. M. (1925) "Über die Wechselwirkung zwischen Wasser und Geschiebe
in Flüssen", *Sitzungsberichte der Akademie der Wissenschaften in
Wien,* Abt. IIa, Band 134

FENTON, J. D. und ABBOTT, J. E. (1977) "Initial movement of grains on a
stream bed : The effect of relative protrusion", *Proc. Roy. Soc,
London,* A. 352 ; 523 - 537

FIELD, W. G. (1971) "Flood protection at highway bridge openings",
Univ. of Newcastle, N.S.W., Engineering Bulletin CE 3

FIRTH, B. A. und HUNTER, R. J. (1976) "Flow properties of coagulated
colloidal suspensions III. The elastic floc model", *J. Colloid
Interface Sci.,* Vol. 57 ; 266 - 275

FLAXMAN, E. M. (1963) "Channel stability in undisturbed cohesive soils",
Proc. A.S.C.E., Vol. 89, HY 2 ; 87 - 96

FORTIER, S. und SCOBEY, F. C. (1926) "Permissible canal velocities",
Trans. A.S.C.E., Vol. 89; 940 - 984

FREDSØE, J. (1975), "The friction factor and height-length relations in
flow over a dune-covered bed", *Inst. of Hydrodyn. and Hydraulic
Engng. (ISVA),*Techn. Univ. Denmark, Progress Report No. 37

FÜHRBÖTER, A. (1961) "Über die Förderung von Sand-Wasser-Gemischen in
Rohrleitungen", *Mitt. Franzius-Institut,* TH Hannover, Heft 13

FÜHRBÖTER, A. (1967) "Mechanik der Strömungsriffel", *Mitt. Franzius
Institut,* TH Hannover, Heft 29

FÜHRBÖTER, A. (1979) "Strombänke (Großriffel) und Dünen als Stabilisierungs-
formen", *Mitt. Leichtweiss-Institut,* TU Braunschweig, No. 67 ; 155-192

GARDE, R. J. (1961) "Local bed variation at bridge piers in alluvial
        channels", *Univ. of.Roorkee Research Journal,*Vol. 4 ; 101 - 116

GESSLER, J. (1965) "Der Geschiebetriebbeginn bei Mischungen untersucht an
        natürlichen Abpflasterungserscheinungen in Kanälen", *Mitt. der
        Versuchsanstalt für Wasserbau und Erdbau,*Nr. 69, ETH Zürich

GESSLER, J. (1970) "Self-stabilizing tendencies of alluvial channels",
        *Proc. A.S.C.E.,*Vol. 96 ; WW 2

GESSLER, J. (1971) "Critical shear stress of sediment mixtures", *Proc 14th
        Congress I.A.H.R.*, Paris, Vol. 3 ; No C1

GIBBS, H. J. (1962) "A study of erosion and tractive force characteristics
        in relation to soil mechanics properties", *U.S. Bureau of Reclamation,*
        Em - 643

GÖHREN, H. (1975) "Zur Dynamik und Morphologie der hohen Sandbänke im
        Wattenmeer zwischen Jade und Eider", *Die Küste*, Heft 27 ; 28 - 49

GRAF, W. H. (1971) *"Hydraulics of Sediment Transport"*, Mc Graw-Hill

GRASS, A. J. (1970) "The initial instability of fine sand", *Proc. A.S.C.E.*,
        Vol. 96, HY 2

GRASS, A. J. (1971) "Structural features of turbulent flow over smooth and
        rough boundaries". *J. Fluid Mech.*. Vol. 50 ; 233 - 255

GRIM. R. E. (1962) *"Applied clay Mineralogy"*, Mc Graw-Hill

GRISSINGER, E. H. (1966) "Resistance of Selected Clay Systems by Water",
        Water Resources Res., Vol. 2; 131-138

HANCU, S. (1971) "Sur le calcul des affoillements locaux dans la zone des
        piles de ponts", *Proc. 14 I.A.H.R. Congress*, Paris, Vol. 3 ;
        299 - 313

HAPPEL, J. und BRENNER, H. (1965) *"Low Reynolds Number Hydrodynamics"*,
        Prentice-Hall

HATTORI, M. (1969) "The mechanics of suspended sediment due to wave
        action. *Coastal Engineering in Japan,*Vol. 12

HENDERSON, F. M. und WOODING, R. A. (1964) "Overland flow and groundwater
        from steady rainfall of finite duration", *J. Geophys. Res.*,
        Vol. 69 ; 1531 - 1540

HILL, H. M., SRINIVASAN, V. S. und UNNY, T. E. (1967) "Instability of flat
        bed in alluvial channels", *A.S.C.E. Ann. Meeting and National Mee-
        ting of Water Resources Engineering*, New Orleans, La.

HOM-MA, M. und HORIKAWA, K. (1962) "Suspended sediment due to wave action",
        Proc. 8th Conf. on Coastal Engineering, pp 168 - 193 bzw. Horikawa
        (1978) ; 264 - 269

HORIKAWA, K. (1978) *"Coastal Engineering"* University of Tokyo Press und
        A. Halsted Press

HORTON, R. E. (1945) "Erosional development of streams and their drainage
        basins", *Bull. Geol. Soc. Am.*,Vol. 56 ; 275 - 370

HUANG, N. E. (1970) "Transport induced by wave motion", *J. Mar. Res.*,
        Vol. 28 ; 35 - 50

HUTCHISON, D. L. (1972) "Physics of erosion of cohesive soils", *Ph. D. Thesis*,
        Univ. of Auckland, New Zealand

INGLE, J.C. (1966) "The movement of beach sand", *Developments in Sedimento-
        logy*, Vol. 5, Elsevier

INGLIS, Sir Claude C. (1938) "The behaviour and control of rivers and
        canals (with the aid of models)". Research Publ. No 13,
        Central Water-Power, Irrigation and Navigation Research Station,
        Poona, India, Part II, p. 462, 1949

INMAN, D. L. (1957), Wave-generated ripples in nearshore sands,
        U.S. Army, Beach Erosion Board, TM 100, 65 p.

IRVINE, M. H. und SUTHERLAND, A. J. (1973) "A probabilistic approach to
        the initiation of movements of noncohesive sediments", *Proc. I.A.H.R.
        Intern. Symp. on River Mechanics*, Bangkok, Vol. 1 ; 383 - 394

JAIN, S. C. und FISCHER, E.E. (1980) "Scour around bridge piers at high
        flow velocities" *Proc. A.S.C.E.*, Vol. 106, HY 11; 1827 - 1842

JONSSON, I. G. (1966) "Wave boundary layers and friction factors",
        Proc. 10 Coastal Engng. Conf. ; 127 - 148

JONSSON, I.G. und CARLSEN, N.A. (1976),"Experimental and theoretical
    investigations in an oscillatory turbulent boundary layer",
    J.Hydraulic Res. Vol. 14; 45-60.

KALKANIS, G. (1964) "Transportation of bed material due to wave action",
    U. S. Army Coastal Engineerina Res. Center, TM No. 2

KARASEV, I. F. (1964) "The regimes of eroding channels in cohesive material",
    Soviet Hydrology (Am. Geophys. Un.) Vol. 6 ; 551 - 579

KARCZ, I. und SHANMUGAN, G. (1974) "Decrease in scour rate of fresh deposited
    muds", *Proc. A.S.C.E.*, Vol. 100, HY 11 ; 1735 - 8

KENNEDY, J. F. (1961) "Stationary waves and anti-dunes in alluvial channels"
    Rep. Nr. KH-R-2, *W.M. Keck Laboratory,* California Inst. of Techn.

KENNEDY, J. F. (1963) "The mechanics of dunes and anti-dunes in erodible-
    bed channels", *J. Fluid Mech.*, Vol. 16, Pt 4; 521

KENNEDY, J. F. (1969) "The formation of ripples, dunes and anti-dunes",
    Ann. Rev. Fluid Mech., Vol. 1 ; 147 - 168

KENNEDY, J. F. und LOCHER, F. A. (1972) "Sediment suspension by waves" in
    "Waves on Beaches", Edit. R. E. MEYER, Academic Press

KIM, H. T., KLINE, S. J. und REYNOLDS, W. C. (1971) "The production of
    turbulence near a smooth wall in a turbulent boundary layer",
    J. Fluid. Mech., Vol. 50 ; 130 - 160

KIRKBY, M. J. (1969) "Infiltration, throughflow and overlandflow" in
    Chorley (1969) *"Water, Earth and Man"*, Methuen, London; 215 - 228

KLINE, S. J., REYNOLDS, W. C., STRAUB, F. A. und RUNSTADLER, P. W. (1967)
    "The structure of turbulent boundary layers", *J. Fluid Mech.*,
    Vol. 30 ; Pt. 3

KOMAR, P. D. und MILLER, M. C. (1974) "Sediment threshold under oscillatory
    waves", *Proc. 14 Coastal Engng. Conference*, Copenhagen Vol. 2 ;
    756 - 775

LAFEBER, D. (1963) "On the Spatial Distribution of Fabric Elements in
    Rock and Soil Fabrics", *Proc. Fourth Conference on Soil Mecha-
    nics and Foundation Engineering,* Adelaide, pp. 185 - 199

LAMBERMONT, J. und LEBON, G. (1978) "Erosion of cohesive soils",
   J. Hydr. Res., Vol. 16 ; 28 - 44

LARRAS, J. (1963) "Profondeurs maximales d'erosion des fonds mobiles autor
   des piles en riviere", **Annales** *des Ponts et Chausses*, Vol. 133,
   No 4 ; 411 - 424

LAURSEN, E. M. und TOCH, A. (1956) "Scour around bridge piers and abutments",
   Iowa Highway Res. Board, Bulletin No 4, 60 pp

LAURSEN, E. M (1958) "The total sediment load of streams", *Proc. A.S.C.E.*,
   Vol. 84, HY 1

LAURSEN, E. M. (1958) "Scour at bridge crossings", *Iowa Highway Research
   Board*, Bulletin No. 4, 60 pp

LAURSEN, E. M. (1962) "Scour at bridge crossings ",*Trans. A.S.C.E.*,Vol. 127,
   Pt 1 ; 166 - 179

LAURSEN, E. M. (1963) "Analysis of relief bridge scour", *Proc. A.S.C.E.*,
   Vol. 89, HY 3 ; 93 - 118

LEOPOLD, L. B. und WOLMAN, M. G. (1960) "River meanders", *Bull. Geol. Soc. Am.*,
   Vol. 71

LEVI, E. (1978) "Eddy production inside wall layers", *J. Hydr. Res.*,
   Vol. 16 ; 107 - 122

LIANG, S. S. und WANG, HSIANG (1973) "Sediment Transport in random waves".
   Univ. of Delaware, College of Marine Studies, Techn. Rep. No 26

LI HUON (1954) "Stability of oscillatory laminar flow along a wall",
   U.S. Army Beach Erosion Board, Techn. Mem. No 47

LIOU, Y. D. (1970) "Hydraulic erodibility of two pure clay systems",
   Ph. D. Thesis, Colorado State University,

LIU, H. K., CHANG, F. M. and SKINNER, M. M. (1961) "Effect of bridge
   construction on scour and backwater". Engineering Research center,
   Colorado State University, CER 60, HKL 22

LONGUET-HIGGINS, M. S. (1970) "Longshore currents generated by oblique
   incident sea waves" Part I und II. *J. Geophysical Res.*, Vol. 75 ;
   6778 - 6801

LOVERA F. und KENNEDY, J.F. (1969) "Friction-factors for flat-bed flows
in sand", *Proc. A.S.C.E.* Vol. 95, HY4; 1227-34

LYLE, W. M. und SMERDON, E. T. (1965) "Relation of compaction and other
soil properties to the erosion resistance of soils", *Trans. Am.
Soc. Agricultural Engrs.*, Vol. 8, Nr 3

MADSEN, O.S. und GRANT, W. D. (1976) "Quantitative description of sediment
transport by waves". *Proc. 15th Coastal Engng Conf.*, Honolulu,
Vol. 2 ; 1093 - 1112

MANTZ, P. A. (1973) "Cohesionless fine graded, flaked sediment transport
by water", *Nature*, Physical Science, Vol. 246 ; 14 - 16

MASCH, F. D., ESPEY, W. H. Jr. und MOORE, W. L. (1963) "Measurements of
the shear resistance of cohesive sediments", *Proc. Federal Inter-
Agency Sedimentation Conference*, Agric. Res. Service, Misc. Publ.
No 970, Washington, D. C. (1965) pp 151 - 155

MELVILLE, B. W. (1975) "Local scour at bridge sites", *Univ. of Auckland*,
School of Engineering Report No. 117, 227 pp

MELVILLE, B. W. und RAUDKIVI, A. J. (1977), "Flow characteristics in
local scour at bridge piers", *J. Hydr. Res.*, Vol. 15 ; 373 - 380

MIGNIOT, C. (1968) "Etude des proprietes physiques de differents sediments
tres fins et de leur comportement sous des actions hydrodynamicques",
*La Houille Blanche,*Vol. 23, 591 - 620

MIRTSKHULAVA, Ts. E. (1966) "Erosional stability of cohesive soils",
J. Hydr. Res., Vol. 4 ; 37 - 49

MITCHELL, J. K. (1976)*"Fundamentals of Soil Behaviour"* , Wiley & Sons

MOGRIDGE, G. R. und KAMPHUIS, J. W. (1972) "Experiments on bed form gene-
ration by wave action". *Proc. 13th Coastal Engng Conf.*, Vancouver,
Vol. 2 ; 1123 - 42

MONOHAR,M. (1955), "Mechanics of bottom sediment movement due to wave
action", *U.S.Army Beach Erosion Board* TM 75.

MOORE, W. L. und MASCH, F. D. (1962) "Experiments on the scour resistance
of cohesive sediments". *J. Geophys. Res.* Vol. 67 ; 1437 - 1449

MOORE, W. J. (1972) *"Physical Chemistry"*, 5th Ed. Longman, London

NORDIN, C. F. und DEMPSTER, G. R. (1963) "Vertical distribution of velocity and suspended sediment, Middle Rio Grande, New Mexico",
U. S. Geol. Survey Prof. Paper, 462 - B

OFFEN, S. R. und KLINE, S. J. (1975) "A proposed model of the bursting
process in turbulent boundary layers", *J. Fluid Mech.*, Vol. 70 ;
209 - 228

O'NEILL, M. E. (1968) "A sphere in contract with a plane wall in a slow
linear shear flow". *Chem. Engng. Sci.*, Vol. 23 ; 1293 - 1298

ORGIS, H. (1974) "Geschiebetrieb und Bettbildung", *Österreichische
Ingenieur-Zeitschrift*, 17. Jg., Heft 9; 285 - 292

PAINTAL, A. S. (1971) "A stochastic model of bed load transport",
J. Hydr. Res., Vol. 9 ; 527 - 554

PARKER, G. und ANDERSON, A. G. (1977) "Basic Principles of River Hydraulics",
Proc. A.S.C.E., Vol. 103, HY 9 ; 1077 - 1087

PARTHENIADES, E. (1965) "Erosion and deposition of cohesive soils",
Proc. A.S.C.E., Vol. 91, HY 1 ; 105 - 139

PEIRCE, T.J., JARMAN, R.T. und de TURBILLE, C.M. (1970), "An experimental study of silt scouring", *Proc. Inst. Civ. Engrs.*, Vol. 45 ;
231 - 243

PETERSON, A. W. and HOWELLS, R. F. (1973) "A Compendium of Solids Transport
Data for Mobile Boundary Channels", Rep. No. HY - 1973 - ST 3,
Dept. of Civil Engng., *Univ. of Alberta*, Edmonton, Canada

PETERSON, A. W. (1975) "Universal Flow Diagram for Mobile Boundary Channels",
Proc. 2nd Canadian Hydrotechnical Conf., Can. Soc. Vic. Eng.

PULS, W. "Numerical Simulation of bedform Mechanics",
Mitt. Institut für Meereskunde , Univ. Hamburg, Nr. 24

RAND, B. und MELTON, I. E. (1977) "Particle interactions in aqueous
kaolinite suspensions, 1. Effect of pH and electrolyte upon the
mode of particle interaction in homoionic sodium kaolinite suspensions". *J. Colloid Interface Sci.*, Vol. 60 ; 308 - 320

RAO, M. N (1971) "An erosion study of halloysite clay", *Rep. No. 75,
Univ. of Auckland*, School of Engng., New Zealand

RAUDKIVI, A. J. (1963) "Study of sediment ripple formation",
Proc. A.S.C.E., Vol. 89, HY 6

RAUDKIVI, A. J. (1965) "Turbulence and vorticity in loose boundary
hydraulics". *Proc. 2nd Australasian Conf. on Hydraulics and
Fluid Mechanics*, Univ. of Auckland, N. Z.

RAUDKIVI, A. J. und HUTCHISON, D. L. (1974) "Erosion of kaolinite clay
by flowing Water", *Proc. Roy. Soc.*, London, Vol. A 337 ;
537 - 554

RAUDKIVI, A. J. und SMALL, A. F. (1974) "Hydroelastic excitation of
cylinders". *J. Hydr. Res.*, Vol. 12 ; 99 - 131

RAUDKIVI, A. J. und CALLANDER, R. A. (1975) *"Advanced Fluid Mechanics"*,
Edward Arnold, London

RAUDKIVI, A. J. (1976) *"Loose Boundary Hydraulics"*, Pergamon Press

RAUDKIVI, A. J. und ETTEMA, R. (1977) "Effect of sediment grading on
clear water scour". *Proc. A.S.C.E.*, Vol. 103, HY 10; 1209 - 13
(Proc. 17th Congress I.A.H.R., Vol. 4 ; 521 - 527)

RAUDKIVI, A. J. und SUTHERLAND, A. J. (1981) "Scour at bridge crossings",
National Roads Board, N. Z., Wellington, Road Research Unit Bulletin
No 54, pp 100

RILEY, J. P. und ARULANANDAN, K. (1972) "A method for measuring the
erodibility of a soil", *Univ. of California, Davis,* Dept. Civ.
Engng. Techn. Note 72/2

RUSSEL, R. C. H. und OSORIO, J. D. L. (1957) "An experimental investigation of drift profiles in a closed channel", *Proc. 6th Conf.
Coastal Engng.*, p. 171 - 183

SARGUNAM, A., RILEY, P., ARULANANDAN, K. und KRONE, R. B. (1973)
"Physico-chemical Factors in Erosion of Cohesive Soils",
Proc. A.S.C.E., Vol. 99, HY 3, 553 - 558

SCHEUERLEIN, H. (1973) "The mechanics of flow in steep rough open channels", *Proc. 15 Congress I.A.H.R.*, Vol 1 ; 457 - 465. Istanbul

SCHOCKLITSCH, A. (1950) *"Handbuch des Wasserbaus"*, Springer Verlag

SHEN, H. W., SCHNEIDER, V. R. und KARAKI, S. (1966) "Mechanics of local
scour", *Colorado State Univ.*, Rep. CER - 66, HWS - VRS - SK 22

SHEN, H. W. SCHNEIDER, V. R. und KARAKI, S. (1969) "Local scour around
bridge piers". *Proc. A.S.C.E.*, Vol. 95, HY 6 ; 1919 - 1940

SHIELDS, A. (1936) "Anwendung der Ähnlichkeits-Mechanik und der Turbulenz-
forschung auf die Geschiebebewegung". *Preussische Versuchsanstalt
für Wasserbau und Schiffbau*, Berlin

SIMONS, D. B., RICHARDSON, F. V. und NORDIN, C. F. Jr. (1964) "Sedimentation structures generated by flow in alluvial channels",
Rep. CER 64, DB S-EVR-CFN 15, Colorado State Univ., Fort Collins,
und *Am. Assoc. of Petrolenm Geologists*, Special Publ. No 12

SLEATH, J. F. A. (1978) "Measurements of bed load in oscillatory flow",
Proc. A.S.C.E., Vol. 104, WW 4 ; 291 - 307

SMERDON, E. T. und BEASLEY, R. P. (1961) "Critical traction forces in
cohesive soils", *Agric. Engng.*, Vol. 42 ; 26 - 29

SMERDON, E. T. (1964) "Effect of rainfall on critical tractive forces
in channels with shallow flow". *TRANS. Am. Soc. Agricultural Engrs.*,
Vol. 7 , No. 3 ; 287 - 290

SMITH, D. D. und WISCHMEIER, W. H. (1962)"Rainfall Erosion" , *Adv.
Agron.*, Vol. 14 ; 109 - 148

SOUTHARD, J. B., YOUNG, R. A. und HOLLISTER, C. D. (1971) "Experimental
erosion of calcareous Ooze", *J. Geophys. Res.*, Vol. 76 ;
5903 - 5909

STEHR, E. (1975) "Grenzschicht- Theoretische Studie über die Gesetze der
Strombank- und Riffelbildung", *Hamburger Küstenforschung*,
Heft 34

SUNDBØRG, A. (1956) "The river Klaralven, a study of fluival processes",
Geografiska Annaler, Sen. A. Nr. 115, 127 - 316

TASK COMMITTEE (1968) "Erosion of cohesive sediments", *Proc. A.S.C.E.,*
Vol. 94, HY 4 ; 1017 - 1049

TAYLOR, D. B. und VANONI, V. A. (1972) "Temperature effects in low-
transport, flat-bed flows", *Proc. A.S.C.E.,* Vol. 98, HY 8 und
HY 12 ; 1427 - 45, 2191 - 2206

THOMAS, C. W. und ENGER, P. F. (1961) "Use of an Electronic Computer to
Analyze Data From Studies of Critical Tractive Forces for Cohesive Soils". *9 Congress I.A.H.R.,* Belgrade

THOMPSON, S. M. und CAMPBELL, P. L. (1979) "Hydraulics of a large channel
paved with boulders", *J. Hydr. Res.,* Vol. 17 ; 341 - 354

TOROBIN, L. B. und GAUVIN, W. H. (1959/60) "Fundamental aspects of solids-
gas flow. Parts I - V". *Can. J. Chem. Engng.*

van de GRAAFF, J. und van OVEREEM, J. (1979) "Evaluation of Sediment
Transport Formulae in Coastal Engineering Practice", *Coastal
Engineering,* Vol. 3 ; 1 - 32

van den TEMPEL, M. (1972) "Interaction forces between condensed bodies
in contact". *Advan. Colloid Interface Sci.,* Vol. 3 ; 137 - 159

VANONI, V. A. (1946) "Transportation of suspended Sediment by Water",
Trans A.S.C.E., Vol. 11, 67

VANONI, V. A. und NOMICOS, C. N. (1959) "Resistance properties of sedi-
ment-laden streams". *Proc. A.S.C.E.,* Vol. 85, HY 5

VANONI, V. (1975) *"Sedimentation Engineering",* A.S.C.E. *Manual No 54*

VISSER, J. (1970) "Measurement of the force of adhesion between sub-
micron carbon-black particles and cellulose film in **aqueous**
solution". *J. Colloid Interface Sci.,* Vol. 34, 26 - 31

VLUGTER, H. (1962) "Sediment transportation by running water and the
design of stable channels in alluvial soils. *Bouw-en Waterbouw-
kunde. De Ingenieur,* Jrg. 74, Nr. 36 ; 227 - 231

VOLLMERS, H. und PERNECKER, L. (1965) "Neue Betrachtungsmöglichkeiten
des Feststofftransportes in offenen Gerinnen. *Die Wasserwirtschaft,*
55. Jg., 1965

YALIN, M. S. (1963) "An expression for bed-load transportation",
Proc. A.S.C.E., Vol. 89, HY 3

YALIN, M. S. (1972) *"Mechanics of Sediment Transport",* Pergamon Press

YALIN, M. S. (1977) "On the determination of ripple length", *Proc. A.S.C.E.,*
Vol. 103, HY 4 ; 439 - 442

YALIN, M. S. und KARAHAN, E. (1979) "Steepness of sedimentary dunes",
*Proc. A.S.C.E.,*Vol. 105, HY 4 ; 381 - 392

YOUNG, A. (1972) *"Slopes",* Longmans, London

WHITE, W. R. (1972) "Sediment Transport in Channels : a general function"
"Hydraul. Res. Station, Wallingford, Int. Rep. 104

WILLMARTH, W. W. und LU, S.S. (1972) "Structure of the Reynolds stress
near the wall", *J. Fluid. Mech.,* Vol. 55 ; 65 - 92

ZANKE, U. (1981) "Seegang erzeugte Kolke an Bauwerken",
Sonderforschungsbereich 79, Teilprojekt B 9, TH Hannover

ZINGG, A. W. (1950) "Annual Report on Mechanics of Wind Erosion" ,
U.S. Dept. Agriculture, Soil Conservation Service (auch CHEPIL,
W. S. und WOODRUFF, N. P., 1963)

ZNAMENSKAYA, N. S. (1962) "Calculations of dimensions and speed of
shifting of channel formations", *Soviet Hydrology* (Am. Geophys.
Union) Nr. 5

ZNAMENSKAYA, N. S. (1969) "Morphological principle of modelling of river-
bed processes", *Proc. 13 Congress I.A.H.R.,* Kyoto, Vol. 5, 1

12 Numerische Beispiele

<u>Beispiel 1.</u>

Meßwerte in einem Strom sind wie folgt:

    Sohlmaterial d_{50} = 0,50 mm

    Mittlere Wassertiefe y_o = 2,0 m

    Wassergeschwindigkeiten unter der Oberfläche

T(m)	0,2	0,4	0,6	0,8	1,0	1,2	1,4
m/s	0,85	0,84	0,81	0,78	0,76	0,7	0,67

Gesucht sind:

1. die mittlere Geschwindigkeit

2. die Energiegefälle

3. die Sohlschubspannung

4. die mittleren Abmessungen der Transportkörper

$$- - -$$

Die Auftragung der Geschwindigkeitswerte (Abb. B.1) gibt:

$$u_* = \Delta u/5,75 = 0,4/5,75 = 0,0696 \text{ m/s}$$

$$\tau_o = \rho u_*^2 = 10^3 \cdot 0,0696^2 = 4,839 \text{ Nm}^{-2}$$

Aus $y/y_o = 0,368 \rightarrow U = 0,7$ m/s

$$\tau_o = \rho g y_o S \qquad \rightarrow S = u_*^2/9,81 \cdot 2 = 2,47 \cdot 10^{-4}$$

Von Abb. B.1.

$$y'/y_o = 0,06 \; ; \; y' = 0,012 \; ; \; k = 30,2y' = \underline{0,362 \text{ m}}$$

$$\theta = u_*^2/g(S_s - 1)d = (0,0696^2 \cdot 10^3)/(9,81 \cdot 1,65 \cdot 0,5) = 0,598$$

$$\theta_c = 0,033$$

$$\theta/\theta_c = 18,1$$

$$\tau_o U = 3,39 \rightarrow \text{Dünen Abb. 4.2.}$$

Abb. 4.3 $\rightarrow$ $h/\lambda \simeq 0,05$

    $\lambda = 2\pi y_o = \underline{12,56 \text{ m}} \rightarrow \underline{h = 0,63}$

Von $h/y_o = 2/(2n + 1) \rightarrow$

	n = 6	h = 0,31 m
	= 4,5	= 0,40 m
	= 3	= 0,57 m

Wenn man mit h in

$$U/u_* = 5,57 \log (y_o/k) + 6$$

eingeht, erhält man für

h = 0,63	U = 0,62 m/s
= 0,40	= 0,70 m/s

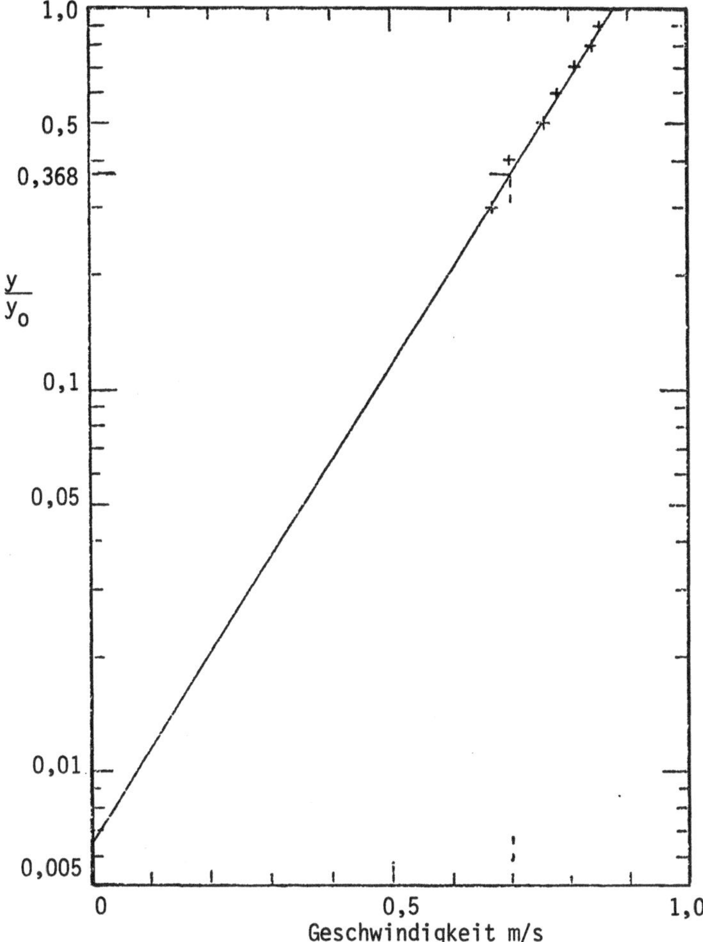

<u>Abb. B.1:</u> Lognormale Auftragung der Meßwerte

220

<u>Beispiel 2.</u>

Gesucht wird die kritische Sohlneigung S_c, u_{*c} und die mittlere Geschwindigkeit beim Bewegungsbeginn in einem breiten Strom, wenn die Wassertiefe 1,0 m beträgt, für ein Sohlmaterial d = 0,5 mm und d = 5 mm.

— — —

Shields für d = 0,50 mm gibt   (Abb. 3.3)

$$\frac{u_*^2}{g(S_s - 1)d} = 0,033 \quad ; \quad u_*^2 = 0,033g \cdot 1,65 \cdot 0,50 \cdot 10^{-3}$$
$$= 0,267 \cdot 10^{-3}$$
$$u_{*c} = 0,0163 \text{ m/s}$$

$$\tau_o = \rho u_*^2 = \rho g y_o S \qquad S_c = \frac{u_{*c}^2}{g y_o} = 2,723 \cdot 10^{-5}$$

$$\frac{U}{u_*} = 7,66 \left(\frac{y_o}{d}\right)^{1/6} \qquad U = 0,403 \text{ m/s}$$

Für d = 5 mm

$$\frac{u_*^2}{g(S_s - 1)d} = 0,056 \qquad u_*^2 = 2,7468 \cdot 10^{-3}$$
$$u_{*c} = 0,0524 \text{ m/s}$$
$$S_c = 0,28 \cdot 10^{-3}$$
$$U_c = 0,971 \text{ m/s}$$

<u>Beispiel 3.</u>

Ein Fluß hat ein Sohlmaterial, das durch die Durchmesser d_{35} = 35,1 mm; d_{50} = 52,2 mm; d_{65} = 73,2 mm und S_s = 2,68 gekennzeichnet ist. Der Abfluß für 100 Jahre mittlere Häufigkeit ist q = 15,5 m²/s und die Sohlneigung S = 0,00325. Die kinematische Zähigkeit des Wassers ist ν = 1,141·10^{-6} m/s. Gesucht ist die Tiefe des Stromes im gleichmäßigen Fließzustand.

— — —

Der Widerstand ist in Oberflächenrauhigkeit und Formwiderstand aufgeteilt. Den Widerstand durch Kornrauhigkeit für eine zweidimensionale Strömung kann man aus

$$\frac{U}{u_*} = 5,75 \log \frac{y_o}{d_{65}} + 6 \quad ; \quad u_* = (g y_o S)^{1/2}$$

oder

$$\frac{U}{u_*} = 7{,}66 \left(\frac{y_0}{d_{50}}\right)^{1/6}$$

abschätzen. Die Anwendung von $U/u_* = 5{,}57 \log(12{,}27\,m'/\Delta)$ wird in einem anderen Beispiel behandelt.

y_0(m)	1	2	3	4
u_*(m/s)	0,18	0,25	0,31	0,36
U (m/s)	2,24	3,60	4,72	5,71

Diese Werte bestimmen die Funktion $U = f(y)$ für die Geschwindigkeit über einer flachen Sohle mit Kornrauhigkeit. Für den Formwiderstand sind diese die $y' \equiv m'$ und u'_* - Werte.

Die Einstein-Barbarossa Methode

Von der Auftrangung der oben gerechneten Werte kann man für jeden gewählten Wert von U den y' - Wert ablesen. Zusammen mit

$$\psi' = (S_s - 1)d_{35}/y'S = \frac{18{,}14}{y'} \quad \text{und} \quad (u''_*)^2 = gy''S = 0{,}032y''$$

und der graphischen Funktion $U/u''_* = f(\psi')$ führt die Methode zu folgenden Werten:

U	1,5			2,0			4,0		
y'	0,59			0,81			2,31		
ψ'	30,7			22,4			7,85		
U/u''_*	5,2	16	35	6,1	12	25	9,75	9,1	14
u''_*	0,288	0,094	0,035	0,328	0,167	0,087	0,410	0,440	0,286
y''	2,61	0,28	0,06	3,37	0,87	0,20	5,28	6,06	2,56
y_0	3,20	0,87	0,65	4,18	1,68	1,01	7,59	8,37	4,87
	O	△	□	→ siehe Abb. B.3					

Die U/u''_* - Werte und die U-Werte beziehen sich auf die Funktionen 1, 2 und 3 der $U/u''_* = f(\psi')$ Funktion, Abb. 5.3.

Diese Methode beruht auf der Annahme, daß es keine kritische Geschwindigkeit u_{*c} oder U_c gibt, d.h. der Formwiderstand fängt mit der Geschwindigkeit von Null an.

Die Shields-Kurve gibt

$(\rho g y_0 S)/[\rho g(S_s - 1)d] = 0{,}056$ oder $y_c = 1{,}02$ m oder 2,12 m für bzw. d_{35} oder d_{65} und $U_c = 2{,}2$ m/s oder 3,7 m/s. Die Resultate von Kurve 3 zeigen einen Bewegungsbeginn bei $\sim 1{,}5$ m/s an.

N.B. Die Einstein-Barbarossa Funktion $U/u_*'' = f(\psi')$ wurde von Meßwerten von Flüssen mit Feinsand abgeleitet.

<u>Engelund Methode</u> $\times$

$$\theta' = y'S/[(S_s - 1)d_{50}] = \frac{y' \cdot 0,00325}{1,68 \cdot 0,0522} = 0,0371\ y'' \ ; \quad y_o = \frac{\theta(S_s-1) \cdot d_{50}}{S}$$

$$U = \sqrt{gy'S}\ (5,75\ \log(y'/2 \cdot d_{65}) + 6) \qquad \text{Abb. 5.4}$$

<u>$y' = 2$ m</u> : $\theta' = 0,074$; $\theta = 0,187$; $y_o = 5,05$ m ; U = 3,16 m/s
 q = 15,95 m³/s

<u>$y' = 1,8$ m</u>: $\theta' = 0,0668$; $\theta = 0,130$; $y_o = 3,51$ m ; U = 294 m/s
 q = 10,33 m³/s

<u>Regime Methode</u> ●

$$U = 10,8(m\ S)^{1/3} = 1,6\ m^{2/3}$$

y_o(m)	1	2	3	4	5
U(m/s)	1,60	2,54	3,33	4,03	4,68

<u>Raudkivi Methode</u> $+$

$$u_*^2 = gy_oS = 0,03188\ y_o$$
$$\rho u_*^2 = 31,88\ y_o \ ; \quad (S_s - 1)\rho g d_{50} = 860,3\ Nm^{-2}$$
$$\sqrt{u_*^2 - u_{*C}^2} = \sqrt{gs}\ \sqrt{y_o - y_C} \ ; \quad (y_C S)/(S_s - 1)d_{50} = 0,056 \rightarrow y_C = 1,51\ m$$
$$\theta = (\rho u_*^2)/(S_s - 1)\rho g d_{50} = 37,06 \cdot 10^{-3}\ y_o$$
$$U/(u_*^2 - u_{*C}^2)^{1/2} = 5,60\ U/y_o - 1,51)^{1/2} \qquad \text{Abb. 5.5}$$

y_o(m)	2	3	4	5
θ	0,074	0,111	0,148	1,185
$U/(u_*^2 - u_{*C}^2)^{1/2}$	17,5	13,8	13,2	13,4
$y_o - y_C$	0,49	1,49	2,49	3,49
U(m/s)	2,19	3,01	3,72	4,47

N B! Die Geschwindigkeit über flacher Sohle und Bewegungsbeginn (y_{oC} = 1,51 m) ist 2.95 m/s und 2,19 m/s auf 2 m Tiefe.

<u>Lovera-Alam-Kennedy Methode</u>

Die Parameter fallen außerhalb der Bereiche der graphischen Lösung.
Die Ergebnisse sind auf Abb. B.3 aufgetragen und geben für q = 15,5 m²/s die folgenden Tiefen:

Einstein-Barbarossa	$y_0 = 5,55; 4,85$ u. $4,20$ m
Engelund	$y_0 = 4,95$ m
Regime	$y_0 = 3,9$ m
Raudkivi	$y_0 = 4,1$ m

Wenn $y_0 = 4,1$ m ist, dann hat man $U = 3,8$ m/s ; $u_* = 0,362$ m/s ; $\theta = 0,152$; $\theta/\theta_c = 2,7$. Dafür findet man für Dünen die Steilheit $h/\lambda = 0,017$. Mit der Annahme, daß $\lambda = 2\pi y_0 \simeq 26$ m, ist $h = 0,44$m und

$$U = 5,75 \ u_* \ \log 4,1/0,44 + 6 = 4,19 \text{ m/s} \quad \text{oder}$$

$$U = 7,66 \ u_*(4,1/0,44)^{1/6} \quad = 4,02 \text{ m/s}$$

die von derselben Größenordnung wie zuvor sind.

Tiefe (m)
q = Uy_0 = 15,5 m²/s
Raudkivi
Regime
Engelund
Einstein-Barbarossa
Flache Sohle mit Korn-rauhigkeit
1
2
3
Mittlere Geschwindigkeit m/s

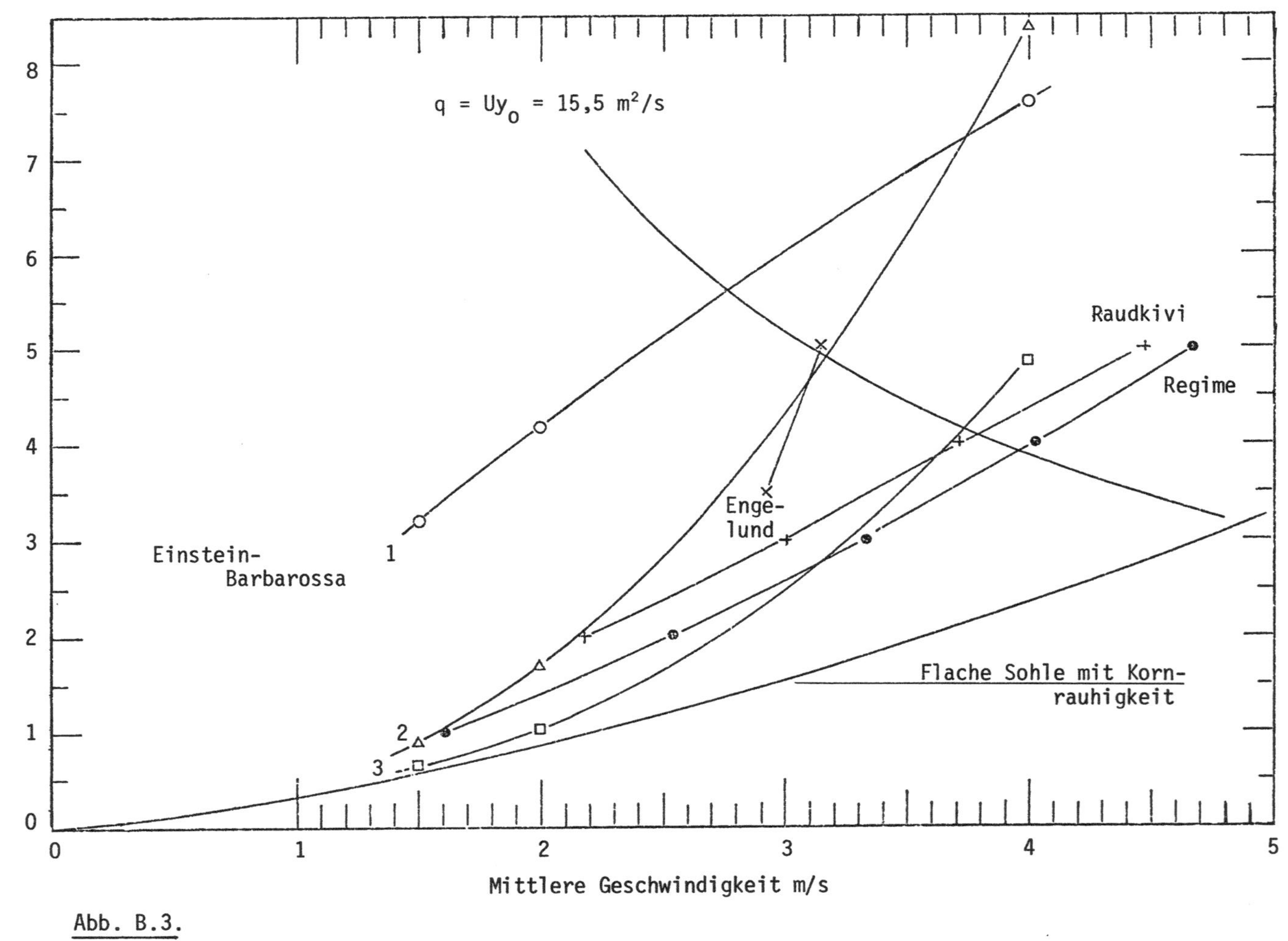

Abb. B.3.

Beispiel 4.

Die Daten für einen Fluß sind wie folgt:

    Sohlneigung $S_0 = 9 \cdot 10^{-4}$

    Sohlmaterial $d_{35} = 0,30$ mm $d_{50} = 0,35$ mm $d_{65} = 0,41$ mm

                  $S_s = 2,65$

Gesucht ist die Tiefe für die Abflußraten

$$q = 0,4 \; ; \; 0,5 \; ; \; 0,6 \text{ und } 1,0 \text{ m}^3\text{s}^{-1}\text{m}^{-1}$$

— — —

Sandkorn Rauhigkeit:

y_0(m)	0,2	0,5	0,8	1,0	1,5	2,0	3,0
u_*(m/s)	0,042	0,066	0,084	0,094	0,115	0,133	0,163
U (m/s)	0,90	1,58	2,09	2,39	3,05	3,62	4,59

Einstein-Barbarossa Methode

$$\psi' = 0,55/y' \qquad y'' = 113,26 \; (u''_*)^2$$

U(m/s)	0,5		0,75		1,0		1,25	
y'(m)	0,08		0,12		0,24		0,32	
ψ'	6,9		4,4		2,3		1,72	
* U/u''_*	9,9	9,2	13,5	11,5	18	16	23	20
u"	0,051	0,054	0,056	0,065	0,056	0,063	0,054	0,063
y"	0,29	0,33	0,35	0,48	0,35	0,44	0,33	0,44
y_0(m)	0,37	0,41	0,47	0,61	0,59	0,68	0,65	0.76

U(m/s)	1,5		2,0		2,5	
y'(m)	0,46		0,75		1,08	
ψ'	1,2		0,73		0,51	
* U/u''_*	34	28	58	48	100	77
u"	0,044	0,054	0,035	0,042	0,025	0,033
y"	0,22	0,33	0,13	0,20	0,07	0,12
y_0(m)	0,68	0,79	0,88	0,95	1,15	1,20
	○	●				

*Einstein-Barbarossa bzw. Sentuerk Kurve, Abb. 5.3.

Regime Methode ▽

$$U = 10,8 \; (\text{m}^2\text{S})^{1/3} = 1,0427 \; y_0^{2/3} \; ; \quad m \equiv y_0$$

y_0(m)	0,4	0,8	1,2	1,6
U(m/s)	0,57	0,90	1,18	1,43

Engelund Methode $\triangle$

$$\theta' = 1{,}558\ y' \qquad y_0 = 0{,}642 \qquad \text{Abb. 5.4}$$

y' (m)	θ'	θ	y_0 (m)	U (m/s)	q (m²/s)
0,2	0,312	0,793	0,51	0,83	0,422
0,3	0,468	1,009	0,65	1,07	0,691
0,4	0,628	1,19 / 0,62	0,77 / 0,40	1,28	0,975 / 0,510
0,5	0,779	1,34 / 0,80	0,86 / 0,51	1,46	1,258 / 0,746
0,6	0,935	1,48 / 0,95	0,95 / 0,61	1,46	1,552 / 0,997
0,8	1,247	1,4	0,90	1,95	1,755
1,0	1,558	2,0	1,28	2,23	2,856

Raudkivi Methode $+$

$$\theta = 1{,}558\ y_0 \qquad \theta_c = 0{,}033 \qquad y_c = 0{,}021\ \text{m} \qquad \text{Abb. 5.5}$$

$$U/(u_*^2 - u_{*c}^2)^{1/2} = 10{,}64\ U/(y_0 - 0{,}021)^{1/2} \equiv X$$

y_0 (m)	0,3	0,5	0,6			0,7		
X	9	9	9	17	19	9,5	13	20
U(m/s)	0,45	0,58	0,64	1,22	1,36	0,74	1,01	1,55

y_0 (m)	0,8	0,9	1,0	1,25
X	20	20	20	20
U(m/s)	1,66	1,76	1,86	2,29

Lovera-Alam-Kennedy Methode $\square$ Abb. 5.6 und 5.7

$$d_{50} = 0{,}35\ \text{mm}, \quad \nu = 1{,}14 \cdot 10^{-6}\ \text{m}^2/\text{s} \qquad y_0 \equiv \text{m}$$

Angenommen U m/s	y_0 m	$\dfrac{y_0}{d_{50}}$	$\dfrac{U}{\sqrt{g d_{50}}}$	$\dfrac{U y_0}{\nu}\ 10^5$	f'	f''	f	$y_0 = \dfrac{f}{8}\dfrac{U}{gS}$
0,75	0,54	1543	12,8	3,6	0,013	0,055	0,068	0,54
1,00	0,65	1857	17,1	5,7	0,013	0,033	0,046	0,65
1,30	0,80	2286	22,2	9,1	0,013	0,021	0,034	0,81

Die graphische Darstellung der errechneten Werte - Abb. B.4.1 - liefert
die folgenden Tiefen:

q(m²/s)	0,4	0,6	0,8	1,0
	y_0 (m)			
Einstein-Barbarossa	0,50	0,59	0,65	0,68
Einstein-Barbarossa-Sentuerk	0,57	0,66	0,73	0,68
Engelund	0,50	0,60&0,45	0,69&0,53	0,77&0,61
Lovera-Alam-Kennedy	0,53	0,63	0,71	0,79
Raudkivi	0,60	0,73	0,60	0,67
Regime	0,56	0,71	0,85	0,98

NB! Nur die Engelund und Raudkivi Methoden ergeben ein unteres und ein
oberes Regime, die durch die flache Sohle des Übergangsbereiches (transition flat bed) verbunden sind.

Die Werte sind in Abb. B.4.2 als Wassertiefe gegen Abfluß aufgetragen.

Wenn man z.B. annimmt, daß für q = 0,4 m²/s; y_0 = 0,60 m; U_0 = 0,66 m/s,
dann ist $u_* = (g \cdot 0,6 \cdot 9 \cdot 10^{-4})^{0,5} = 0,0728$ m/s; θ = 0,935;
θ_c = 0,033; θ/θ_c = 28,3; und die Stromleistung $\tau_0 U = \rho u_*^2 U = 3,5$ Wm^{-2}.
Diese Werte von θ/θ_c und $\tau_0 U$ deuten beide auf Dünen. Nach Abb. 4.3 ist
$h/\lambda \simeq 0,038$ und mit $\lambda = 2\pi y_0$ = 3,77 m ist h = 0,143 m. Die Gleichung
von Führböter $h/y_0 = 2/(2n + 1)$ führt zu h = 0,092 m; 0,120 m und 0,171 m
für n gleich 6; 4,5 und 3.

Diese Werte als k in
$$U/u_* = 5,75 \log(y_0/k) + 6$$
eingeführt geben für U bzw. 0,697 m/s; 0,778 m/s; 0,729 m/s und
0,665 m/s. Da man hier ziemlich hohe Transportraten hat, dürfte n = 3
zutreffen, d.h. h $\simeq$ 0,143 bis 0,171 m ist von richtiger Größenordnung.

Regime
q(m³/s) = Uy₀ =
0,4
0,6
0,8
1,0
Engelund
Kennedy
et al.
Flache Sohle mit
Kornrauhigkeit
Einstein-
Barbarossa
Raudkivi
Tiefe (m)
1,5
1,0
0,5
0
Mittlere Geschwindigkeit m/s
1
2

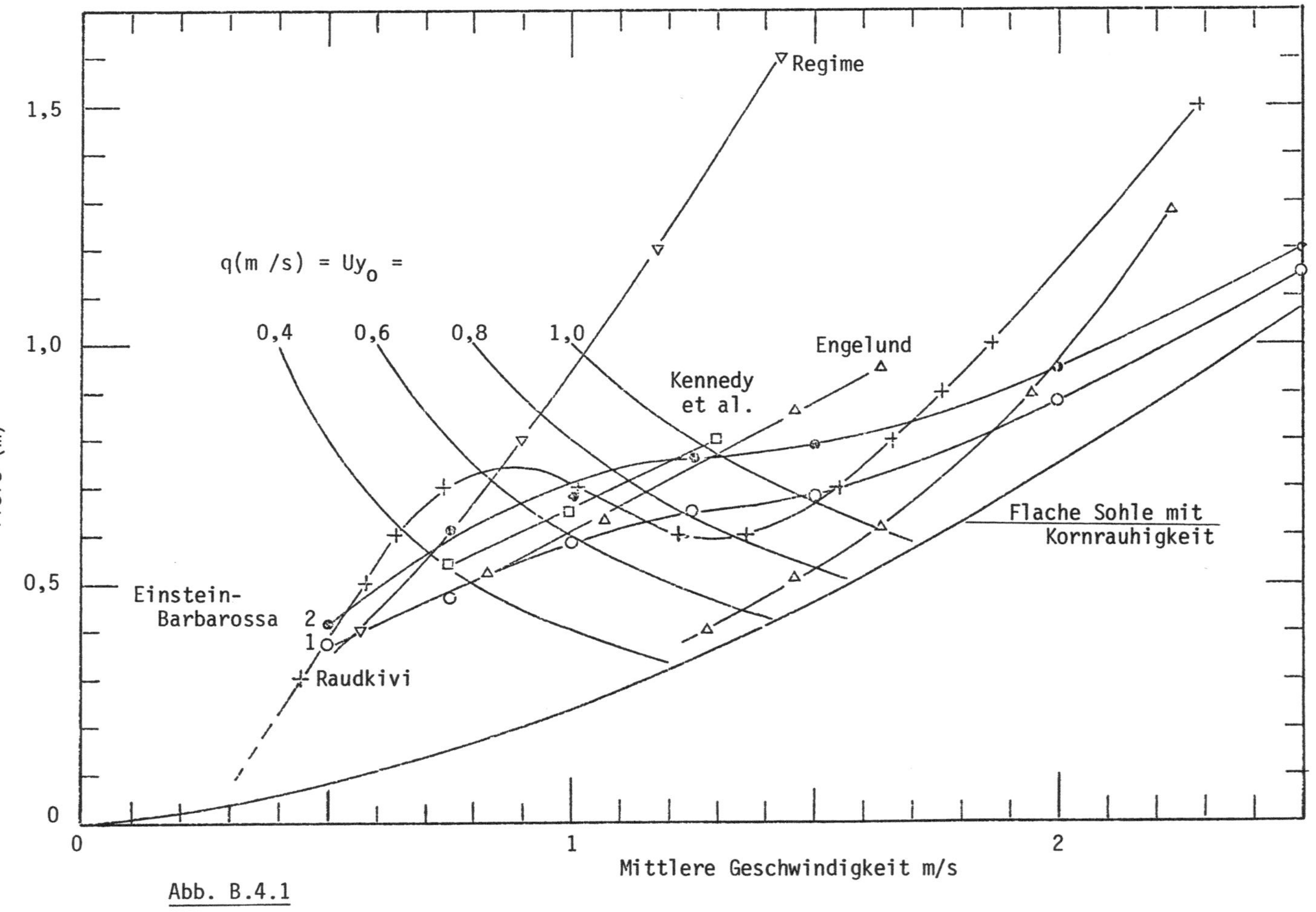

Abb. B.4.1

Regime
Raudkivi
E - B - 1
Regime
Kennedy et al.
E - B - 1
und Engelund unteres
Regime
Engelund oberes
Regime
1,0
0,5
0
Tiefe (m)
0
0,5
1,0
Abfluß q (m²/s)

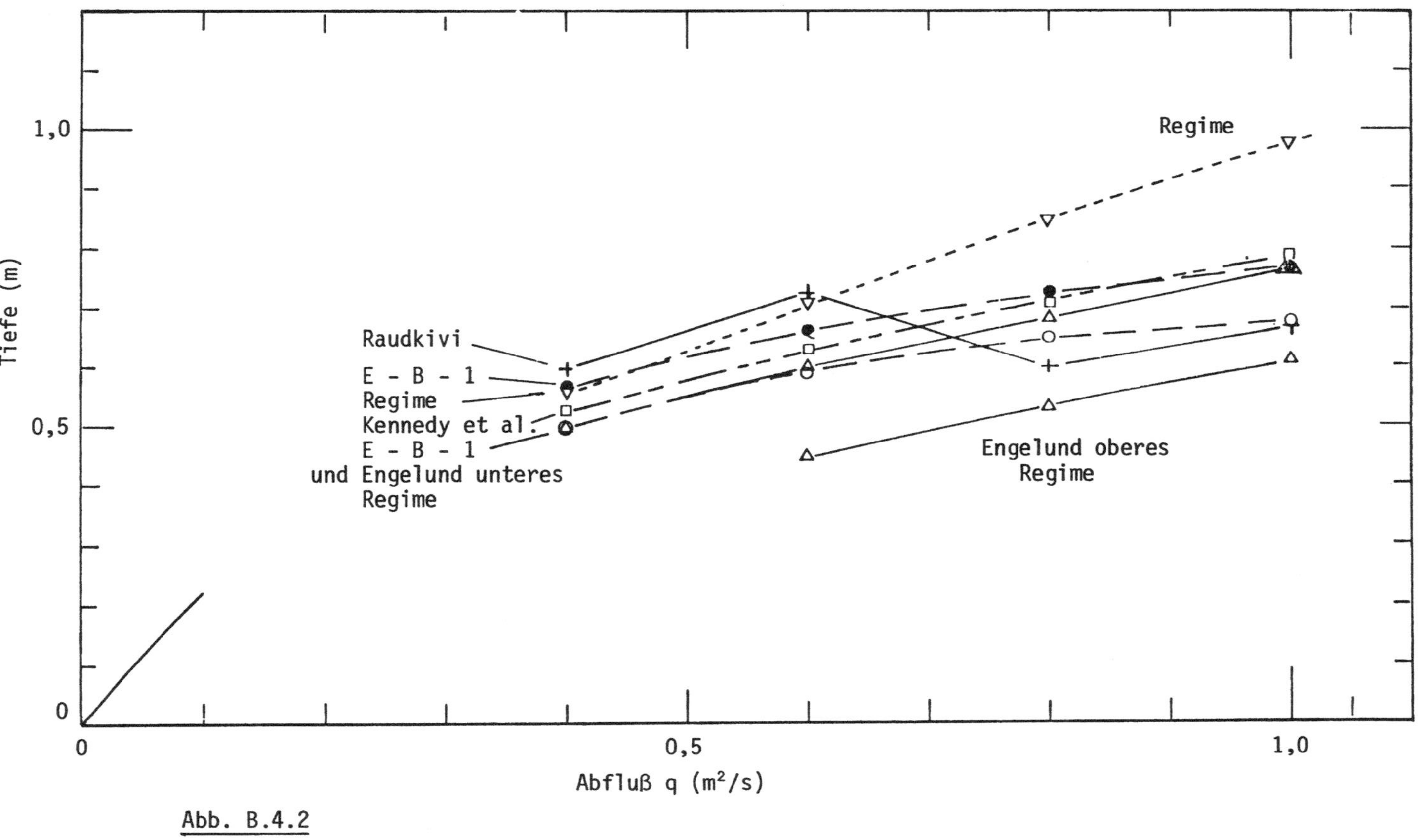

Abb. B.4.2

Beispiel 5.

Sedimenttransport nach Einstein-Methode.

Der Strom hat eine Sohlneigung von $S = 9 \cdot 10^{-4}$ und das Sediment hat
die folgende Gradierung:

$$\bar{d}_i = 0,50 \text{ mm} \quad ; \quad 30\% \quad ; \quad w_i = 54,0 \text{ mm/s}$$
$$\bar{d}_i = 0,35 \text{ mm} \quad ; \quad 40\% \quad ; \quad w_i = 37,2 \text{ mm/s}$$
$$\bar{d}_i = 0,20 \text{ mm} \quad ; \quad 30\% \quad ; \quad w_i = 20,4 \text{ mm/s}$$
$$d_{35} = 0,30 \quad ; \quad d_{50} = 0,35 \quad ; \quad d_{65} = 0,41 \text{ mm und } S_s = 2,65.$$

Gesucht wird der Sedimenttransport als eine Funktion der Wassertiefe oder
der Geschwindigkeit.

— — —

Die hydraulische Berechnung ist tabular dargestellt. Die Wassertiefen
sind mit der Einstein-Barbarossa Funktion $U/u_*'' = f(\psi')$, Kurve 1, errechnet.

Hydraulische Berechnung

y'	$u_*' = (gy'S)^{\frac{1}{2}}$	$\delta' = \dfrac{11,6\nu}{u_*'}$	$\dfrac{d_{65}}{\delta'}$	x	$\Delta = k_s/x$	U	ψ'	$\dfrac{U}{u_*''}$	u_*''
m	m/s	m				m/s			m/s
		$\times 10^{-3}$			$\times 10^{-3}$				
0,2	0,042	3,16	1,297	1,58	0,259	0,960	2,75	16,8	0,057
0,4	0,059	2,24	1,834	1,42	0,289	1,445	1,37	29,6	0,o49
0,6	0,073	1,82	2,247	1,32	0,311	1,831	0,92	42,5	0,043

y'	$y'' = \dfrac{u_*''^2}{gS}$	y_o	u_*	$q = Uy_o$	X	Y	$\left(\dfrac{\beta}{\beta_x}\right)^2$	P_E
m	m	(m)	m/s	$m^2 s^{-1}$				
					$\times 10^{-4}$			
0,2	0,37	0,57	0,071	0,547	4,40	0,82	0,667	11,106
0,4	0,27	0,67	0,077	0,968	3,11	0,64	0,941	11,158
0,6	0,21	0,81	0,085	1,483	2,54	0,58	1,196	11,275

Der Sedimenttransport nach der Einstein-Methode ist mit den folgenden
Parametern berechnet:

$$U = 5{,}75\ u_*'\ \log(12{,}27\ m'/\Delta) \quad ; \quad m' \equiv y'$$

$$\psi' = \frac{\rho_s - \rho}{\rho}\ \frac{d_{35}}{y'S} = \frac{0{,}55}{y'}$$

$$X = 0{,}77\Delta \quad \text{für} \quad \Delta/\delta > 1{,}8 \quad \text{und}$$

$$X = 1{,}39\delta \quad \text{für} \quad \Delta/\delta < 1{,}8$$

$$\Delta = k_s/\delta' \quad ; \quad k_s = d_{65} \quad ; \quad \delta' = 11{,}6\ \nu/u_*'$$

$$\beta_x = \log(10{,}6\ X/\Delta) \quad ; \quad \beta = \log 10{,}6$$

$$P_E = 2{,}303\ \log(30{,}2\ y_0/\Delta)$$

$$\psi = \frac{\rho_s - \rho}{\rho}\ \frac{d_i}{y'S} = 1{,}83\ \frac{d_i\,(mm)}{y'}$$

$$\psi_* = \xi\ Y\ \left(\frac{\beta}{\beta_x}\right)^2 \psi$$

$$i_B g_B = i_b\ \phi_*\ \rho_s\ g^{3/2}\ d^{3/2}\ \sqrt{S_s - 1}$$

$$= 0{,}10459\ i_b\ \phi_*\ \sqrt{d^3} \quad \text{wo d in 0,1 mm eingeführt wird}$$

$$i_{T_s} g_{T_s} = i_B\ g_B(P_E\ I_1 + I_2 + 1)$$

$$\nu = 1{,}145 \cdot 10^{-6} m^2/s$$

$$k_s \equiv d_{65}$$

Die Parameter X, Y, ξ, ϕ_*, ψ_*, I_1 und I_2 sind von Handbüchern oder Einstein (1950) erhältlich.

Sedimenttransportraten pro Meter Breite:

d	i_b	y'	ψ	$\dfrac{d}{X}$	ξ	ψ_*	ϕ_*	$i_B\ g_B$	$\Sigma i_B\ g_B$
m	%	m						N/s	N/s
$\times\,10^{-4}$									
5	30	0,2	4,58	1,136	1,08	2,67	2,2	0,77	
		0,4	2,29	1,608	1,00	1,38	5,2	1,82	
		0,6	1,53	1,968	1,00	1,06	7,0	2,46	
3.5	40	0,2	3,21	0,796	1,40	2,46	2,45	0,67	1,44
		0,4	1,60	1,125	1,09	1,05	7,05	1,93	3,75
		0,6	1,07	1,378	1,02	0,76	10,0	2,74	5,20
2	30	0,2	1,83	0,455	4,80	4,80	0,70	0,06	1,50
		0,4	0,92	0,643	1,75	0,97	7,8	0,69	4,44
		0,6	0,61	0,787	1,40	0,59	13,2	1,17	6,37

d m	$A = \dfrac{2d}{y_0}$	$z = \dfrac{w_i}{0,4\,u'_*}$	I_1	$-I_2$	$P_E I_1 +$ $I_2 + 1$	$i_{T_s}\,g_{T_s}$ N/s	$\Sigma i_{T_s}\,g_{T_s}$ N/s
$\times\,10^{-4}$	$\times\,10^{-4}$						
5	17,54	3,21	0,10	0,80	1,311	1,01	
	14,93	2,27	0,17	1,39	1,507	2,75	
	12,35	1,85	0,25	1,98	1,839	4,52	
3.5	12,28	2,21	0,18	1,04	1,959	1,32	2,33
	10,45	1,57	0,36	1,85	3,167	6,12	8,87
	8,64	1,28	0,60	2,95	4,815	13,19	17,71
2	7,02	1,21	0,73	3,50	5,607	0,35	2,68
	5,97	0,86	2,35	8,30	18,921	13,09	21,96
	4,94	0,70	5,15	16,10	42,966	50,36	68,07

Die Transportfunktionen sind durch die Auftragung $\Sigma i_B\,g_B$ bzw. $\Sigma i_{T_s}\,g_{T_s}$ gegen y_0 für die Bodenfracht und Gesamtfracht gegeben. Wenn man

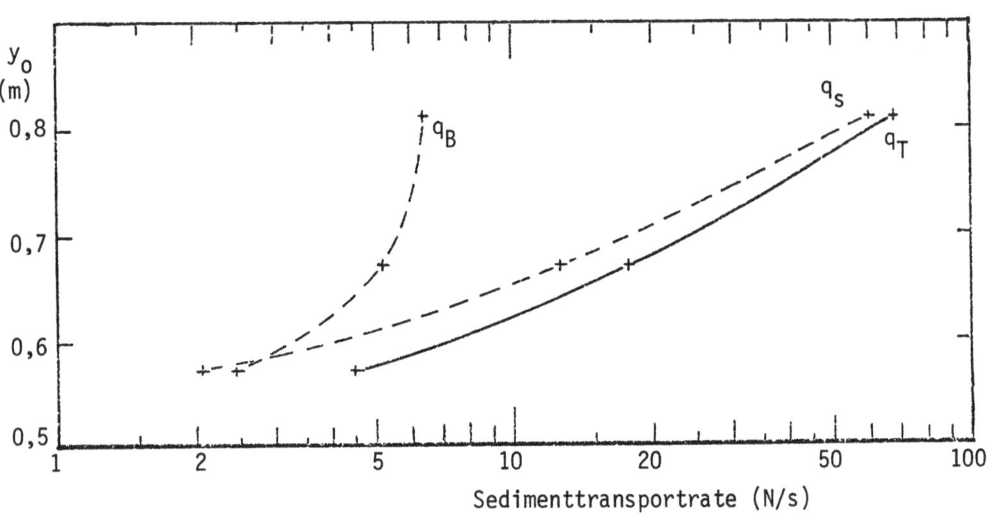

Abb. B.5

Wenn man z.B. nach der Brooks Methode rechnet

$$\frac{q_s}{qc_{md}} = \frac{\bar{c}}{c_{md}} = J_1 + (J_1 - J_2)\,\frac{u_*}{\kappa U}$$

wobei

$y_0 = 0,81$ m; $\quad S_0 = 9 \cdot 10^{-4}$; $\quad U = 1,831$ m/s; $\quad u_* = \sqrt{gy_0 S_0} = 0,0846$ m/s

$d = 0,50$ mm; $\quad w = 0,054$ m/s; $\quad z = w/(0,4\,u_*) = 1,596$

$d = 0,35$ mm; $\quad w = 0,0372$ m/s; $\quad z \qquad\qquad = 1,100$

$d = 0,20$ mm; $\quad w = 0,0204$ m/s; $\quad z \qquad\qquad = 0,603$

$\kappa U/u_* = 8,6007$; $\quad u_*/\kappa U = 0,1155$

Grenzwerte:

$$\eta_{0\,|\,u=0} = y/y_0 = \exp\left[-\left(\frac{\kappa U}{u_*} - 1\right)\right] = 0,000471$$
$$\eta_0 = 2d/y_0 = a$$

$z = 1,6$	J_1	J_2	$(J_1 - J_2)u_*/\kappa U$	$\bar{c}/c_m$	$\bar{c}\cdot 10^6$
$\eta_0 = 0,00123$	199,325	1116,015	-105,845	93,48	1282
$\eta_0 = 0,000471$	497,315	3279,580	-321,252	176,06	518
$z = 1,1$					
$\eta_0 = 0,000864$	10,0766	44,6401	-3,9908	6,0858	1560
$\eta_0 = 0,000471$	11,7189	56,7491	-5,1994	6,5195	857
$z = 0,6$					
$\eta_0 = 0,000494$	1,9341	5,3269	-0,3919	1,5422	9052
$\eta_0 = 0,000471$	1,8652	4,7301	-0,3308	1,5342	9078

Die Beziehung zwischen $\bar{c}$ und c_a ist

$$\frac{\bar{c}}{c_{md}} = \frac{\bar{c}}{c_a}\left(\frac{y_0 - a}{a}\right)^z$$

Für $a = 2d$ erhält man: $\quad \bar{c}/c_{md} = 43760,8\ c/c_a$

$\qquad\qquad\qquad\qquad\qquad c/c_{md} = 2340,5\ c/c_a$

$\qquad\qquad\qquad\qquad\qquad c/c_{md} = \quad\ 98,5\ c/c_a$

Die $\eta_{0\,|\,u=0}$ - Grenze liegt unterhalb der $y = a = 2d$ Grenze, so daß in beiden Fällen die Lagerungsdichte z.B. die Konzentration $c_a = 0,6$ geben sollte.

Für $y = a = 0,38$ mm ist $\bar{c}/c_{md} = 203954\quad \bar{c}/c_a$

$\qquad\qquad\qquad\qquad\qquad\quad = \quad\ 4565\quad \bar{c}/c_a$

$\qquad\qquad\qquad\qquad\qquad\quad = \quad\ 101,4\quad \bar{c}/c_a$

Damit werden die mittleren Konzentrationen wie in der Tabelle aufgeführt.

Für q = 1,483 m²/s sind die Transportraten wie folgt:

0,001901	0,000768
0,002314	0,001271
0,013425	0,013464
0,017640	0,015503

$$q_s = 0,0176 \text{ m}^2/\text{s} \qquad q = 0,0155 \text{ m}^2/\text{s}$$

$$g_s = \rho_s \cdot g \cdot q_s = 2650 \, g \, q_s$$

$$q_s = 458,6 \text{ N}/(\text{s}\cdot\text{m}) \qquad q_s = 403,0 \text{ N}/(\text{s}\cdot\text{m})$$

Wenn man auch annimmt, daß die Bodenfracht mit einbegriffen ist, so sind diese Werte immer noch mehr als das Fünffache der Werte nach Einstein.

Die J-Funktionen sind von EINSTEIN, H.A. (1950) tabuliert und auch in Raudkivi (1976) wiedergegeben.

EINSTEIN, H.A. (1950)

   The Bed-load Function for Sediment Transportation in Open Channel Flows, Techn. Bull. No. 1026, Sept. 1950, U.S. Dept. of Agriculture, Soil Conservation Service, Washington, D.C.

RAUDKIVI, A.J. (1976)

   Loose Boundary Hydraulics, Pergamon Press.

Werte von $J_1 = \int_A^1 \left(\frac{1-y}{y}\right)^2 dy$ und $J_2 = -\int_A^1 \left(\frac{1-y}{y}\right)^2 \ln(y)\,dy$, (Einstein,1950)

	$z = 0.2$		$z = 0.4$		$z = 0.6$		$z = 0.8$	
A	J_1	J_2	J_1	J_2	J_1	J_2	J_1	J_2
1.000	0	0	0	0	0	0	0	0
.90	.047736	.003029	.027451	.0017824	.015853	.0010544	.0091963	.0006271
.80	.11823	.014639	.077254	.010061	.051113	.0069698	.034211	.0048617
.70	.19844	.037872	.14166	.028791	.10287	.022085	.075852	.017071
.60	.28678	.076114	.21975	.062683	.17195	.052142	.13699	.043745
.50	.38286	.13380	.31211	.11826	.26079	.10571	.22249	.095397
.40	.48700	.21733	.42062	.20545	.37391	.19678	.34048	.19058
.30	.60027	.33688	.54901	.34122	.51953	.35108	.50574	.36606
.20	.72505	.51118	.70487	.55950	.71441	.62474	.74963	.70947
.16	.77925	.60429	.77833	.68576	.81399	.79601	.88466	.94185
.12	.83681	.71775	.86118	.84921	.93330	1.0316	1.0565	1.2815
.100	.86720	.78490	.90737	.95129	1.0035	1.1868	1.633	1.5175
.090	.88290	.82186	.93201	1.0093	1.0422	1.2779	1.2240	1.6606
.080	.89898	.86153	.95787	1.0731	1.0838	1.3806	1.2910	1.8258
.070	.91551	.90438	.98520	1.1440	1.1290	1.4977	1.3657	2.0177
.060	.93256	.95100	1.0143	1.2235	1.1786	1.6333	1.4502	2.2490
.050	.95023	1.0023	1.0455	1.3141	1.2338	1.7935	1.5477	2.5321
.040	.96866	1.0595	1.0795	1.4196	1.2964	1.9881	1.6633	2.8911
.030	.98809	1.1247	1.1172	1.5464	1.3698	2.2347	1.8060	3.3710
.020	1.00893	1.2018	1.1607	1.7073	1.4605	2.5707	1.9954	4.0729
.016	1.0178	1.2376	1.1805	1.7870	1.5047	2.7483	2.0937	4.4686
.012	1.0272	1.2777	1.2025	1.8810	1.5562	2.9687	2.2146	4.9858
.0100	1.0321	1.2999	1.2146	1.9356	1.5860	3.1031	2.2879	5.3165
.0090	1.0347	1.3117	1.2210	1.9655	1.6022	3.1788	2.3291	5.5084
.0080	1.0372	1.3240	1.2277	1.9975	1.6196	3.2618	2.3742	5.7233
.0070	1.0399	1.3370	1.2348	2.0320	1.6384	3.3536	2.4240	5.9674
.0060	1.0426	1.3508	1.2423	2.0697	1.6589	3.4567	2.4800	6.2494
.0050	1.0455	1.3655	1.2503	2.1114	1.6815	3.5746	2.5441	6.5830
.0040	1.0484	1.3814	1.2589	2.1583	1.7071	3.7129	2.6194	6.9907
.0030	1.0515	1.3990	1.2686	2.2127	1.7369	3.8816	2.7118	7.5141
.0020	1.0548	1.4189	1.2796	2.2788	1.7735	4.1014	2.8335	8.2451
.0016	1.0562	1.4279	1.2846	2.3105	1.7912	4.2137	2.8964	8.6428
.0012	1.0577	1.4377	1.2901	2.3470	1.8119	4.3497	2.9734	9.1499
.00100	1.0585	1.4430	1.2932	2.3678	1.8238	4.4310	3.0200	9.4675
.00090	1.0589	1.4458	1.2948	2.3791	1.8303	4.4763	3.0462	9.6497
.00080	1.0593	1.4487	1.2965	2.3911	1.8373	4.5255	3.0748	9.8520
.00070	1.0597	1.4517	1.2983	2.4038	1.8448	4.5794	3.1064	10.080
.00060	1.0602	1.4549	1.3002	2.4177	1.8530	4.6394	3.1419	10.340
.00050	1.0606	1.4583	1.3022	2.4328	1.8620	4.7073	3.1825	10.645
.00040	1.0611	1.4619	1.3044	2.4496	1.8722	4.7860	3.2303	11.013
.00030	1.0616	1.4658	1.3068	2.4689	1.8841	4.8807	3.2887	11.478
0.00020	1.0621	1.4702	1.3095	2.4919	1.8087	5.0019	3.3656	12.118
.00016	1.0624	1.4721	1.3108	2.5027	1.9057	5.0629	3.4053	12.460
.00012	1.0626	1.4742	1.3122	2.5151	1.9140	5.1361	3.4539	12.893
.00010	1.0627	1.4753	1.3130	2.5221	1.9187	5.1794	3.4833	13.161
.000090	1.0628	1.4759	1.3134	2.5259	1.9213	5.2034	3.4998	13.314
.000080	1.0628	1.4765	1.3138	2.5299	1.9241	5.2294	3.5179	13.484
.000070	1.0629	1.4772	1.3142	2.5341	1.9271	5.2578	3.5379	13.673
.000060	1.0630	1.4778	1.3147	2.5387	1.9303	5.2892	3.5603	13.889
.000050	1.0630	1.4785	1.3152	2.5436	1.9339	5.3245	3.5859	14.141
.000040	1.0631	1.4793	1.3158	2.5491	1.9380	5.3652	3.6160	14.442
.000030	1.0632	1.4801	1.3164	2.5554	1.9427	5.4138	3.6529	14.821
.000020	1.0633	1.4809	1.3171	2.5627	1.9485	5.4754	3.7014	15.336
.000016	1.0633	1.4813	1.3174	2.5662	1.9514	5.5062	3.7265	15.610
.000012	1.0633	1.4817	1.3177	2.5701	1.9546	5.5429	3.7572	15.954
.000010	1.0634	1.4820	1.3179	2.5723	1.9565	5.5645	3.7758	16.166

[1] Integrals calculated in closed form

$z = 1.0$		$z = 1.2$		$z = 1.5$		$z = 2.0$[1]	
J_1	J_2	J_1	J_2	J_1	J_2	J_1	J_2
0	0	0	0	0	0	0	0
.005361	.000375	.0031405	.0002256	.0014223	.0001063	.000371	.000032
.023144	.003412	.015808	.0024074	.009065	.0014394	.00372	.000622
.056676	.013282	.042832	.010394	.028654	.0072628	.01523	.004076
.11083	.036968	.090824	.031440	.068744	.024911	.04501	.01727
.19315	.086806	.17014	.079551	.14382	.070593	.11370	.05927
.31630	.18633	.29873	.18367	.28118	.18159	.26742	.18462
.50399	.38603	.51204	.41108	.53992	.45829	.62537	.56917
.80955	.81741	.89522	.95351	1.0791	1.2246	1.5811	1.9350
.99269	1.1328	1.1437	1.3816	1.4719	1.9020	2.4248	3.3921
1.2404	1.6226	1.5008	2.0884	2.0905	3.1279	3.9728	6.4656
1.4027	1.9817	1.7476	2.6346	2.5535	4.1528	5.2948	9.3937
1.4981	2.2063	1.8974	2.9873	2.8481	4.8469	6.2052	11.539
1.6059	2.4722	2.0708	3.4152	3.2022	5.7205	7.3685	14.410
1.7294	2.7925	2.2751	3.9448	3.6366	6.8473	8.8972	18.376
1.8736	3.1869	2.5210	4.6178	4.1844	8.3469	10.980	24.080
2.0459	3.6875	2.8256	5.5028	4.9006	10.428	13.959	32.741
2.2590	4.3499	3.2188	6.7252	5.8863	13.494	18.522	46.942
2.5367	5.2838	3.7592	8.5433	7.3538	18.435	26.290	73.121
2.9323	6.7514	4.5860	11.614	9.8556	27.735	42.156	132.20
3.1514	7.6332	5.0743	13.580	11.480	34.276	54.214	180.77
3.4351	8.8472	5.7402	16.429	13.876	44.537	74.476	267.61
3.6155	9.6612	6.1840	18.433	15.590	52.276	90.780	341.25
3.7198	10.147	6.4484	19.664	16.657	57.244	101.68	302.04
3.8366	10.704	6.7511	21.108	17.919	63.267	115.34	457.18
3.9691	11.353	7.1033	22.832	19.446	70.741	132.93	543.32
4.1223	12.125	7.5224	24.944	21.343	80.301	156.43	661.79
4.3036	13.069	8.0356	27.617	23.787	93.032	189.40	833.56
4.5258	14.271	8.6905	31.160	27.103	110.98	238.95	1101.9
4.8125	15.895	9.5802	36.202	31.971	138.57	321.71	1571.3
5.2170	18.327	10.926	44.300	40.151	187.82	487.57	2570.7
5.4398	19.736	11.716	49.293	45.416	221.13	612.12	3359.1
5.7271	21.627	12.787	56.347	53.136	271.98	819.88	4728.0
5.9092	22.869	13.499	61.199	58.638	309.49	986.18	5862.0
6.0145	23.601	13.922	64.147	62.054	332.93	1097.1	6634.1
6.1322	24.434	14.406	67.570	66.093	361.50	1235.7	7614.8
6.2656	25.394	14.969	71.621	70.970	396.60	1414.0	8898.4
6.4196	26.525	15.638	76.530	77.021	441.03	1651.8	10645.0
6.6019	27.893	16.456	82.675	84.808	499.43	1984.8	13146.0
6.8249	29.614	17.499	90.721	95.359	580.83	2484.4	17001.0
7.1125	31.905	18.915	102.00	110.82	704.16	3317.1	23642.0
7.5180	35.276	21.054	119.80	136.78	920.55	4983.0	37516.0
7.7411	37.201	22.307	130.61	153.47	1064.6	6232.5	48303.0
8.0288	39.757	24.005	145.72	177.93	1282.0	8315.3	66821.0
8.2111	41.420	25.135	156.02	195.35	1440.9	9981.6	82024.0
8.3165	42.396	25.806	162.24	206.17	1541.1	11093.0	92312.0
8.4342	43.500	26.574	169.44	218.95	1661.0	12481.0	105332.0
8.5678	44.769	27.467	177.93	234.39	1807.7	14267.0	122296.0
8.7219	46.255	28.528	188.16	253.54	1992.4	16647.0	145261.0
8.9042	48.044	29.825	200.89	278.19	2234.2	19980.0	177974.0
9.1274	50.279	31.479	217.45	311.57	2568.6	24980.0	228060.0
9.4151	53.233	33.723	240.51	360.49	3071.3	33313.0	313700.0
9.8206	57.539	37.115	276.53	442.60	3943.2	49978.0	490870.0
10.054	59.979	39.101	298.24	495.39	4520.8	62478.0	627560.0
10.332	63.197	41.797	328.40	572.75	5386.5	83311.0	860760.0
10.514	65.279	43.588	348.86	627.85	6016.0	99977.0	1051160.0

A	$\int_A^1 \left(\dfrac{1-y}{y}\right)^z dy$				$\int_A^1 \log_e(y)\left(\dfrac{1-y}{y}\right) dy'$			
	$z = 0$	3.0	4.0	5.0	0	3.0	4.0	5.0
1.0	0	0	0	0	0	0	0	0
.1	.90000	$.2851.10^2$	$.1758.10^3$	$.1237.10^4$	.66974	$.5560.10^2$	$.3632.10^3$	$.2602.10^4$
.01	.99000	$.4715.10^4$	$.3136.10^6$	$.2338.10^8$	.93495	$1.948 \ .10^4$	$1.343 \ .10^6$	$1.0198.10^8$
.001	.99900	$.4970.10^6$	$.3313.10^9$	$.2483.10^{12}$	.99209	$3.187 \ .10^6$	$2.177 \ .10^9$	$1.6535.10^{12}$
.0001	.99990	$.4997.10^8$	$.3331.10^{12}$	$.2498.10^{16}$	.99898	$4.353 \ .10^8$	$2.955 \ .10^{12}$	$2.239 \ .10^{16}$
.00001	.99999	$.5000.10^{10}$	$.3333.10^{15}$	$.2500.10^{20}$	.99987	$5.508 \ .10^{10}$	$3.723 \ .10^{15}$	$2.816 \ .10^{20}$

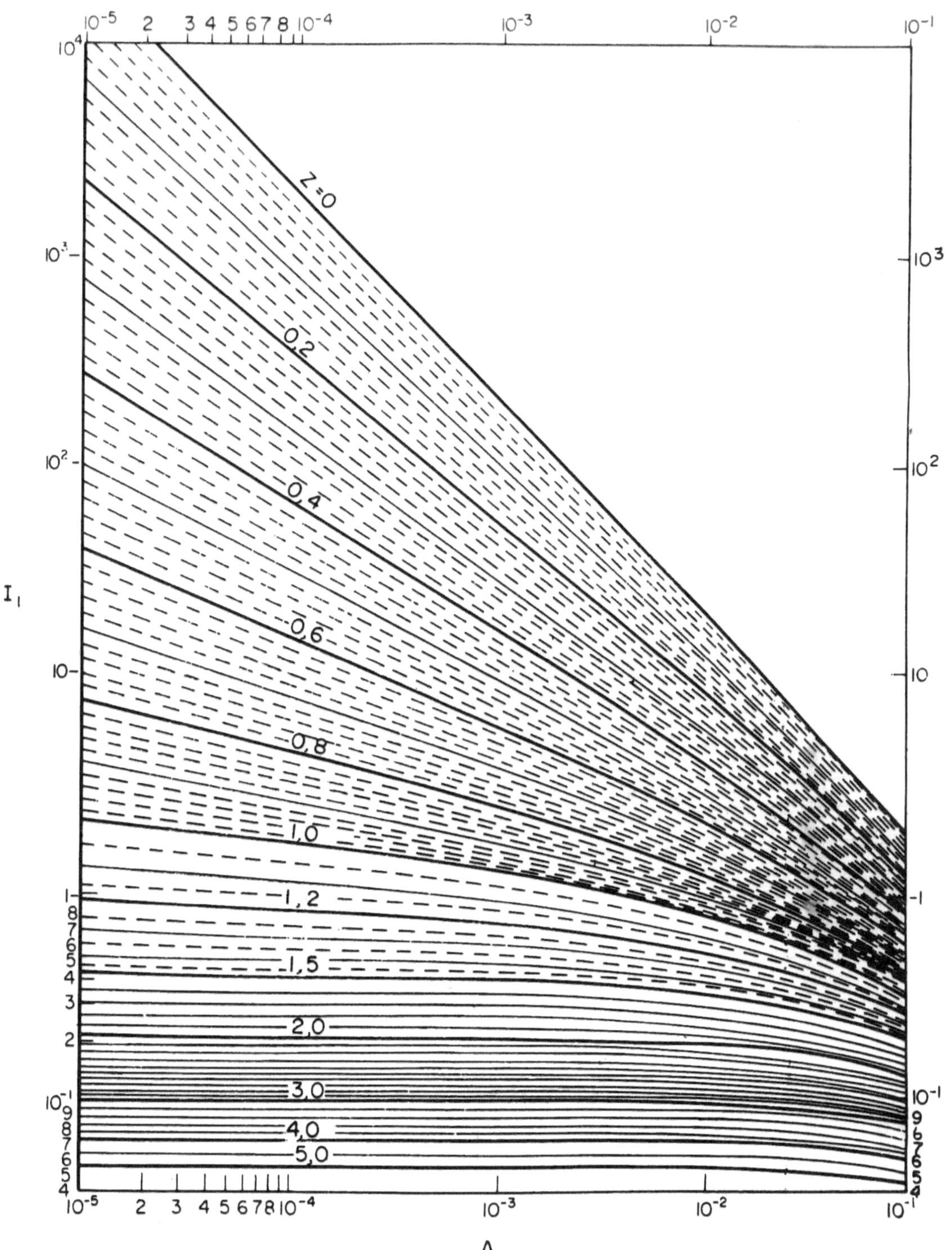

Die I_1- Funktion nach EINSTEIN (1950).

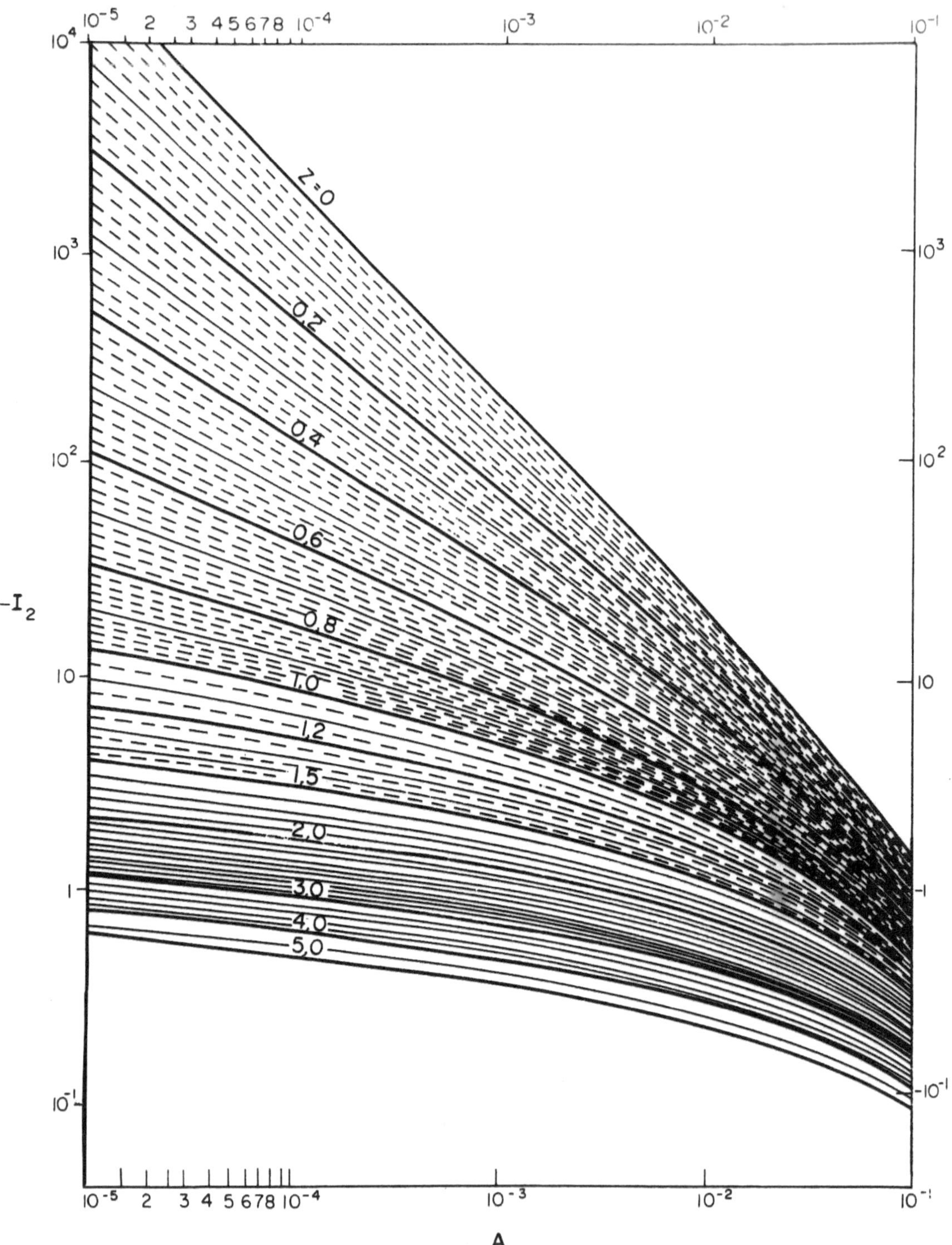

Die I_2- Funktion nach EINSTEIN (1950).

<u>Beispiel 6.</u>

Mit den Angaben des Beispiels 5 soll die Kolktiefe ermittelt werden die
erwartet wird, wenn die Breite des Stromes verringert wird zum Verhältnis
B_1/B_2 = 1,25 für den Abfluß von q = 1,0 $m^3s^{-1}m^{-1}$.

— — —

Die Tiefe des Stromes für q = 1,0 m^2/s ist y_1 = 0,68 m; U_1 = 1,47 m/s
und die spezifische Energie $y_1 + U_1^2/2g$ = 0,790 m. Der Gesamtsediment-
transport q_{s1} = 24,8 N/s, woraus q_{s2} = 1,25·q_{s1} = 31 N/s ist. Für q_{s2}
sieht man von der Abb. B.6 von q_s gegen y eine Strömungstiefe für den
Gleichgewichtszustand y_2 = 0,705 m, womit U_2 = 1,775 m/s und $y_2 + U_2^2/2g$ =
0,865 m.

Es folgt, daß die Sohle im Durchschnitt um 0,865 - 0,790 = 0,075 m aus-
kolkt wenn die Strömungsverluste vernachläsigt werden. Wenn man die
Tiefe für q_2 = 1,25 m^2/s von Beispiel 3 ermittelt, erhält man y_2 = 0,74 m
an Stelle von y_2 = 0,705 m. Der Unterschied stammt von dem kleineren
Widerstand (f-Wert), der durch die Sedimentzufuhr und nicht durch die Strömung bestimmt ist. Die maximale Kolktiefe und die mittlere Kolktiefe sind
nach Laursen als $y_2 = y_1 + d_s/r$ verbunden, woraus sich mit r = 11,5;
d_s = 0,28 m unter y_2 ergibt.

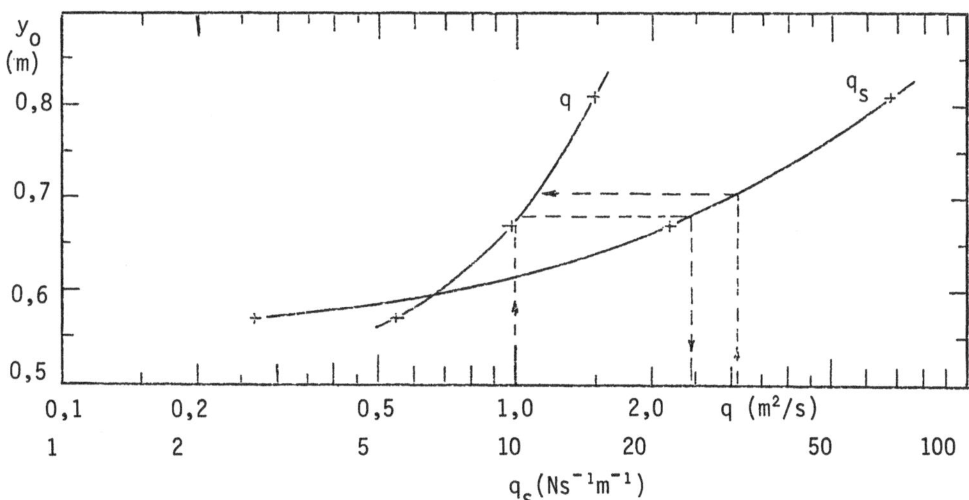

<u>Abb. B.6</u>

Beispiel 7.

Eine Kiesschicht, d_{50} = 10 mm ist einem Bett von

   (1) Sand d_{50} = 0,30 mm; σ_g = 1,5 und S_s = 2,65

   (2) Kies d_{50} = 3,0   mm; σ_g = 1,5 und S_s " 2,65

überlagert.

Während einer Flut durchdringt der Kolk an einem Pfeiler von 2,0 m Durchmesser die Kiesschicht, die aber Stromauf intakt bleibt. Was für eine
Kolktiefe kann erwartet werden? Die Neigung des Stromes S = 0,001.

$$- - -$$

Die allgemeine Kolkung und die lokalisierte Auskolkung werden nach den
Methoden, die schon in den Beispielen angewendet worden sind errechnet.
Da die Kiesschicht Stromauf intakt bleibt, kann man annehmen, daß kurz
nach der Spitze der Flut Klarwasserverhältnisse eintreten. Dann hat man
nach Shields θ_c = 0,056 für d_{50} = 10 mm und θ_c 0,034 für d_{50} = 0,3 mm.
Für θ_c = 0,056; u_{*1} = $(0,056 \cdot 1,65 \cdot 9,81 \cdot 0,01)^{\frac{1}{2}}$ = 0,095 m/s = $(gy_0 S)^{\frac{1}{2}}$,
woraus y_0 = 0,924 m. Die Verhältnisse an der Sohle über das d_2-Material
kann man als erste Annäherung durch die Manning-Strickler Formel abschätzen:

$$q = \frac{1}{n} y_0^{5/3} S^{\frac{1}{2}} \; ; \quad n = 0,04168 \, d_{(m)}^{1/6} ; \quad u_*^2 = gy_0 S \; ; \quad \left(\frac{u_{*2}}{u_{*1}}\right)^2 = \left(\frac{d_2}{d_1}\right)^{1/3} \left(\frac{y_0}{y_2}\right)^{7/3}$$

wo y_0 die Tiefe über der d_1 Sohle ist. Wenn man die linke Seite mit
(u_{*2c}/u_{*1c}) multipliziert, u_{*c} = $[\theta_c g(S_s - 1)d]^{\frac{1}{2}}$ einführt und annimmt,
daß u_{*2} = u_{*2c} erhält man

$$y_2 = y_0 \left\{ \left[\frac{u_{*1}}{u_{*1c}}\right] \left[\frac{\theta_{c1}}{\theta_{c2}}\right]^{\frac{1}{2}} \left[\frac{(S_s - 1)_1}{(S_s - 1)_2}\right]^{\frac{1}{2}} \left[\frac{d_1}{d_2}\right]^{1/3} \right\}^{6/7}$$

oder

$$H = (y_2 - y_0) = y_0 \left\{ [\ldots\ldots]^{6/7} - 1 \right\} = 0,924 \left\{ \left[\frac{0,056}{0,034}\right]^{\frac{1}{2}} \left(\frac{10}{0,3}\right)^{1/3} \right]^{6/7} - 1 \right\}$$

$$= 2,19 \text{ m}$$

für $d_2 \doteq 0,3$ mm und

$$H = y_2 - y_0 = 0,924 \left\{ \left[\left(\frac{10}{3}\right)^{1/3}\right]^{6/7} - 1 \right\} = 0,38 \text{ m}$$

für d_2 = 3,0 mm.

Die Tiefe des lokalen Kolkes ist dann von

$$\frac{d_{se}(\sigma)}{D} = K_\sigma \frac{d_{se}}{D}$$

und Abb. 9.15

$$d_{se}(\sigma) = 1{,}0 \cdot 2{,}3 \cdot 2{,}0 = 4{,}60 \text{ m}$$

für $d_2 = 0{,}3$ mm und

$$d_{se}(\sigma) = 0{,}82 \cdot 2{,}3 \cdot 2{,}0 = 3{,}77 \text{ m}$$

für $d_2 = 3{,}0$ mm.

Keine Korrekturen sind nötig für D/d_{50} (=6610) und y_0/D (=0,46). Es folgt, daß für $d_2 = 0{,}3$ mm die Kolktiefe unter der Sohlebene $4{,}60 + 2{,}19 \simeq \underline{6{,}8\ m}$ beträgt, wenn keine Sohlverfestigung eintritt. Für $d_2 = 3{,}0$ mm ; $D/d_s = 667$ und von Abb. 9.18 ist die Korrektur 0,9, d.h. die Kolktiefe ist $0{,}9 \cdot 3{,}77 + 0{,}38 \simeq \underline{3{,}8\ m}$.

Den Fall, daß der zweidimensionale Kolk unterhalb der Schwelle in der Pfeilerumgebung ist, hat man für Feinsand oben errechnet, aber für den Feinkies im Überlaufbereich ist

$$H = K(y_2 - y_0) \simeq 2{,}5(y_2 - y_0)$$
$$= 2{,}5 \cdot 0{,}38 = 0{,}95 \text{ m}$$

d.h. die Kolktiefe ist

$$0{,}9 \quad 3{,}77 + 0{,}95 = \underline{4{,}34\ m}$$

Beispiel 8.

Meßwerte in einem breiten Strom sind wie folgt:

y/y_0 :	0,05	0,08	0,10	0,20	0,30	0,40	0,50	0,60	0,80	0,90
m/s :	0,68	0,76	0,80	0,92	1,00	1,07	1,11	1,16	1,22	1,25

Die mittlere Tiefe $y_0 = 1{,}0$ m; das Sohlmaterial is Feinsand d_{35} ; 0,10 mm; $d_{50} = 0{,}125$ mm ; $d_{65} = 0{,}15$ mm.

Gesucht sind der Parameter ω und die theoretische Geschwindigkeitsverteilung

$$\frac{u_{max} - u}{u_*} = \left\{ \left[- \frac{2{,}303}{\kappa} \log \frac{y}{\delta} \right] + 2\frac{\omega}{\kappa} \right\} - \frac{\omega}{\kappa} f(\frac{y}{\omega})$$

für $\kappa = 0{,}40$; die Schubspannungsgeschwindigkeit u_*, das Energiegefälle S, die Form der Transportkörper und die Suspensionsfracht.

— — —

Die unteren Punkte der Meßwerte geben:

$$u_* = \frac{\Delta u}{5{,}75} = \frac{0{,}4}{5{,}75} = 0{,}0696 = 0{,}07 \text{ ms}^{-1}$$

$$u_* = gy_oS \rightarrow S = \frac{u_*^2}{gy_o} = 5 \cdot 10^{-5}$$

$$\omega = \frac{\kappa}{2}\left(\frac{u_m - u}{u_*}\right)_{y/\delta=1} = 0,2 \cdot 1 = 0,2$$

Mit $\omega = 0,2$; $\delta = y_o = 1,0$ m ; $u_* = 0,007$ m/s ; $u_m = 1,27$ m/s und

$$f(\frac{y}{\delta}) = 2 \sin^2(\frac{\pi}{2} \frac{y}{\delta})$$

erhält man die folgenden Werte:

y/δ	$-5,7575 \log(y/\delta) + 1$	$-0,5 f(y/\delta)$	$(u_m - u)/u_*$	u(m/s)
0,9	1,2634	-0,9756	0,288	1,250
0,8	1,5580	-0,9045	0,654	1,224
0,6	2,2773	-0,6545	1,623	1,156
0,5	2,7332	-0,5000	2,233	1,114
0,4	3,2911	-0,3455	2,946	1,064
0,3	4,0105	-0,2061	3,804	1,004
0,2	5,0243	-0,0955	4,929	0,925
0,1	6,7575	-0,0245	6,733	0,799
0,08	7,3155	-0,0157	7,300	0,759
0,05	8,4907	-0,0062	8,485	0,676

Die graphische Auftragung gibt auch $y'/y_o = 0,001$ oder

$$k_s = 30,2y' \simeq 0,0302 \text{ m} = 30,2 \text{ mm}$$

Es sei noch bemerkt, daß mit dem wachsenden ω-Wert die untere Gerade sich parallel nach links verschiebt (kleinere u-Werte) und die Neigung der oberen wächst.

Die dimensionslose Schubspannung

$$\theta = u_*^2/g(S_s - 1)d = (0,07^2 \cdot 10^3)/(9,81 \cdot 1,65 \cdot 0,125) = 2,42$$

$$\theta_c = 0,062$$

$$\theta/\theta_c = 39,1 \rightarrow \text{ flaches Übergangsbett.}$$

Die mittlere Geschwindigkeit $U \simeq 1,05$ m/s

und $\tau_o U = \rho u_*^2 U \simeq 10^3 \cdot 0,07^2 \cdot 1,05 = 5,145$ N/m^2

womit auch Abb. 4.2 den Übergangsbereich andeutet.

Wenn die oberen Meßpunkte benutzt werden, wird

$$u_* = 0,53/5,75 = 0,092 \text{ m/s}$$

d.h. 31,7% höher als zuvor.

Wenn man jetzt die suspendierte Sedimentfracht errechnen will, muß man abwägen, ob man mit $u_* = 0,007$ m/s und Prandtl-Karman Geschwindigkeitsverteilung rechnet, oder mit $u_* = 0,092$ m/s. Die erste wird kleinere Geschwindigkeiten über der oberen Hälfte haben und umgekehrt mit $u_* = 0,092$ m/s wird man kleinere Geschwindigkeiten an der Sohle einführen. Gewöhnlich ist die Konzentration an der Sohle hoch, und niedrig in der oberen Hälfte, so daß man mit $u_* = 0,07$ m/s näher an die wirklichen Verhältnisse kommt, oder man soll die Gleichung

$$q_s = \int_y^{y_0} c\ u\ dy$$

mit der Gl. 5.11 auswerten.

Mit $u_* = 0,07$ m/s ; $\quad U = 1,05$ m/s könnte man

$$\frac{\bar{c}}{c_{md}} = J_1 + (J_1 - J_2)\ \frac{u_*}{\kappa U} \qquad \text{benutzen.}$$

$d_{50} = 0,125$ mm $\qquad w = 663\ d^2 = 10,359$ mm/s $= 0,0140$ m/s

$z = w/(0,4\ u_*) = 0,37$

$u_*/\kappa U = 0,07/0,4 \cdot 1,05 = 0,167 \qquad \kappa U/u_* = 6,0$

Grenzwerte

$$\eta_0|_{u=0} = \frac{y}{y_0} = \exp[-\frac{\kappa U}{u_*} - 1] = 0,00674$$

$$\eta_0 = \frac{2d}{y_0} = 0,00025$$

	J_1	J_2	$[J_1 - J_2]\ \frac{u_*}{\kappa U}$	$\bar{c}/c_{md}$
$\eta_0 = 0,00025$	1,2729	2,3316	-0,1684	1,1045
$\eta_0 = 0,00674$	1,2630	2,2642	-0,1672	1,0957

Wenn man auf $y = 2d$ als $c_a \simeq$ annimmt, wird aus

$$\frac{\bar{c}}{c_{md}} = \frac{\bar{c}}{c_a}\ (\frac{y_0 - a}{a})^z = \frac{\bar{c}}{c_a}\ (\frac{1,0 - 0,00025}{0,00025})^{0,37} = 21,514\ \frac{\bar{c}}{c_a}$$

$$\bar{c} = \frac{1,1045}{21,514}\ 0,6 = 0,0031$$

$$q_s = 1,05 \cdot 0,0031 = 0,0033\ \text{m}^3\text{s}^{-1}\text{m}^{-1}$$

Mit der 0,31% mittleren Konzentration ist die effektive Dichte

$$\rho_e = \rho + (\rho_s - \rho)\bar{c} = 10^3 + 1650 \cdot 0,0031 = 1005,1\ \text{kg/m}^3$$

und damit wäre die Sohlschubspannung

$$\tau_0 = \rho u_*^2 = 1005,1 \cdot 0,07^2 = 4,925\ \text{N/m}^2$$

d.h. der Unterschied ist 0,025 Nm^{-2}.

244

Geschwindigkeit u (m/s)
0   0,5   1,0
1,0
0,5
y/y_0
0,1
0,05
0,02
0   5   10
Geschwindigkeits-
defizit
Geschwindigkeitsverteilung
u_max - u / u_*

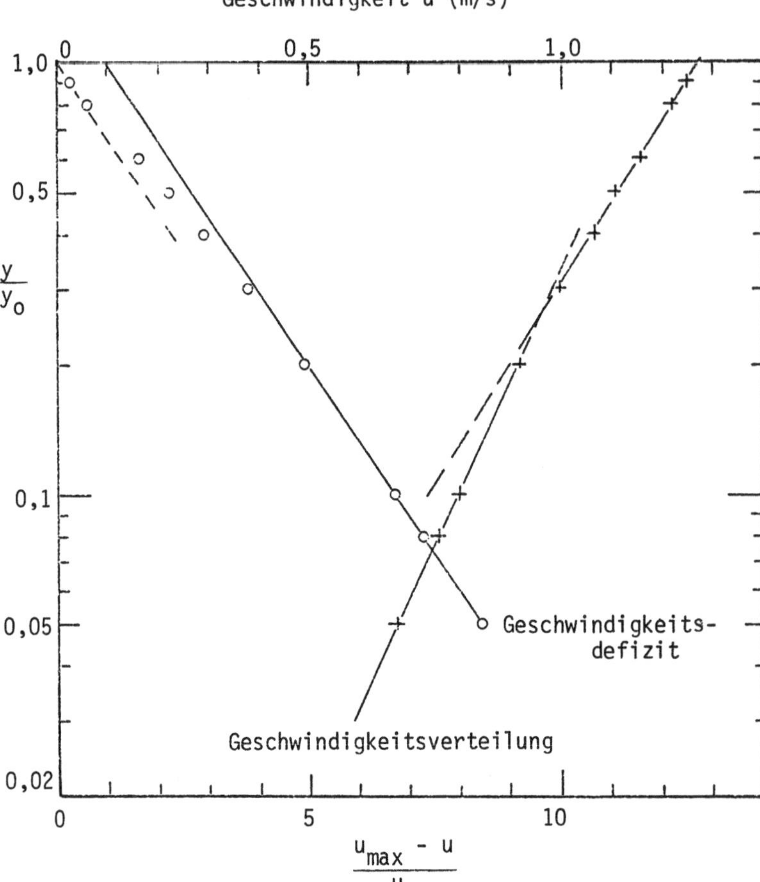

Abb. B.8

<u>Beispiel 9.</u>

Es ist angenommen, daß ein anhaltender Regen eine Schichtströmung auf einem kahlen bindigen Boden von Neigung S_0 erzeugt. Es soll die Erosionsrate mit Hilfe des Rate-Process-Modells errechnet werden.

$$- - -$$

Die Schichtströmung kann man mit Hilfe der Manning Formel ausdrücken

$$V = \frac{1}{n} y_0^{2/3} S_0^{1/2}$$

Die Sohlschubspannung ist

$$\tau_0 = \rho \, g \, y_0 \, S_0$$

und die Geschwindigkeit am Außenrand einer turbulenten Grenzschicht mit einer mittleren Geschwindigkeit V ist

$$U_0 = (8/7)V$$

(1/7 Potenz Verteilung nach Prandtl)

Für eine Beharrungszustand des Regens ist die Abflußtiefe nach Henderson und Wooding (1964)

$$y_0 = \left(\frac{n \, r \, x}{\sqrt{S_0}}\right)^{0,6}$$

wo x die Entfernung vom Kamm des Hanges und r die Intensität des Regens minus Einsickerungsrate ist.

Wenn man die oberen Beziehungen in Gl. 8.52 einführt erhält man

$$\dot{e} = \frac{1,14 \, \alpha}{\sqrt{g}} \left(\frac{1}{n}\right)^{1,5} \left(\frac{\sqrt{S_0}}{rx}\right)^{0,5} \exp\{\beta\rho g (nrx)^{0,6} S_0^{0,7}\}$$

und der gesamte Bodenverlust E pro Meter Breite ist

$$E = \int_0^x \dot{e} \, dx$$

Der Einfachheit halber ist angenommen, daß

$$\beta\rho g (n \, r \, x)^{0,6} S_0^{0,7} < 1$$

ist (meistens viel kleiner), womit man eine Reihenentwicklung des Exponentialgliedes anwenden kann. Dann erhält man mit den ersten zwei Gliedern der Entwicklung

$$E = \frac{1,14\,\alpha}{\sqrt{g}\,n^{1,5}} \left(\frac{\sqrt{S}}{y} \right)^{0,5} \int_0^x x^{-0,5}\,\exp\left[\beta\rho g(nr)^{0,6}S_0^{0,7}x^{0,6}\right]dx$$

$$= A \int_0^x x^{-0,5}\,e^{ax^{0,6}}\,dx = A \int_0^x x^{-0,5}\left(1 + ax^{0,6} + \frac{1}{2}a^2x^{1,2}\right)dx$$

$$= A \left[\int_0^x x^{-0,5}dx + a\int_0^x x^{0,1}dx + \frac{a^2}{2}\int_0^x x^{0,7}dx\right]$$

$$= A \left(-\,2x^{0,5} + 10ax^{1,1} + \frac{a^2}{1,4}x^{1,7}\right)$$

Typische Werte sind

$$\beta = 0,1\ \text{Pa}^{-1}\ ;\quad \rho = 10^3\ \text{kg/m}^3\ ;\quad n = 0,1$$
$$r = 10^{-5}\ \text{m/s}\quad (36\ \text{mm/h})\ ;\quad S_0 = 0,1$$

womit $a \simeq 0,0492$ und $E = A(-\,2x^{0,5} + 0,49x^{1,1} + 0,0017x^{1,7})$

worin A eine Konstante ist. Die Gleichung kann man mit den empirischen
Formeln von der Type

$$E = Kx^n$$

vergleichen, z.B. HORTON (1945) mit n = 0,6; SMITH und WISCHMEIER (1926)
n = 0,5; YOUNG (1972) n = 0,3 bis 0,9 und KIRBY (1969) n = 1,0 bis 2,0,
wenn Rinnenentwicklung fortschreitet. Die oben abgeleitete Gleichung
gibt Werte ähnlich der Kirby-Gleichungen und der von Young mit n = 0,9.

Man kann auch die Abhängigkeit von der Neigung darstellen, d.h. für
einen bestimmten x-Wert, z.B. 22,2 m der dem Wert von Smith und Wischmeier
entspricht. Dann ist

$$E = A_1(-\,9,42 \cdot S_0^{0,25} + 74,46 \cdot S_0^{0,5} + 8,42 \cdot S_0^{1,65})$$

die mit dem Ausdruck

$$E = K(0,43 + 30 \cdot S_0 + 430 \cdot S_0^2)$$

von Smith und Wischmeier zu vergleichen ist.

HENDERSON, F.M. und WOODING, R.A. (1964) "Overland flow and groundwater
    from steady rainfall of finite duration". I. Geophysical Res.Vol. 69;
    1531-1540.

HORTON, R.E. (1945) "Erosional development of streams and their drainage
    basins", Bull. Geol. Soc. Am. Vol. 56; 275-370.

KIRBY, M.I. (1969) "Infiltration, throughflow and overland flow" in

"Water Earth and Man", CHORLEY (1969), Methunen, London (215-228)

SMITH, D.D. und WISCHMEIER, W.H. (1962) "Rainfall Erosion", Adv. Agron. Vol. 14; 109-148.

YOUNG, A. (1972) "Slopes", Longmans, London.

Beispiel 10.

Mit den Daten des Beispieles 5 sollten Vergleichswerte für den Sediment-transport errechnet werden:

d_{50} = 0,35 mm ; y_o = 0,81 m ; U = 1,831 m/s

q = 1,483 m²/s ; u_* = 0,043 m/s, ; θ_c = 0,040

θ = $u_*^2/[(S_S - 1)gd]$ = 0,1142/$d_{(mm)}$ = 0,3264

θ/θ_c = 8,2

$\tau_o U$ = $10^3 \cdot 0,043^2 \cdot 1,831$ = 3,39 W/m² → Dünenbereich

Meyer-Peter-Müller   (S. 68)

$$\frac{q_B}{u_* d} = 8\ \theta(1 - \frac{0,047}{\theta})^{3/2} = 8 \cdot 0,3264(1 - \frac{0,047}{0,3264})^{3/2} = 2,068$$

Mit den Einzelkomponenten von Beispiel 5 erhält man

$\Sigma(q'_{B0,5} \cdot 0,3 + q'_{B0,35} \cdot 0,4 + q'_{B0,20} \cdot 0,3)$ = 2,42

q_B = $\underline{3,1 \cdot 10^{-5}\ m^2/s}$ bzw. 3,6 $\cdot$ 10⁻⁵ m²/s

Einstein-Brown   (S.71)

θ = 40$(1/\psi)^3$ = 40 θ^3 = $\underline{1,3909}$

q_B = $\sqrt{1,65g \cdot 0,00032^3}$ ϕ = 0,2634 $\cdot 10^{-4}\phi$ = $\underline{3,66 \cdot 10^{-5}\ m^2/s}$

Bagnold   (S.71)

ϕ = AB $\theta^{1/2}(\theta - \theta_c)$; A $\approx$ 9,5 ; B $\approx$ 0,3 ; θ = 0,4663

$\frac{u_* k}{\nu}$ = $\frac{0,043 \cdot 0,00035}{1,145 \cdot 10^{-6}}$ = 13,1 ; log 13,1 $\approx$ 1,12

q_B = 0,2634 $\cdot 10^{-4}$ ϕ = $\underline{1,23 \cdot 10^{-5}\ m^2/s}$

Yalin   (S.71)

ϕ = 0,635 $\frac{s}{\sqrt{\psi}}$ $[1 - \frac{1}{as} \ln(1 + as)]$

$$s = \frac{\theta - \theta_c}{\theta_c} = \frac{0,3264 - 0,040}{0,040} = 7,16 \quad ; \quad a = 1,66 \sqrt{\theta_c} = 0,332$$

$$\phi = 0,635 \cdot 7,16 \sqrt{0,3264} \left[1 - \frac{1}{0,332 \cdot 7,16} \ln(1 + 0,332 \cdot 7,16)\right]$$

$$= 1,3581(1 - 0,4207 \cdot 0,8659) = \underline{0,8634} \quad ; \quad q_B = \underline{2,27 \cdot 10^{-4} \text{ m}^2/\text{s}}$$

Einstein, Beispiel 5, $g_B = 6,37$ N/s $= 2650$ gq_B ;

$$q_B = \underline{2,45 \cdot 10^{-4} \text{ m}^2/\text{s}}$$

<u>Gesamtfracht</u>   (S. 86)

<u>Engelund</u> $f\phi = 0,1 \, \theta^{5/2}$; $f + 2(\frac{u_*}{U})^2 = (\frac{0,043}{1,831})^2 = 0,0006$

$$\phi = \frac{0,1}{f} \, 0,3264^{2,5} = 11,04$$

$$q_T = 0,2634 \cdot 10^{-4} \, \phi = \underline{2,907 \cdot 10^{-4} \text{ m}^2/\text{s}}$$

$$g_T = 2650 \, gq_T \simeq \underline{7,56 \text{ N/s}}$$

Einstein, Beispiel 5,   68,07 N/s

<u>White</u>

$$G_{gr} = C(\frac{F_{gr}}{A}) - 1)^m$$

$$D_{gr} = 0,00035(\frac{g \cdot 1,65}{1,145^2(10^{-6})^2})^{1/3} = 8,09$$

$C \sim 0,017$; $n \sim 0,5$; $A \sim 0,2$; $m \sim 2,8$

$$F_{gr} = \frac{0,043^{0,5}}{\sqrt{0,35 \cdot 10^{-3} g \, 1,65}} \left(\frac{1,831}{\sqrt{35} \log 10 \cdot 0,81/0,00035}\right)^{0,5} \simeq 0,75$$

$$G_{gr} = 0,071(\frac{0,75}{0,2} - 1)^{2,8} = 0,289$$

$$X(\text{kg/s}) = \frac{GS_s d}{y_0(u_*/U)^n} = \frac{0,2888 \cdot 2,65 \cdot 0,00035}{0,81(0,043/1,831)^{0,5}} = 0,0022$$

$$q = 1483 \text{ kg/s} \rightarrow g_T = 3,2002 \, g = \underline{31,4 \text{ N/s}}$$

Namenverzeichnis

Sachverzeichnis